Python でつくる デスクトップアプリ

メモ帳からスクレイピング・生成AI利用まで

macOS/Windows対応

クジラ飛行机

ソシム

●サンプルファイルについて

本書のプロンプト例やサンプルファイルは次のURLからダウンロードできます。
サンプルプログラムの具体的な使い方は、本書巻末の 4 ページをご覧ください。
［URL］ https://github.com/kujirahand/book-desktop-python-sample/

はじめに

Pythonはいまでは一番使われているプログラミング言語ですが、パソコンのデスクトップで動くアプリ、いわゆるデスクトップアプリの作成に使われることは少ないように思われます。もちろんPythonでもデスクトップアプリは作成できます。

本書は、Pythonを使うと「どんなツールを作ることができるか」という点からはじめて、「どのようにプログラムを完成させるのか」を、ポイントを押さえつつ解説しています。

プログラムを自作することの良い点は、「あったらいいのに」というツールを実現できることです。しかし、一方でアイディアがあっても「どうやって作ったらよいのだろう」と悩むことがあります。本書にある様々な事例とサンプルプログラムはその助けとなるはずです。そして、いまや生成AIがあります。本書ではChatGPTを活用しつつ、デスクトップで動作可能な自作ツールの作る手法についても触れていきます。

新しい時代のアプリ作成手法を是非体験してください。

本書で紹介するテクニックが皆さんのお役に立てることを願っています。

クジラ飛行机

【本書の対象読者】

- 仕事を自動化したい人
- Pythonを使って、実際に何かプログラムを作ってみたい人
- 自作ツールで業務改善に取り組みたい人
- デスクトップアプリを作ってみたい人
- ChatGPTを活用して楽してプログラムを作りたい人

本書の使い方

本書のサンプルプログラムについて

本書で紹介しているサンプルプログラム、および、大規模言語モデルに与えるプロンプトは、全て下記のURLからダウンロードできます。

サンプルのダウンロードページ

[URL] https://github.com/kujirahand/book-desktop-python-sample

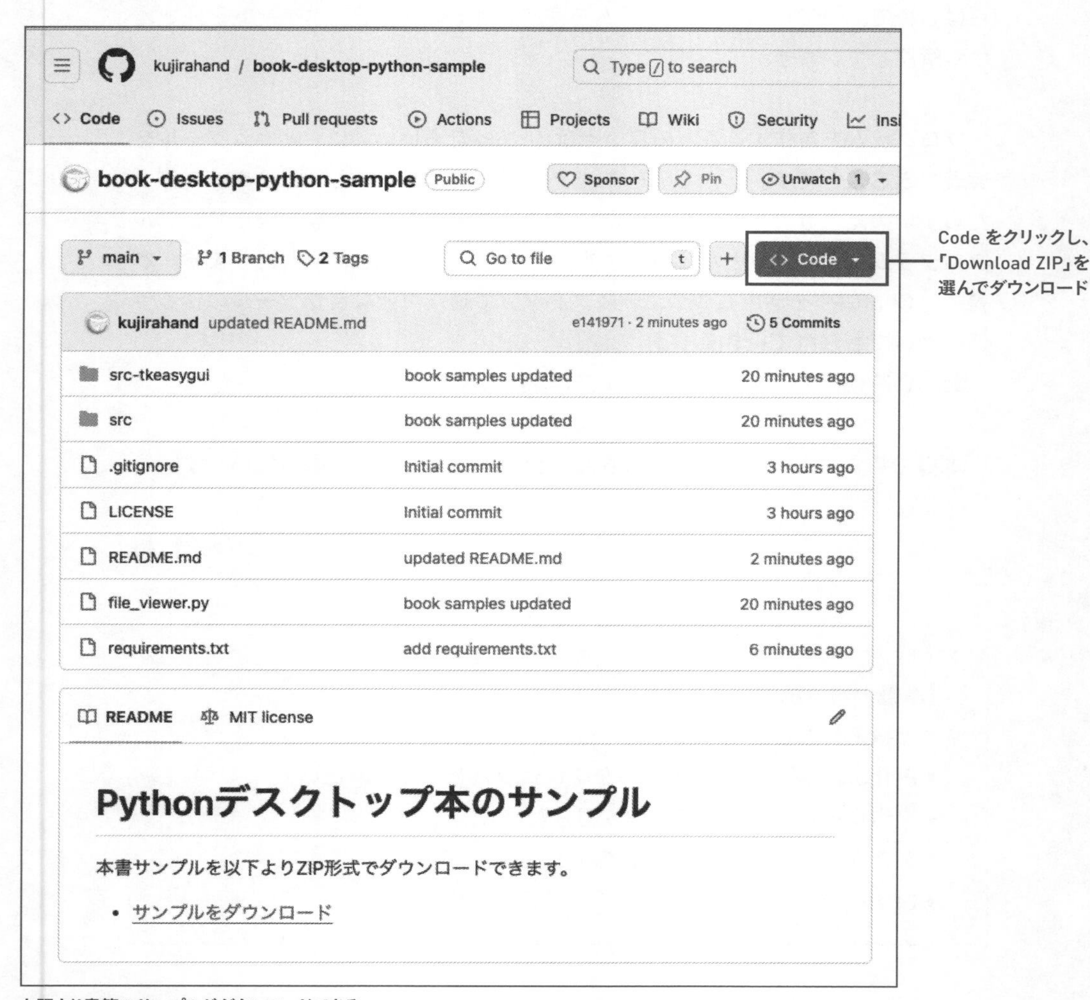

上記より書籍のサンプルがダウンロードできる

上記のサイトからダウンロードしたZIPファイルを解凍すると、次のようなディレクトリー構成となっています。

```
+ <ルート>
|- file_viewer.py
|- <src>
|   |- <ch1> … Chapter 1のサンプル
|   |- <ch2> … Chapter 2のサンプル
|   |- <ch3> … Chapter 3のサンプル
|   |- <ch4> … Chapter 4のサンプル
|   |- <ch5> … Chapter 5のサンプル
|   |- <ch6> … Chapter 6のサンプル
|- <src-tkeasygui>
|   |- <ch1>
|   |- <ch2>
〜省略〜
```

<src>ディレクトリー以下には、本書のプログラムがそのまま収録されています。第1章で詳しく紹介しますが、このサンプルは、PySimpleGUIというライブラリーを使ったプログラムです。

そして、<src-tkeasygui>ディレクトリー以下にもほぼ同じプログラムが入っていますが、PySimpleGUIと互換性のあるライブラリTkEasyGUIに書き換えたプログラムが入っています。

サンプルを手軽に実行するランチャー

サンプルには、本書のプログラムを手軽に実行できるランチャーを同梱しています。1章4節にある拡張モジュールのインストール方法を確認した後、ターミナルで下記のコマンドを実行しましょう。

本書で使うライブラリを全部一気にインストールできます。（もちろん、書籍の途中で一つずつインストールする方法を紹介しており、その場合、以下のコマンドを実行する必要はありません。）

コマンド

```
python -m pip install -r requirements.txt
```

そして、サンプルファイルのルートにあるプログラム「file_viewer.py」を実行すると、次のようなプログラムランチャーが表示されます。

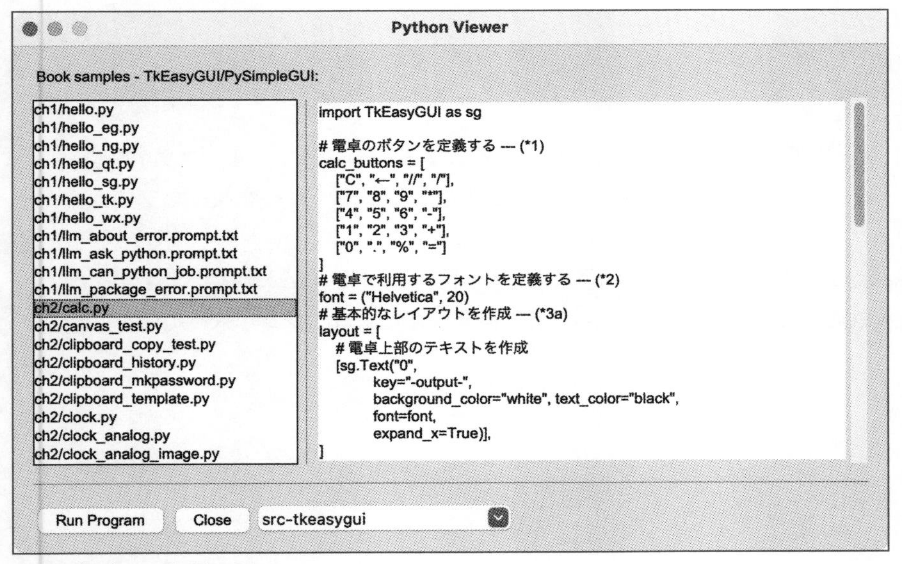

本書のプログラム一覧が表示される

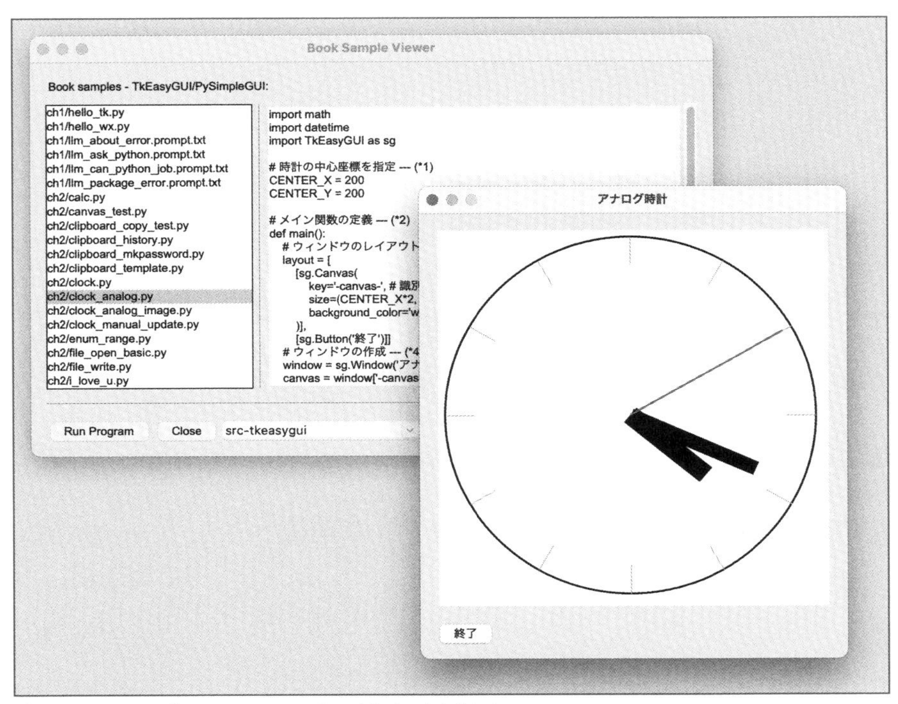

プログラムを選んで「Run Program」ボタンを押すと実行される

contents

目次

chapter 1 Pythonでデスクトップアプリを作ろう

chapter
2 身近なGUIアクセサリーを自作しよう

chapter 3 Excel/CSV/PDF
－オフィスで役立つツールを作ろう

contents

chapter 5 ChatGPTとWeb APIを使ったAIアプリ

chapter 6 Webスクレイピングとアプリの配布

Appendix

chapter

1

Pythonで デスクトップアプリを作ろう

最初に、Pythonの基本を確認してみましょう。どんなアプリを作ることができるでしょうか。また、どのようなライブラリを使うと、デスクトップアプリ/GUIアプリが作成できるでしょうか。Python本体のインストールや、パッケージの追加方法についても紹介します。

chapter 1

01 Pythonでアプリ開発するのがオススメな5つの理由

最初になぜPythonでアプリを開発すると良いのかを考えましょう。Pythonは大人気のプログラミング言語ですが、その人気には理由があります。自作ツールを作るのにPythonがぴったりである理由も分かります。

ここで学ぶこと
- Pythonが大人気の理由
- PyPI
- マルチプラットフォーム対応

Pythonでアプリ開発するのがオススメな5つの理由

本書では、アプリを開発する言語としてPythonをオススメしています。
なぜPythonが良いのでしょうか？
ここでは、5つの理由を紹介します。

理由その1～Pythonは覚えやすく簡潔なプログラミング言語

まず、Pythonというプログラミング言語そのものに注目できます。Pythonのプログラムは、構文がとてもシンプルです。スッキリしていて読みやすいのが特徴です。

Pythonではブロック表現にインデント（字下げ）を利用します。これによって、余分な括弧や終了記号が不要になります。そのおかげで、スッキリした見た目となります。

そして、読みやすいプログラムは、保守やデバッグが容易になります。メンテナンスがしやすいのも、多くの開発者に好まれている理由です。また、プログラミング初心者にとっても容易で分かりやすいものに感じられるでしょう。こうした特徴からプログラミング教育でもPythonが積極的に選択されています。

さらに、初心者に嬉しい点ですが、Pythonでは、変数を利用する時に、明示的なデータ型を指定する必要がありません。これを「動的型付け言語」と呼びますが、柔軟に変数を扱うことができます。

柔軟にデータを扱えるということは、複雑なデータでも簡単に操作できることを意味します。Pythonを使えばCSVやJSON、XMLなど、さまざまな種類のデータファイルも素早く読み書きできます。

理由その2～Pythonには使いやすく便利なライブラリーがたくさん

Pythonには充実したライブラリーが存在します。科学計算、データ分析、Web開発、AI（機械学習やディープラーニング）など、さまざまな分野に特化した幅広いライブラリーがあります。

それぞれのライブラリーが、とても使いやすく洗練されています。ライブラリーがたくさんあると、開発者は、必要な機能を素早く簡単に追加できます。

つまり、作りたいアプリがある時に、自分でゼロから全部作る必要はなく、すでに用意されているライブラリーを組み合わせて、パパッと完成させることができるのです。

のちほど詳しく紹介しますが、Pythonには、PyPIと呼ばれるPythonのライブラリーを集約したWebサービスが存在しています。そのため、PyPIを探すだけで、任意の機能を持ったライブラリーを探すことができるようになっています。個人が作ったライブラリーが、勝手に公開されているのを探すのではなく、ユーザーの利便性を考えてライブラリーの集約場所が用意されたことも、Python人気の一端となりました。

画面 1-01 Python のライブラリーが集約されている PyPI の Web サイト

どんなライブラリーがあるのか簡単に紹介しましょう。

科学計算や統計処理 --- Pandas, NumPy
データの視覚化 --- matplotlib, seaborn
画像・動画処理 --- OpenCV, Pillow
自然言語処理（日本語） --- MeCab, Janome
機械学習 --- TensorFlow, PyTorch, scikit-learn, Keras
Webフレームワーク --- Flask, Django
Excel操作 --- openpyxl
ダウンロード、スクレイピング --- Requests, Selenium

これらのライブラリーは、人気のものの一部です。便利なライブラリーが他にもたくさん用意されています。

理由その3～AIとの親和性が非常に高い

Pythonが突出して人気となった理由の1つが、AI（人工知能）との親和性が高いという点を挙げることができます。例えば、機械学習ライブラリーの、TensorFlow、scikit-learn、PyTorch、など有名なライブラリーは全てPythonのパッケージとして作成されています。

これらのライブラリーは、最先端のAIを実装するのに使われています。なぜ、高度なAIを作成するのにPythonが利用されたのでしょうか。その理由には、Pythonのデータ処理能力が高いことや、もともとPythonにNumPyやPandasなど統計処理や科学計算に特化した使いやすいライブラリーが存在していたことが考えられます。つまり、高度なライブラリーを作りやすい土壌があったのです。

そして、AIと親和性が高いので、Pythonを使えば、AI関連のツールを手軽に作ることができるのです。多くの難しいAIのアルゴリズムを手軽に扱うためのPythonのライブラリーがたくさんあります。

せっかく自作ツールを作るなら、最先端のAI技術を使ったものにしたいと思います。それには、Pythonを使うのが近道なのです。本書でも、この点をしっかり紹介します。

理由その4～世界で最も人気のプログラミング言語であること

そして、Pythonを選ぶべき理由が、その人気です。定期的にプログラミング言語の人気指標を公開しているTIOBE INDEXによれば、2021年10月から本書を執筆した2024年に至るまで、何年も人気1位を走り続けています。

●https://www.tiobe.com/tiobe-index

「JavaとCの長年の覇権は終わった」プログラミング言語の人気指標でPythonがついに1位に

[URL] **https://internet.watch.impress.co.jp/docs/yajiuma/1357645.html**

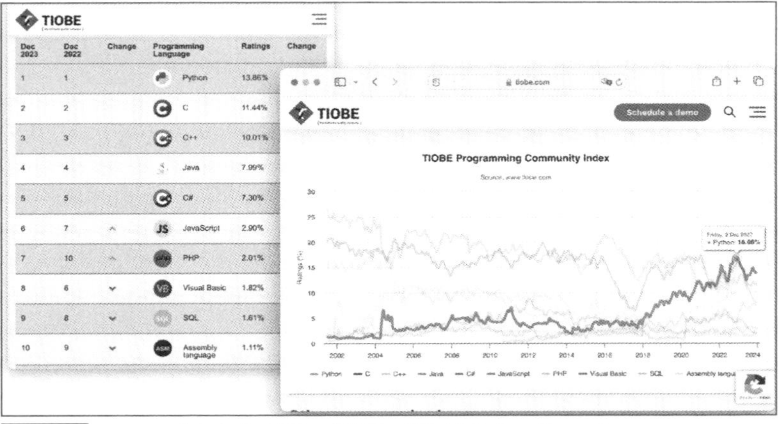

Dec 2023	Dec 2022	Change	Programming Language	Ratings
1	1		Python	13.86%
2	2		C	11.44%
3	3		C++	10.01%
4	4		Java	7.99%
5	5		C#	7.30%
6	7		JavaScript	2.90%
7	10		PHP	2.01%
8	6		Visual Basic	1.82%
9	8		SQL	1.61%
10	9		Assembly language	1.11%

画面 1-02 Pythonは数あるプログラミング言語の首位を長年キープしている

なぜ、人気のあるプログラミング言語を選ぶべきなのでしょうか。それは、人気の言語であれば、しっかりしたメンテナンスが今後も行われる可能性が高いからです。

つまり、Pythonでプログラムを作っておけば、数年後にもう一度使いたいと思った時でも、問題なくプログラムを動かすことができることを意味しています。もちろん、時代に応じてプログラミング言語のライブラリーの仕様が変わったり、文法が微修正されたりすることはありますが、その場合でも最小限の修正で、しっかり動かすことができるでしょう。

また、人気があるということは、それだけ、参考資料が多いということでもあります。本書のような解説書やWeb上の技術ブログもたくさんあるので、安心して使うことができます。

これに関係して、ChatGPTやGoogle Bardなどの大規模言語モデルは、Pythonのプログラムを作成するのが得意です。なぜなら、ChatGPTは膨大なPythonのプログラムを学習しているからです。Pythonに関するいろいろな質問に答えることができます。

理由その5～マルチプラットフォーム対応でインストールも容易

Pythonを使うべき強力な5つ目の理由がマルチプラットフォーム対応であるという点です。PythonはWindowsだけでなく、macOS、iOS（iPhone/iPad）、Android、Webブラウザー（WASM）と、さまざまなプラットフォーム上で動かすことができます。

Pythonでプログラムを作りさえすれば、どんな環境でも動かすことができるのも、Pythonがオススメできる理由です。しかし、実際のところ、OSごとに使える機能が違う場合があるので、完全に動くというわけではありません。それでも、基本的な機能は、各OSで同じように動くように工夫されています。

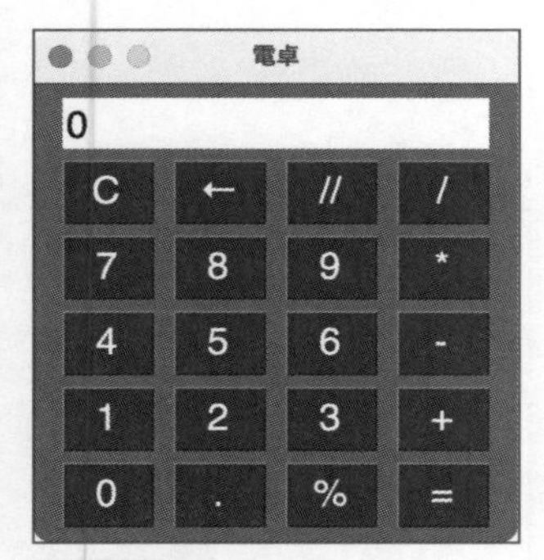

画面 1-03 本書で作る電卓を macOS で実行したところ

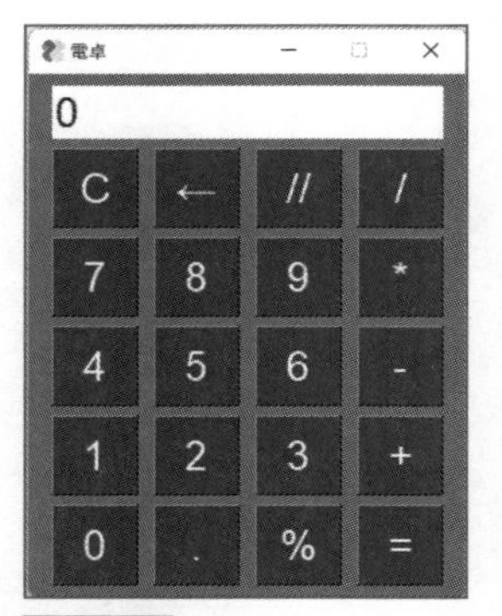

画面 1-04 電卓を Windows で実行したところ

なお、本書のプログラムは、macOSで実行している画面が多いですが、Windowsでもまったく同じように動かすことができますので、安心して読み進めてください。OSごとに結果が異なる場合には、その都度説明を加えています。

大規模言語モデル（LLM）をどう活用する？ ～Pytjpmの質問

Pythonは原稿執筆時点で最も人気のあるプログラミング言語です。そのため、大規模言語モデルはPythonについても多くのことを知っています。ChatGPTなどの大規模言語モデルに、次のような質問を入力してみましょう。

生成 AI のプロンプト　src/ch1/llm_ask_python.prompt.txt

```
###質問:
パソコンで行うさまざまな仕事を自動化するために、自作ツールやアプリを開発したいです。
その際、どうしてPythonを利用するのが、オススメなのですか？
箇条書きで、理由を教えてください。
```

ChatGPTに上記の質問をしてみたところです。なお、大規模言語モデルは、どのように質問するかで答えが変わってきます。そのため、質問をちょっと工夫することで、意外な答えが返ってくることもあり、新たな発見や気づきにつながります。

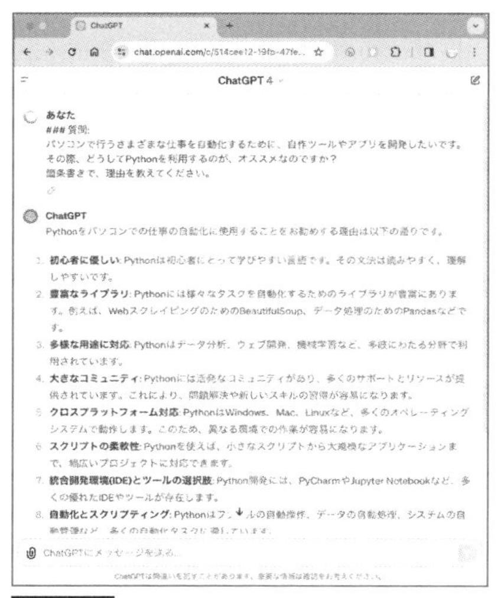

画面 1-05 大規模言語モデルに Python がオススメの理由を尋ねてみよう

相手はAIなのですから、遠慮することはありません。少し失礼なことや、マイナス面、デメリットを聞いても怒ることはありません。上記の会話の続きに、次のような質問をしてみるとどうでしょうか？

「逆にPythonを使って不利な面ってあるのでしょうか？」
「Pythonは実行速度が遅いそうですが、業務ツールを作る上でネックとなるのは、どんなことでしょうか？」
「AIがプログラムを作ってくれるのに、技術書籍を買ってプログラミングを学ぶ意味ってあるんでしょうか？」

大抵のPython関連書籍では、上記のような問題を避けて、詳しいことは書いてありません。そこで、世界中のWebサイトや資料を学習している大規模言語モデルに尋ねてみましょう。

例えば、上記に挙げた末尾の質問は、とても興味深い答えが得られます。大規模言語モデルが面白いところは、毎回その答えが変わることです。筆者が質問した時には、次のように答えてくれました。とても長い答えだったので、簡単に要約すると、以下のようになります。

AI技術がプログラミング作業を支援するようになっても、プログラミングを学ぶことには依然として多くの意味があります。その理由は次の通りです。

- **AIが生成したコードの背後にある原理を理解することは重要です。これにより、生成されたコードを正しく解釈し、必要に応じて修正や調整ができるようになります**
- **プログラミングを学ぶことは、単にコードを書く技術以上のものです。論理的思考、問**

題解決、分析的アプローチなどのスキルを養うことができます
- **AIにはまだ限界があり、特定の複雑なタスクや創造的な問題解決には人間の介入が必要です**

ぜひ、実際にご自身で試してみると良いでしょう。

まとめ

1. Pythonは覚えやすく簡潔である
2. 豊富なライブラリーが利用できること
3. AIと親和性が高いこと
4. 世界で最も人気があること
5. マルチプラットフォーム対応であること

chapter 1

02 Pythonで何ができるの？

Pythonを使うと、具体的にどんなプログラムができるでしょうか。デスクトップアプリ・Webアプリ・AIアプリと、いろいろな種類のプログラムを作れます。本節では、1つずつ具体的な例を確認してみましょう。

ここで学ぶこと
- Pythonを使うとどんなツールが作れるのか
- デスクトップアプリとは

Pythonで作れるアプリの種類は？

前節で確認したように、Pythonはマルチプラットフォーム対応であり、豊富なライブラリーを備えているため、いろいろな種類のプログラムを作ることができます。1つずつ、どんなプログラムが作成可能か確かめてみましょう。

デスクトップアプリ

「デスクトップ・アプリケーション（Desktop Application）」通称「デスクトップアプリ」とは、コンピューターのローカルPC内で動作するアプリケーションです。Windowsや macOSなどのOS上で直接実行され、インターネット接続なしでも使用できるものも多くあります。

一般的には、ウィンドウが表示され、その中にボタンやテキストボックス、リストボックスなどの部品が配置されます。それして、それらをマウスやキーボードで操作して使います。そうしたアプリのインターフェイスをGUI（グラフィカル・ユーザー・インターフェイス）と呼びます。

デスクトップアプリの代表例には、テキストエディター、クリップボードの管理ツール、画像や音声処理ツール、表計算ツール、データ管理ツールなど、さまざまな用途のものが存在します。本書では、こうしたデスクトップアプリの作り方を紹介します。

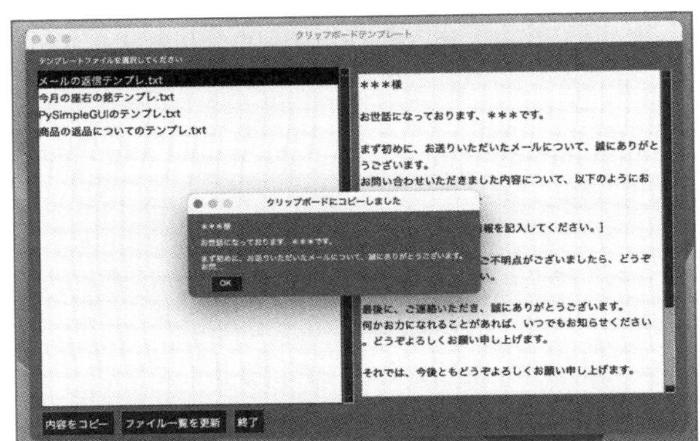

画面 1-06 デスクトップアプリを活用するなら作業効率がアップする

Webアプリ

Pythonが作成できるのは、デスクトップアプリだけではありません。他にどんなアプリが作成できるのか、確認してみましょう。

Webアプリとは、Webブラウザーを通じて利用するアプリケーションです。Webアプリは、デスクトップアプリケーションと異なり、実際のアプリケーションはリモートサーバー上で実行され、インターネットを介してブラウザーに表示されます。

Webアプリの特徴は、リモートサーバー上で実行されることから、異なる地点にある多様なデバイスからアクセス可能です。そして、ユーザー認証を実装して、会員制のWebサイトや、SNS、オンライン通販サイトなどが作成できます。

AI - 機械学習/深層学習

Pythonは、データ分析、機械学習、ディープラーニング（深層学習）の分野で人気があります。Pandas、NumPy、SciPy、Matplotlib、Scikit-learn、TensorFlow、PyTorchといったライブラリーを使って、データの収集、整形、分析、可視化、予測モデルの構築などを行うことができます。

ここから、株価や売上の予測、画像認識、音声認識、自然言語処理など、幅広く利用されます。本書でも、こうした処理を行い、アプリ上に表示するツールを作ってみます。

バッチ処理・定型処理

バッチ処理とは、データのバックアップ、システムの状態監視、レポートの作成など、定期的な作業を自動で実行する処理のことです。Pythonはその柔軟性の高さから、バッチ処理にも活用できます。

日常的に繰り返し発生する作業は、Pythonで自動化することができるでしょう。これにより、時間と労力を節約できます。

ゲーム開発

また、ゲーム開発もPythonの得意とするところです。PygameやArcadeなど、ゲーム開発に役立つライブラリーも用意されています。

なお、ゲーム開発のために用意されているライブラリーを、業務アプリや作業効率アップのためのツールに活用することもできます。本書でも、タイマーアプリの効果音を再生するために、Pygameのライブラリーを利用しています。

実際のところ、ゲームの開発には、衝突判定などのさまざまなアルゴリズムの理解、数学や物理学の理解、ゲーム向けライブラリーの方法など、高度なプログラミングが必要になります。

学生の頃、ゲームばかり作っていたプログラマーが、社会に出てゲーム以外の分野で急に頭角を現して大活躍することもあります。もし、ゲームが大好きなら、自分でゲームを作ってみると、プログラミング能力の向上につながります。

プログラミングの学習用途

すでに紹介したように、プログラミング言語としてのPythonは、分かりやすくシンプルな文法を採用しているため、プログラミング教育にも広く用いられています。

IoT

IoT（Internet of Things）とは、あらゆる「もの」をインターネットに接続する仕組みのことです。インターネットを通じて互いに通信することができるデバイスを指しています。これにより、データの収集や分析を行うことができます。

最近では、身近にIoT機器が溢れています。家電や監視カメラ、工場の各種センサーなど、幅広い箇所で活躍しています。そうした機器内でPythonを利用して制御が行われることも増えています。

また、センサーなどの電子部品を手軽に接続できるRaspberry Piなど安価に入手できるシングルボードコンピューターも普及しており、そうした機器では、OSにLinuxが搭載され、Pythonを動かすことができます。

さらに、Pythonには、マイコン上で動作する「MicroPython」と呼ばれるランタイムが存在します。Pythonの主要なライブラリーが利用可能です。

画面 1-07 安価に入手できる「Raspberry Pi」は、IoT 活用で大人気

その他いろいろ作れる

他にも、画像処理、音声処理、金融分析、ネットワーク、地理空間分析、仮想通貨のブロックチェーンなど幅広い分野でPythonが活用されています。

Pythonで作れる自作ツールの種類について

Pythonで開発するデスクトップアプリという側面にフォーカスすると、次のようなアプリの開発が可能です。

基本的なアクセサリー（電卓 / カレンダーなど）
メモ帳やテキストエディター
画像収集するツール
ファイルマネージャー
クリップボード履歴管理
ネットワーク監視ツール
パスワード管理ツール
ExcelなどOfficeと連携するツール
PDF生成
AIと連携するツール

いずれも、業務や趣味の作業に取り入れることで、作業効率を何倍にもアップさせることができるでしょう。既存ツールでは、痒いところに届かないことも多いですが、自作ツールを作ることで、自分のニーズにぴったりあった道具を実現させることができます。

プログラミングで作業を自動化することで、作業効率を何倍にもアップさせることができる可能性があります。本書では、そのアイデアをたくさん提供します。

デスクトップアプリのメリットは？

昨今では、ブラウザーで動作するWebアプリが多く提供されています。Webアプリは配付が容易であり、ブラウザー内で完結するため、OSごとの互換性もそれほど気にする必要はありません。それでは、デスクトップアプリにはどんなメリットがあるのでしょうか？

デスクトップアプリには多くのメリットがあります。まず、システムのリソースに直接アクセスできます。Windows、macOS、Linuxなど、特定のOSで直接実行できるため、システム固有の機能を最大限に活用できます。また、インターネットに接続していない状態で、オフラインでも動くこともメリットの1つです。多くの場合、Webアプリよりも使用リソースが少なく軽快に動作します。

そして、開発者にとってのメリットですが、開発が容易です。Webアプリを開発しようと思うと、Pythonに加えて、HTML/JavaScript/CSS、Webフレームワーク、セッション、セキュリティなど多くのことを覚えなくてはいけません。しかし、デスクトップアプリであれば、それほど多くを学ぶ必要はありません。作ってすぐ手元のPCで動かせるので、とても楽しくプログラミングできます。

COLUMN

「デスクトップアプリ」と「GUIアプリ」の違い

「デスクトップアプリ」のことを「GUIアプリ」と表記する場合もありますが、この両者は微妙に異なる文脈で語られることもあります。簡単に整理してみましょう。
「GUI（Graphical User Interface）」とは、ウィンドウやボタンなど、グラフィカルな要素をマウスなどで操作するアプリのことです。これに対して、ターミナルをコマンドで操作するアプリの事を「CUI (Character User Interface)」と呼びます。本書でも、ターミナルを起動して、Pythonの操作を行うことがありますが、グラフィカルな要素がない文字ベースのアプリのことをCUIアプリと呼びます。
一般的に「GUIアプリ」と言えば、画面上のボタンやテキストボックスなどの部品をマウスで操作するアプリのことを指すため、デスクトップアプリと同義である場合もあります。それでも、デスクトップアプリが「場所（ローカルPCかWeb上か）」に関連する用語であるのに対して、GUIアプリが「インターフェイス（GUIかCUIか）」に関連する用語であるという相違点があります。
今では、GUIアプリケーションはデスクトップ、モバイル、ウェブなど、さまざまな環境で利用されるため、デスクトップアプリケーションよりも広範なカテゴリに属していると言えます。

大規模言語モデル（LLM）をどうアプリに活用する？

仕事を自動化したり何かのアプリを作ったりしたい場合、大規模言語モデルに、それが実現可能か尋ねてみることができます。例えば、次のように質問できます。

生成AIのプロンプト　src/ch1/llm_can_python_job.prompt.txt

```
###前提条件:
- 私は少しプログラミングができます。
- 仕事を自動化するために次のようなプログラムを作りたいと思います。
- 私に完成させることができるのか教えてください。
- どのような手順で作ったら良いのか教えてください。

###質問:
今度、私が働くお店で特別セールを開催します。
Excelで作った顧客名簿（メールまたは住所）があります。
```

```
この顧客名簿を元にして、顧客にクーポンを配布したいです。
どうしたら良いですか？
```

以下は、ChatGPTに尋ねてみたところです。どのような技術やライブラリーを利用すれば、その仕事が実現可能かを詳しく教えてくれます。

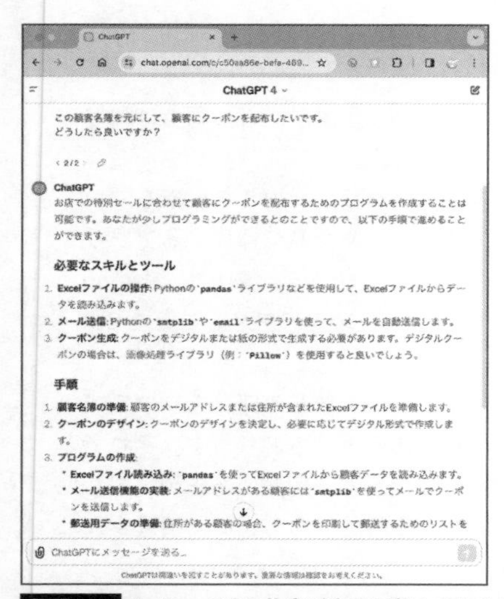

画面 1-08 Pythonでその仕事が実現可能か尋ねることができる

なお、上記の質問文では、「### 前提条件:」と「### 質問:」という見出し語を入れています。

このように、大規模言語モデルに対して、項目ごとに物事を整理して伝えることができます。質問者となる自分自身の状況や知識を整理できるだけでなく、大規模言語モデルがより質問を理解できるようになります。

大規模言語モデルは十分に賢いのですが、それでも質問を正しく理解してくれず、トンチンカンな答えを返すことも多くあります。できるだけ、大規模言語モデルが理解できるように、事実を箇条書きで示すことで、より良い答えを引き出すことができます。

まとめ

1. Pythonを使うといろいろな種類のアプリが作成できる
2. デスクトップアプリやWebアプリ、AI、バッチ処理など幅広い分野のアプリが作成できる
3. プログラミングで作業を自動化すると、作業効率が何倍もアップする可能性がある
4. 本書ではいろいろなデスクトップアプリの作り方を紹介するので参考にできる

chapter 1
03

Pythonのインストールと基本的な使い方

デスクトップアプリを開発するために、自分のPCにPythonをインストールしましょう。この用途では、公式Webサイトのインストーラーを使ってセットアップするのが良いでしょう。ここではその手順を紹介します。

ここで学ぶこと
- Pythonのインストール
- プログラムの実行方法
- IDLE

Pythonのインストールについて

Pythonはいろいろな環境やOS（Windows、macOS、Linuxなど）で動作するクロスプラットフォームのプログラミング言語です。

ここでは、WindowsとmacOSにPythonをインストールする方法を説明します。

Windowsへのインストール

Pythonの公式Webサイトから、Pythonのインストーラーをダウンロードできます。このインストーラーを使うと、手軽にPythonをインストールできます。

(1) Pythonインストーラーの入手

次のWebサイトをブラウザーで開いて、Windows用Pythonインストーラーをダウンロードしましょう。

●PythonのWebサイト
[URL] https://www.python.org/

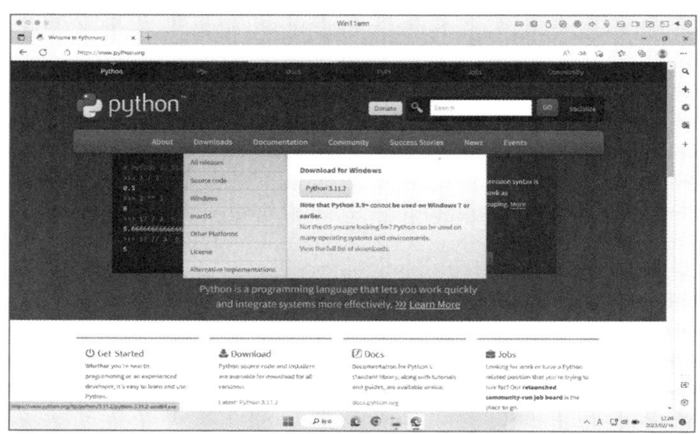

画面 1-09 インストーラーをダウンロードしよう

Webサイトの上方にある「Downloads」(ダウンロード)のボタンにマウスカーソルを合わせるとOSの一覧が出るので、「Windows」をクリックします。そして、Python 3.x.x (xは任意の数値)と書かれているリンクを探してクリックします。すると、ダウンロードがはじまります。

memo

Python 3.xを選ぼう

PythonのWebサイトからダウンロードできるファイルの中には、Python 2.7.xもありますが、Python 2はすでにサポートが終了した古いバージョンです。現在は互換性のために配布されています。サポートも終了しているので、最新のPython 3.xを選んでダウンロードしましょう。

(2) インストールしよう

インストーラーを使えば、Pythonを簡単にセットアップできます。ダウンロードしたインストーラーをダブルクリックで起動します。そして、画面下部にある「Add Python 3.x to PATH」にチェックを入れます。そして、画面中央の「Install Now」をクリックします。

画面 1-10 インストーラーを使えば簡単

memo

Windowsインストール時の注意

インストールの際、「Add Python 3.x to PATH」にチェックを入れないと、本書の手順通りにプログラムが実行できない場合がありますので、必ずチェックしてください。

(3) インストールを完了しよう

インストーラーで「Install Now」をクリックすると「ユーザーアカウント制御」のダイアログが出ることがあります。その場合は「はい」をクリックしましょう。

「Setup was successful」(セットアップが成功しました)と表示されたら、正しくセットアップできています。画面右下の[Close](閉じる)ボタンを押せばインストール完了です。

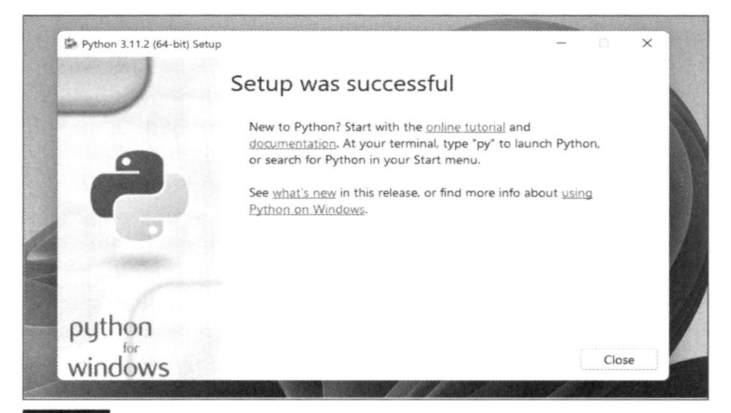

画面 1-11 インストールが完了したところ

WindowsでPythonのアンインストールをする方法

Pythonが不要になった時には、手軽にPythonをアンインストールできます。Windowsの設定（コントロールパネル）を開き、「アプリ」を選択します。すると、インストールされているアプリの一覧が表示されます。それで、アプリと機能の一覧にある「Python 3.x」(xは任意のバージョン)を選び、「アンインストール」のボタンをクリックします。

画面 1-12 コントロールパネルから完全にアンインストールできる

macOSにPythonをインストールする方法

macOSもPythonをインストールするには、Webサイトからダウンロードしたインストーラーを実行します。

(1) 公式Webサイトからインストーラーを入手

次のPythonの公式WebサイトをWebブラウザーで開きます。そして、「Downloads」(ダウンロード)のボタンをクリックし、続いて[macOS]をクリックします。

●Python公式Webサイト
[URL] **https://www.python.org/**

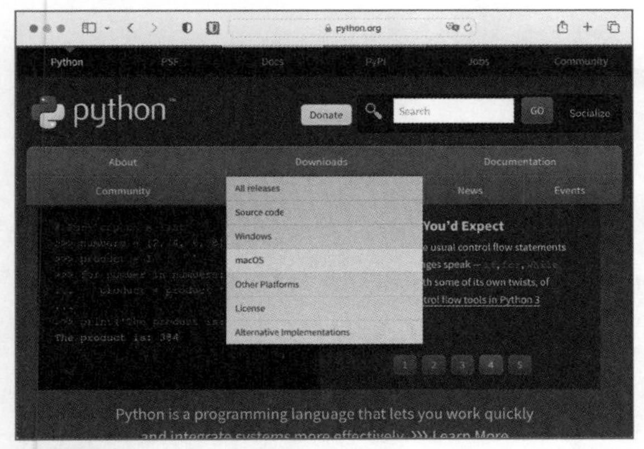

画面 1-13 Python 公式 Web サイトからインストーラーを入手しよう

最新のリリース『Latest Python 3 Release - Python3.x.x』(xは任意の数字)のリンクを選んでクリックします。

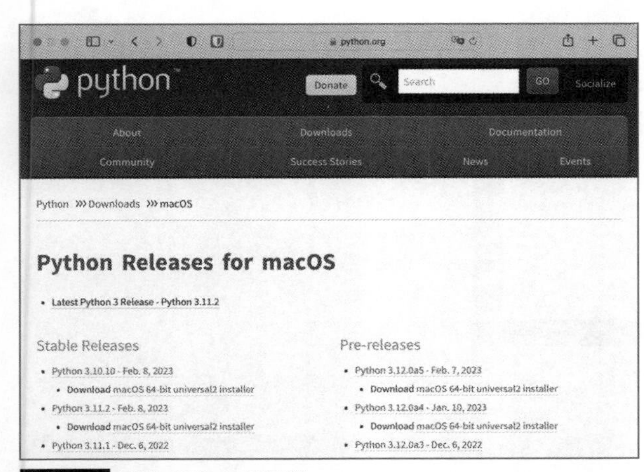

画面 1-14 最新のリリースを選ぼう

するとリリース内容とファイルの一覧ページが表示されます。画面を下の方にスクロールすると、Files(ファイル一覧)のリストがあります。そこから「macOS 64-bit universal2 installer」を選んでクリックします。すると、Python3.x.xのインストーラーをダウンロードできます。

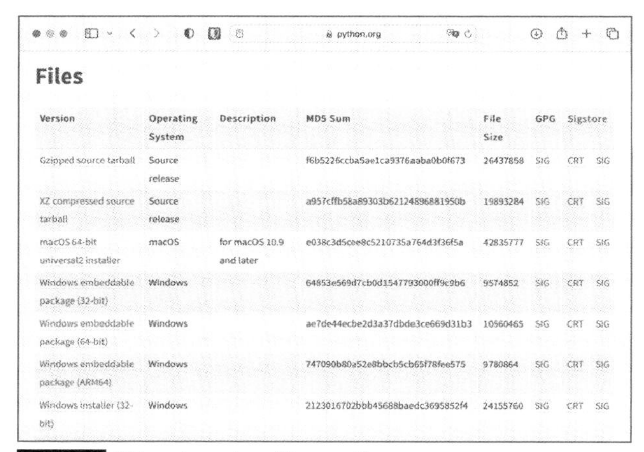

Files

Version	Operating System	Description	MD5 Sum	File Size	GPG	Sigstore
Gzipped source tarball	Source release		f6b5226ccba5ae1ca9376aaba0b0f673	26437858	SIG	CRT SIG
XZ compressed source tarball	Source release		a957cffb58a89303b62124896881950b	19893284	SIG	CRT SIG
macOS 64-bit universal2 installer	macOS	for macOS 10.9 and later	e038c3d5cee8c5210735a764d3f36f5a	42835777	SIG	CRT SIG
Windows embeddable package (32-bit)	Windows		64853e569d7cb0d1547793000ff9c9b6	9574852	SIG	CRT SIG
Windows embeddable package (64-bit)	Windows		ae7de44ecbe2d3a37dbde3ce669d31b3	10560465	SIG	CRT SIG
Windows embeddable package (ARM64)	Windows		747090b80a52e8bbcb5cb65f78fee575	9780864	SIG	CRT SIG
Windows installer (32-bit)	Windows		2123016702bbb45688baedc3695852f4	24155760	SIG	CRT SIG

画面 1-15 リリースとファイル一覧のページ

(2) インストーラーを実行する

インストーラーをダブルクリックしてインストールを行いましょう。基本的には、インストーラーの画面右下の[続ける]のボタンをクリックしていけば、セットアップが完了します。

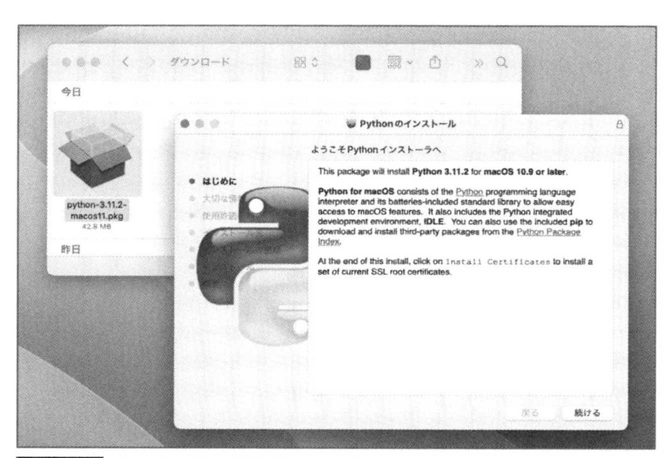

画面 1-16 インストーラーを起動したところ

ラインセンスの同意など、いくつかの画面が出ますが基本的に画面右下のボタンを押していくとインストールが完了します。選択肢もなく、特に気をつけるポイントもありません。

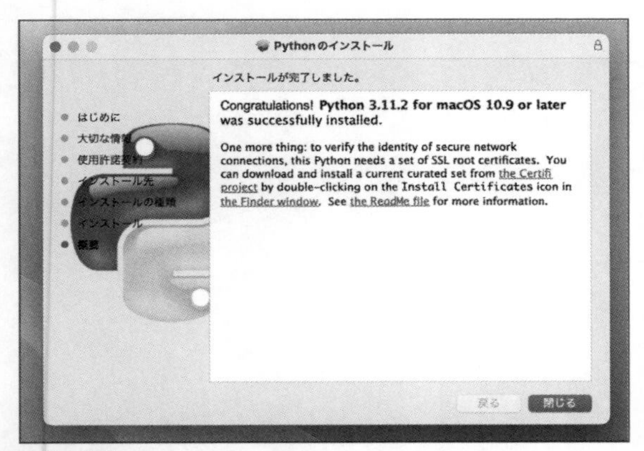

画面 1-17 「Next」ボタンをクリックしていくと完了する

インストールが完了したら、Finderを起動し、アプリケーションの中を確認してみましょう。「Python 3.x」というフォルダーの中にまとめてインストールが行われます。

モジュールのアップデートをしよう

本書では、pipコマンドなどを使って追加のモジュール（ライブラリー）をインストールします。そのため、「Update Shell Profile.command」をダブルクリックして、シェルからpipコマンドを実行できるように設定しましょう。

また、最新のSSLの証明書を使えるように「Install Certificates.command」もダブルクリックして証明書をインストールしておきましょう。

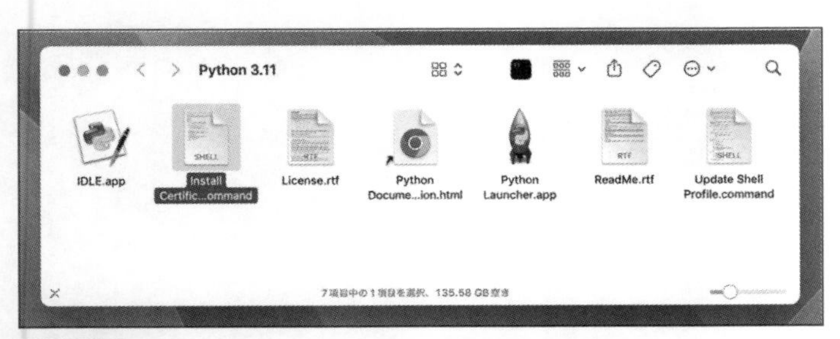

画面 1-18 拡張子が「.command」のファイルを実行しておこう

macOSでPythonをアンインストールする方法

macOSでPythonをアンインストールするには、Finderでアプリケーションを開き、「Python 3.x」のフォルダーをゴミ箱に捨てます。

簡単なプログラムを作って実行してみよう

Pythonで簡単なプログラムを作るには、Pythonに添付しているIDLEが使えます。これは、Pythonの学習用に用意されている実行環境とエディターです。

IDLEの起動手順

IDLEは、下記の手順で起動できます。

Windowsでは、Windowsメニュー > すべてのアプリ > Python3.x > IDLE
macOSでは、Finder > アプリケーション > Python3.x > IDLE

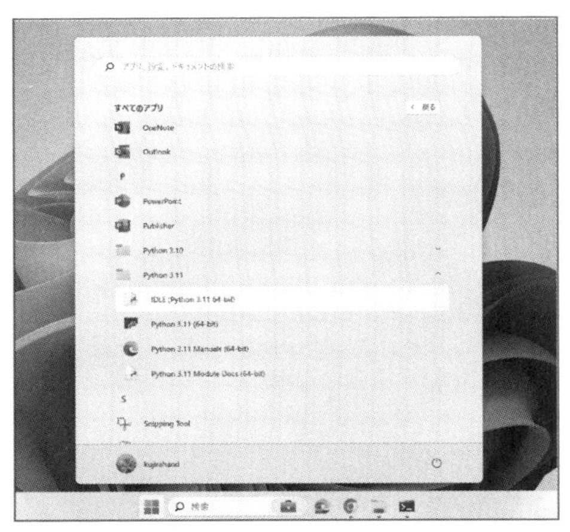

画面 1-19 IDLE を起動しよう - Windows で起動しているところ

IDLEの起動直後は対話型の実行環境として使える

IDLEが起動できたら、さっそくプログラムを入力してみましょう。IDLEにはPythonの対話型実行とエディターという2つの機能があります。起動した直後は対話型の実行環境となっています。

適当なプログラムを入力してみましょう。次の画面では、「30 + 5」とか「2 * 3 + 4」と入力してみたところです。簡単な計算式ですが、これも立派なプログラムです。1行入力して[Enter]を押すごとに結果が返ってきます。誰かとチャットするように答えが返ってくるので便利です。

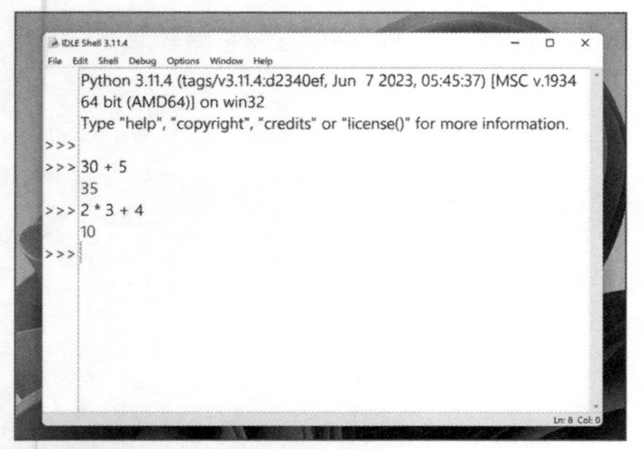

画面 1-20 起動直後は対話型実行環境として使える

IDLEで1番簡単なプログラムを作ろう

次に、数行のプログラムを作って実行してみましょう。IDLEのメニューから[File > New File]をクリックしましょう。すると、何も書かれていない真っ白なウィンドウが起動します。

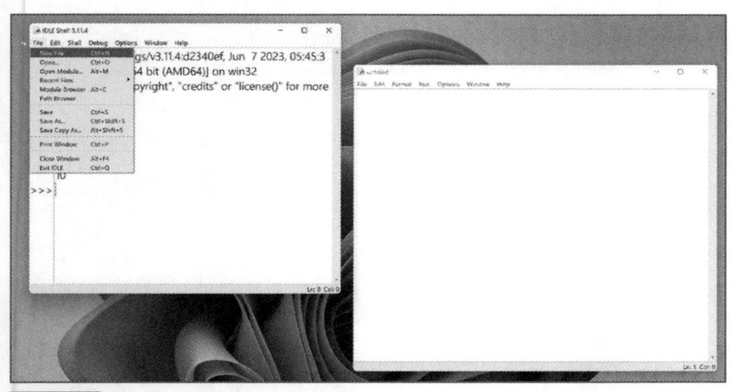

画面 1-21 IDLE で新規ファイルを作成しよう

それでは、エディター部分に、次の簡単なプログラムを記述しましょう。

Python のソースリスト　src/ch1/hello.py

```
# 簡単なプログラム
for i in range(20):
    print("こんにちは")
```

そして、プログラムを保存します。メニューで[File > Save]をクリックすると保存ダイアログが出るので「hello.py」という名前で保存しましょう。

その後、プログラムを実行します。メニューで[Run > Run Module]をクリックします。

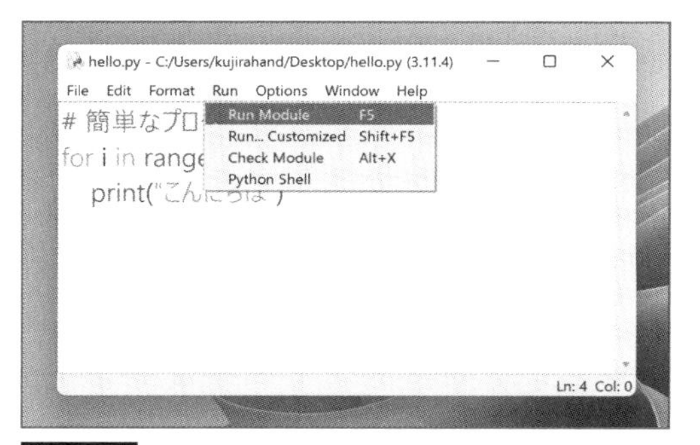

画面 1-22 メニューの Run からプログラムを実行しよう

すると、プログラムが実行されます。ここでは、20回「こんにちは」というメッセージが表示されます。print文の実行結果は、IDLE内に表示されます。

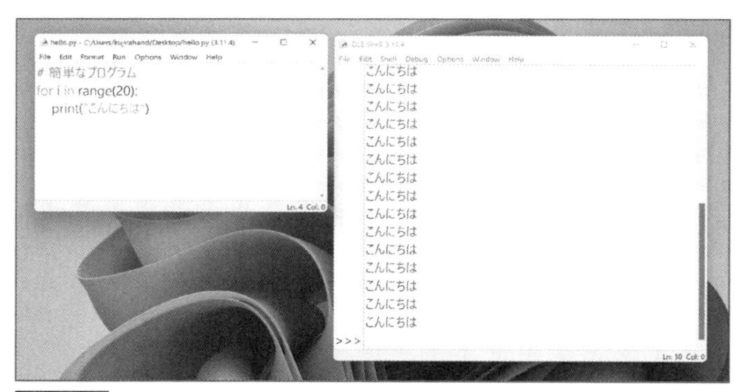

画面 1-23 プログラムを実行したところ

IDLEはPythonで作られている

IDLEはPython自身で作成されたツールです。Pythonを使えば、こんなツールが作れるんだというお手本のようなツールです。

Pythonはオープンソースで開発されています。つまり、IDLEがどのようなプログラムで動いているのかを、気軽に確認することもできます。Pythonのソースコードは、GitHub上で開発されており、以下のURLで実際に見ることができます。

●GitHub > IDLEのソースコード

[URL] **https://github.com/python/cpython/tree/v3.12.1/Lib/idlelib**

上記のソースコードを見ると、とても整然としています。、IDLEはずいぶん前に完成したツールながら定期的にメンテナンスが行われていることなどがわかって、とても参考になります。

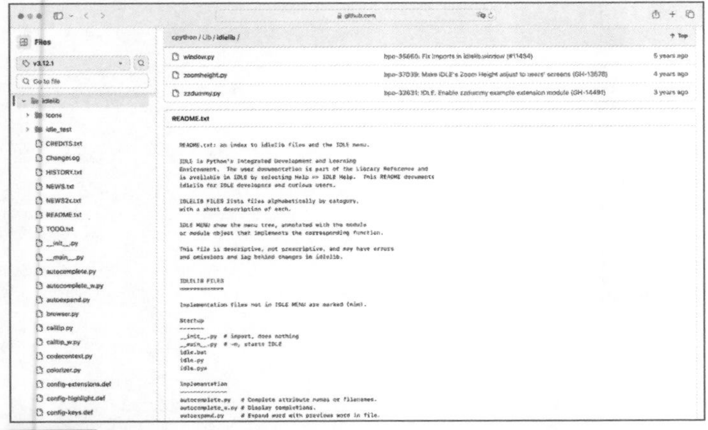

画面 1-24 IDLE 自身 Python で記述されている - IDLE のソースコード

さすがに、いきなりIDLEのコードを見ても、よく分からない部分が多いことでしょう。それでも、オープンソースのプロジェクトの良さは、実際にどのように作られているのかを確認できる所にあります。試しに覗いてみると良いでしょう。

大規模言語モデル(LLM)をどう活用する？ ～Pythonのトラブル

本節では、Pythonのインストールや基本的な使い方を紹介しました。しかし、Pythonはマルチプラットフォーム対応で、さまざまな環境で動くように配慮されていますが万能ではないので動かない場合もあります。

本書の手順通りに実行しても、何かしらのエラーが表示されて、うまく実行できないという場面では、大規模言語モデルの力を借りて、トラブルを解決できる場合もあります。

以下のようなプロンプト（質問文）を作ることができるでしょう。単にエラーメッセージを記述するだけでなく、どのような環境で実行したかを明示することで、解決につながることもあります。

src/ch1/llm_about_error.prompt.txt

```
生成AIのプロンプト
###質問：
Pythonで簡単なプログラムを動かそうとしています。
しかし、次のようなエラーが表示されました。何が原因でしょうか。
```

```
どのような手順で正しく動くようにできるでしょうか、教えてください。

###実行環境について：
- Windows 11 (64ビット)
- メモリ：8GB
- ストレージ：256GB (空き容量：60GB)

###インストールしたPythonについて：
- 公式Webサイトからダウンロードした Python
- バージョン：3.11.1

###表示されたエラー：

以下のようなエラーが表示されました。

Traceback (most recent call last):
  File "/Users/kujirahand/repos/book-desktop-python-draft/data/src/ch1/hello_ng.py", line 3, in <module>
    prnt("こんにちは")
    ^^^^
NameError: name 'prnt' is not defined. Did you mean: 'print'?
```

上記のプロンプトをChatGPTに与えてみました。すると次の画面のような解決作が示されました。

画面 1-25 ChatGPT がエラーの原因を的確に指摘してくれた

実は上記のエラーは、本文で紹介したプログラム「hello.py」を自分で入力した時、「print（xxx）」と書くべきところを「prnt（xxx）」と書き間違えた事によるエラーでした。Pythonから返されたエラーメッセージを日本語に翻訳してみれば、その時点でエラーの原因が分かったかもしれません。

しかし、多くのプログラミング初心者には、「エラーメッセージは訳の分からない怖いもの」という思い込みがあるようです。エラーメッセージを怖がらず、しっかり読むことが解決のヒントとなります。

もし、エラーメッセージを読んでも意味が分からないと感じたなら、大規模言語モデルにエラーの理由と解決作を尋ねてみると良いでしょう。

まとめ

1. Pythonはインストーラーを使って手軽にインストールできる
2. IDLEはシェル（対話型実行環境）とコードエディター、実行環境を兼ね備えている
3. IDLEを使って簡単にプログラムを作成して実行できる

chapter 1

04

拡張パッケージのインストール方法

アプリ開発でPythonを使う大きなメリットの1つに、ライブラリーの豊富さが挙げられます。ここでは、pipコマンドを使ってPythonのライブラリーを追加する方法を詳しく紹介します。

ここで学ぶこと

- パッケージのインストール方法
- pipコマンドの使い方

PyPIとパッケージマネージャーについて

Pythonのライブラリーが豊富な理由の1つに、PyPI（Python Package Index）の存在があります。PyPIは、Pythonのライブラリーやアプリケーションなどのパッケージを集めて、公開しているWebサービスです。Python開発者はPyPIを通じて、必要なパッケージを検索し、それらに関する情報を得ることができます。

Pythonには「pip」と呼ばれるパッケージマネージャーが用意されています。これは、PyPIからパッケージを検索、ダウンロード、インストールするためのコマンドラインツールです。ユーザーはpipを使用して、必要なPythonパッケージを簡単にインストールできます。このように、PyPIとpipは連携しており、使い勝手の良いものとなっています。

ちなみに、「パッケージ（package）」とはライブラリーの意味ですが、Pythonのパッケージは、Pythonのモジュールを含む配布やインストールが可能な形式でまとめられたコレクションです。

拡張パッケージのインストール方法

Pythonをインストールししただけでも、たくさんの標準パッケージがインストールされています。しかし、前述の通り、Pythonには多くの拡張パッケージが用意されています。作成するプログラムに応じて、拡張パッケージをインストールして利用できます。

拡張パッケージをインストーするには、OSごとに用意されているターミナルを利用してインストールを行います。Windowsなら「PowerShell」、macOSなら「ターミナル.app」を利用します。

OSごとのターミナルですが、Windowsであれば、[Ctrl]+[R]キーを押し「powershell」とタイプすると起動します。そして、macOSであれば、画面右上の虫めがねのアイコンをクリックして「ターミナル.app」とタイプすると起動できます。

なお、重要な点ですが、IDLE上からはパッケージのインストールはできません。パッケージをインストールするときは、必ず、OSごとのターミナルを利用するということを覚えておきましょう。

COLUMN

IDLEからターミナルを起動できる？

IDLEからパッケージはインストールできないものの、IDLEからターミナルを起動することは可能です。OSごとに標準のターミナルが異なるため、下記のように、OSごとに異なるプログラムを実行して、ターミナルを起動します。

idle

```
>>> # Windowsの場合 - PowerShellを起動
>>> import os; os.startfile("powershell")

>>> # macOSの場合 - ターミナル.appを起動
>>> import os; os.system("open -a Terminal.app")
```

画面1-26 WindowsのIDLEからPowerShellを起動したところ

ターミナルからインストールしよう

ターミナルを起動したら、次のようなコマンドを入力して、パッケージをインストールできます（本書で「$」はターミナルに入力することを表す記号です。そのため、実際に「$」を入力する必要はありません）。

sh

```
$ pip install (パッケージ名)
```

環境によっては、上記でうまくいかないことがあります。その場合には、下記のようにpythonコマンドを使って、pipを実行することができます。なお、macOS/Linuxでは、「python」コマンドの代わりに「python3」と記述する必要があるかもしれません（この点に関してこの後のコラム「macOS/Linuxでpython3コマンドを使うのはなぜ？」を参考にしてください）。

コマンド
```
$ python -m pip install (パッケージ名)
```

例として、Webアプリを作るのに便利な「Flask」パッケージをインストールしてみましょう。ターミナルで下記のようなコマンドを実行することで、Flaskがインストールできます。

コマンド
```
$ pip install Flask
```

インストールが正しく行われたか確認するには、IDLEに戻って、以下のようなコマンドを実行します。正しくインストールされているなら、エラーが表示されることなく、Flaskがインストールされたパスが表示されます。（なお、今後、IDLEへの入力であることを表す場合は「>>>」から始めます。そのため「>>>」の記号は入力する必要ありません。）

idle
```
>>> import flask
>>> flask.__path__
```

以下は正しくインストールされた場合の画面です。

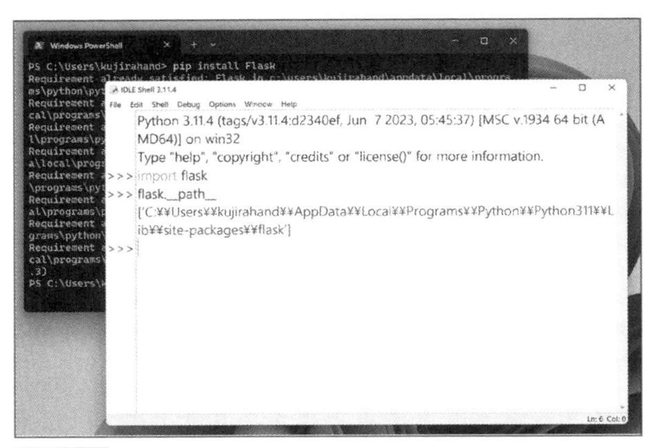

画面 1-27 IDLE上でFlaskがインストールされているか確認しているところ

もし、正しくインストールされなかった場合には、「import flask」と実行した時点で、次のようなエラーが表示されます。

コマンド

```
Traceback (most recent call last):
  File "<stdin>", line 1, in <module>
ModuleNotFoundError: No module named 'flask'
```

Pythonでエラーを確認する時のポイントは最終行です。最終行に「ModuleNotFoundError」（モジュールが見つからないエラー）と表示された場合、正しくインストールされていません。

パッケージのインストールが失敗した原因は？

もし、うまくパッケージがインストールされなかった時には、改めて、ターミナルを起動して、コマンドを実行してみてください。その際、コマンドが正しく実行できているか、半角で入力したかなど、確認してみてください。

ほかにも、失敗する原因があります。特に、複数のバージョンのPythonがインストールされている場合には注意が必要です。IDLEで実行するPythonとは別のバージョンの保存ディレクトリに、パッケージのインストールが行われてしまうことがあるからです。ぱっと見には、インストールに成功しているのに、IDLE上では、エラーが出て実行できません。

Pythonはインストーラーを使って手軽にインストールできるため、うっかり、以前にインストールしたのを忘れることもあります。複数のバージョンがインストールされていると、トラブルの元となります。この場合、一度、ほかのバージョンをアンインストールしてから試すと良いでしょう。（あるいは、環境変数PATHを編集して、使っていないPythonのパスを環境変数から削除しましょう。）なお、本書では扱いませんが、複数のバージョンのPythonを切り替えて使う必要があれば「pyenv」というライブラリーを使うと良いでしょう。

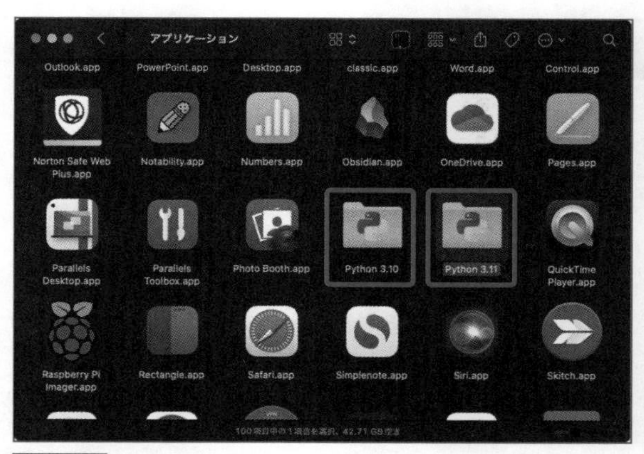

画面 1-28 複数バージョンの Python があるとトラブルの元

COLUMN

macOS/Linuxでpython3コマンドを使うのはなぜ？

Windowsにpythonをインストールすると、`python`コマンドを利用して、Pythonの実行ができます。しかし、macOSやLinuxでは、コマンド名が`python3`となっている場合が多くあります。これはどうしてなのでしょうか？

まず、大きな理由としては、複数のPythonバージョンをサポートしたい場面があるからです。Pythonは、1991年にグイド・ヴァン・ロッサム氏により開発されました。順調に開発は進み、2000年にはバージョン2.0がリリースされ、2008年にはバージョン3.0がリリースされます。Pythonはスクリプト言語として人気を博し、多くのLinuxやmacOSに標準搭載されました。

そして、Pythonがインストールされていなければ動かないシステムも増えました。ところが、バージョン2から3にアップデートした際、言語機能に大幅な改良が施され、バージョン2と3では互換性がなくなってしまいました。また、当面の間、バージョン2のサポートも続いたため、多くのシステムには、バージョン2を実行する`python`コマンドと、バージョン3を実行する`python3`コマンドの2つが搭載されることになったのです。

ただし、バージョン2の最終バージョンである、2.7は2020年にはサポート期限が終了しています。そのため、今ではmacOSやLinuxであっても、`python`コマンドがバージョン3を指すようになっている場合も多くあります。

macOSで思ったPythonのバージョンが実行されない場合、以下を参考に設定を変更してください。

macOSのデフォルトPythonを変更する方法

上記で紹介したように、macOSにPython実行環境が複数インストールされていたり、Homebrewやその他のパッケージマネージャーによって、Pythonがインストールされていたりすることがあります。

ターミナル.appを起動して、`python`コマンドを実行した時、どのPythonが実行されているのかを調べる必要があるでしょう。以下のコマンドを実行すると、どのPythonが実行されているのか確認できます。

コマンド

```
# どのPythonを実行しているか確認する方法
$ which python
```

Pythonの公式サイトで配付されているインストーラーを使って、バージョン3.11をインストールした場合に、Pythonは次のパスにインストールされます。（3.11の部分はインストールしたバージョンを確認して変更してください。）

ファイルのパス

```
/Library/Frameworks/Python.framework/Versions/3.11/bin/python3.11
```

ターミナルで、以下のコマンドを実行して、macOS標準のシェルZshの設定を変更しましょう。なお、Visual Studio Code (※URLは後述) などのエディターをインストールしていると、設定ファイルの変更が容易です。

コマンド

```
# ターミナル上でファイルを更新する場合
$ pico ~/.zshrc
# Visual Studio Codeをインストールした場合
$ code ~/.zshrc
```

設定ファイルの末尾に以下を追加しましょう。

設定ファイル「~/.zshrc」の末尾

```
# Python3.11をデフォルトにする設定
PYTHON_PATH=/Library/Frameworks/Python.framework/Versions/3.11/bin
export PATH=$ pYTHON_PATH:$ pATH
alias python=python3
alias pip=pip3
alias idle=idle3
```

そして、ターミナルで下記のコマンドを実行して設定を反映させます。

コマンド

```
$ source ~/.zshrc
```

もし、標準シェルに、Bashを使っている場合には、「~/.zshrc」ではなく「~/.bashrc」を修正してください。

●プログラムや設定ファイルの編集に便利なVisual Studio Code

[URL] **https://azure.microsoft.com/ja-jp/products/visual-studio-code**

大規模言語モデル(LLM)をどう活用する? ~パッケージインストール

筆者はこれまでPythonの関連書籍をたくさん執筆していますが、読者からの質問で最も多いのが、パッケージのインストールに関するトラブルです。パッケージをインストールしたものの、正しくインストールできたのかどうか、分かりづらいのが原因でしょう。

そこで、パッケージのインストールについて、大規模言語モデルに次のように質問してみると良いでしょう。

生成AIのプロンプト src/ch1/llm_package_error.prompt.txt

```
###質問:
pipコマンドを利用してPythonのパッケージをインストールしました。
しかし、次のエラーが表示されてしまいます。
どのようにして原因を特定できるか教えてください。

###表示されたエラー:
Traceback (most recent call last):
  File "<stdin>", line 1, in <module>
ModuleNotFoundError: No module named 'flask'

###環境について:
- Windows11
- Python 3.11.1

###備考:
pipのインストール先の確認方法など、具体的に教えてください。
仮想環境など利用していません。
```

ChatGPTに上記のプロンプトを与えると、次の画面のような解決作を提示します。上記のプロンプトの「### 環境について:」をご自身のものに書き換えてみるのは当然として、「### 備考:」の下に、その時点で気になる点や、おかしいと思った点を加えてみましょう。回答が変化します。

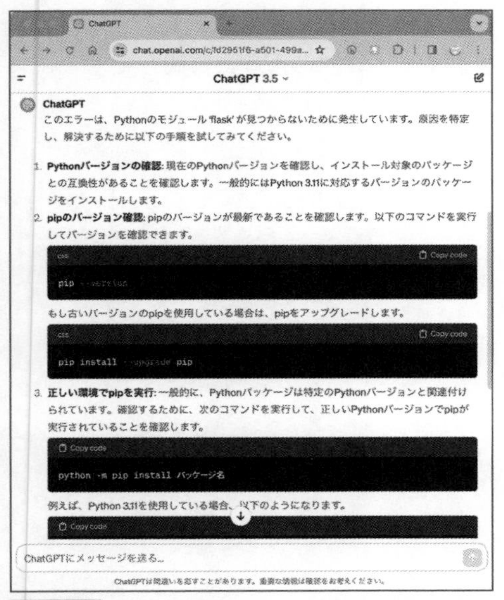

画面 1-29 パッケージのエラーについて解決作を尋ねたところ

さらに、ChatGPTをはじめ、多くの大規模言語モデルは、回答の再生成のボタンがついています。同じ質問に対して異なる答えを得ることができるのです。回答の指示に沿って試してみても、解決できない場合には、回答を再生してみて試してみるのも有効です。

まとめ

1. 拡張パッケージをインストールには、pipコマンドを使う
2. pipコマンドを使うには、IDLEではなくターミナルを使う
3. 複数バージョンのPythonがインストールされているとトラブルの元なので注意

chapter 1

05

PythonのGUIツールキットについて

Pythonでデスクトップアプリを作る場合、いくつかの選択肢があります。ここでは、デスクトップアプリを作るのに使えるGUIツールキットについて紹介します。

ここで学ぶこと

- GUIツールキット
- デスクトップアプリ

いろいろあるGUIライブラリー

Pythonにはいろいろなライブラリーが存在します。それぞれのGUIライブラリーで使える部品や機能が異なります。いろいろな特色があるので、1つずつ確認していきましょう。ライブラリーを比較するために、ボタンを押したら格言を表示するプログラムを作ってみましょう。

ここでは、ライブラリーの使い勝手を俯瞰することを目的にしているので、詳しいプログラムは解説しません。そのため、「このライブラリーを使うと、こんな風に書くのか」という雰囲気を味わってみてください。

Tkinter - Python標準ライブラリー

TkinterはPythonに最初から入っている標準GUIライブラリーです。Tcl/TkというGUIツールキット用のPythonライブラリーです。Tkは1990年代初頭に登場した歴史あるライブラリーで、Windows/macOS/Linuxと多くのOS上で動作します。

Pythonのソースリスト src/ch1/hello_tk.py

```
import tkinter as tk
import tkinter.messagebox as msg

# ウィンドウを表示する関数
def show_window():
    # メインウィンドウを作成
    root = tk.Tk()
    root.title("格言を表示するアプリ")
    root.geometry("300x200") # サイズを指定
    # ラベルを作成
```

```
    tk.Label(root,text="以下のボタンを押してください。").pack()
    # ボタンを作成
    tk.Button(root,text="格言を表示",command=click_handler).pack()
    # メインループを開始
    root.mainloop()

# ボタンをクリックした時のイベントを記述
def click_handler():
    msg.showinfo(title="格言",
        message="良い言葉によって心が晴れる")

if __name__ == "__main__":
    show_window()
```

IDLEでプログラムを読み込んで、実行すると、下記のようにボタンが1つだけあるウィンドウが表示されます。ボタンを押すと格言が表示されます。

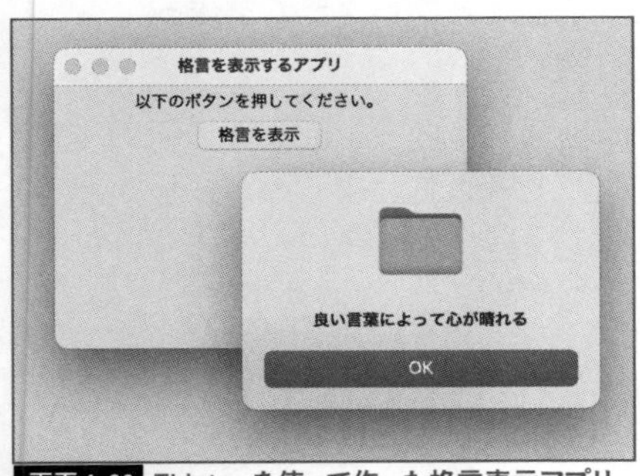

画面 1-30 Tkinter を使って作った格言表示アプリ

Tkinterを使う場合、上記のような基本的なプログラムを作るのには困りませんが、歴史あるライブラリーだけあって、ちょっと癖が強い印象があります。

PySimpleGUI - 簡単でシンプルなGUIライブラリー

PySimpleGUIは手軽にデスクトップアプリを作成するGUIツールキットです。独自のGUIライブラリーという訳ではなく、上記で解説したTkinterなどの既存GUIツールキットをラップしています。内部でTkinterを利用しているため、動作環境が幅広いのが特徴です。

PySimpleGUIを利用するには、ターミナルを起動して下記のコマンドを実行します。

コマンド

```
$ python -m pip install -U PySimpleGUI==4.60.5
```

PySimpleGUIは、バージョン4まではオープンソースのLGPライセンスで配付されていましたが、本書執筆中の2024年のバージョン5から一転して、オープンソースでの公開を止めてしまいました。さらに個人利用は無料なのですが、商用利用ではライセンス料が必要になってしまいました。

上記のコマンドを実行すると、PySimpleGUIのオープンソース（LGPL）で公開された最後のバージョンである、4.60.5をインストールします。PySimpleGUIの最新版を使う手順は、次節で詳しく紹介します。

PySimpleGUIを利用して、先ほどのプログラム「hello_tk.py」と同じ動作をするプログラムは、次のように記述します。

Python のソースリスト　src/ch1/hello_sg.py

```
import PySimpleGUI as sg

# ウィンドウを表示する
win = sg.Window(
    title="格言を表示するアプリ",
    layout=[[sg.Text("以下のボタンを押してください。")],
            [sg.Button("格言を表示")]])
# イベントループを開始
while True:
    event, _ = win.read() # イベントを読む
    if event == sg.WIN_CLOSED: break
    if event == "格言を表示": # ボタンを押した時の処理
        sg.popup("良い言葉によって心が晴れる")
```

IDLEなどでプログラムを読み込んで実行すると、次のように表示されます。

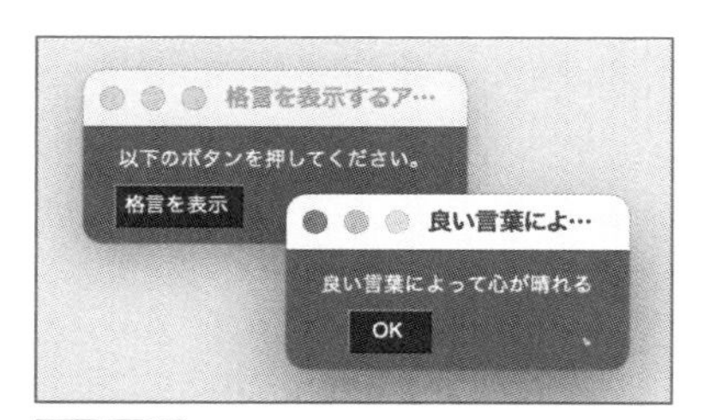

画面 1-31 PySimpleGUI で作った格言表示アプリ

Tkinterを使ったサンプルと見比べてみると、とてもスッキリしている印象があります。PySimpleGUIでは、二次元のリストにGUI部品を指定することで、手軽に部品を配置できます。

TkEasyGUI - PySimpleGUI互換の簡単ライブラリー

次に紹介するGUIライブラリーは、TkEasyGUIです。このライブラリーは、PySimpleGUIと基本的に互換性のあるライブラリーです。オープンソースで開発されており、商用利用が可能で、制限の緩いMITラインセンスを採用しています。

TkEasyGUIを利用するには、ターミナルを起動して下記のコマンドを実行します。

コマンド

```
$ python -m pip -U install TkEasyGUI
```

TkEasyGUIを使って格言を表示するプログラムは、次の通りです。PySimpleGUIと互換性があるため、PySimpleGUI用に作った多くのプログラムを少しの手直しで実行できます。

Python のソースリスト | src/ch1/hello_eg.py

```
import TkEasyGUI as eg

# ウィンドウを表示する
window = eg.Window(
    title="格言を表示するアプリ",
    layout=[[eg.Text("以下のボタンを押してください。")],
            [eg.Button("格言を表示")]])
# イベントループを開始
while window.is_alive():
    event, _ = window.read() # イベントを読む
    if event == "格言を表示": # ボタンを押した時の処理
        eg.popup("良い言葉によって心が晴れる")
window.close()
```

プログラムを実行すると次のように表示されます。

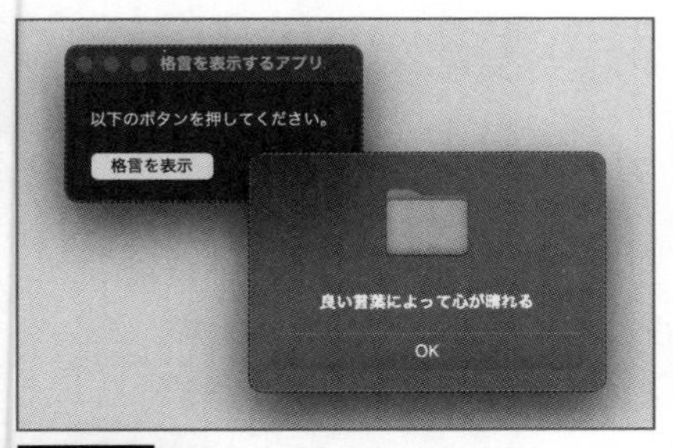

画面 1-32 TkEasyGUI を使って作った格言表示アプリ

実は、このライブラリーは、筆者が本書のために開発したもので、本書で紹介するプログラムの大半は、import文をPySimpleGUIからTkSimpleGUIに書き換えるだけで動作するように調整しています。

PyQt/PySide - GUIツールキットQtのPython用ライブラリー

PyQt/PySideは、Qt(キュート)というGUIツールキットのPython用ライブラリーです。Windows/macOS/Linuxとマルチプラットフォーム対応です。Tkinterよりもモダンな作りです。もともと、C++のために作成されたライブラリーであり、幅広く利用されています。Python用のGUIライブラリーでは、Tkinterに次いで人気があります。

PySideを使うには、ターミナルで下記のコマンドを実行します。

コマンド

```
$python -m pip install PySide6==6.6.2
```

PySideを使ったプログラムは下記のようになります。PySideを使う場合、QWidgetを使ってウィンドウを作成し、その上にラベルやボタンを配置して利用します。

Pythonのソースリスト src/ch1/hello_qt.py

```
import sys
from PySide6 import QtWidgets as qt

def show_window():
    # ウィンドウの初期設定
    app = qt.QApplication(sys.argv)
    win = qt.QWidget()
    win.setGeometry(300, 300, 300, 200)
    win.setWindowTitle('格言を表示するアプリ')
    # ラベルを作成
    l = qt.QLabel("以下のボタンを押してください。", win)
    l.setGeometry(10, 10, 200, 20)
    # ボタンを作成
    b = qt.QPushButton('格言を表示', win)
    b.setGeometry(10, 40, 100, 30)
    b.clicked.connect(show_message)
    win.show()
    app.exec()

def show_message(): # メッセージを表示する
```

```
    qt.QMessageBox.information(None,
        '格言','良い言葉によって心が晴れる')

if __name__ == "__main__":
    show_window()
```

IDLEなどを利用してプログラムを実行すると、次のように表示されます。

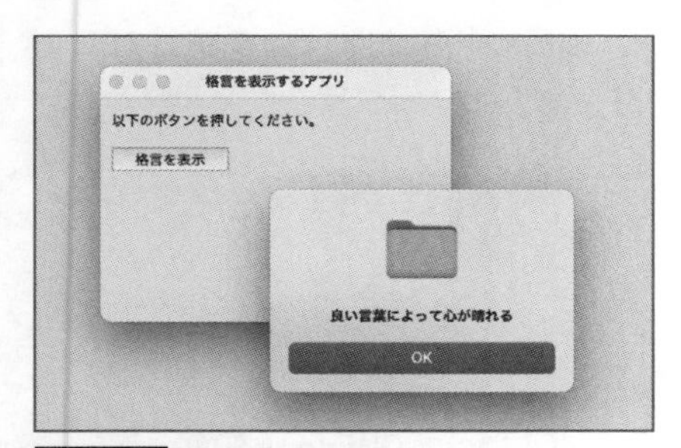

画面 1-33 PyQtを使った格言表示アプリ

なお、PyQtとPySideは双方ともPythonをQtから使えるようにしたライブラリーです。ただし、大きな違いはそのライセンスです。PyQtのライセンスはGPLであり、PySideはLGPLです。

GPLのライブラリーを使う場合、このソフトウェアを使って新しいプログラムを作ったら、その新しいプログラムもGPLのルールに従わなくてはいけません。つまり、その新しいプログラムもみんなに開示する必要があります。これに対して、LGPLでは、新しいプログラムの中の一部分にLGPLのソフトウェアを使っていても、その新しいプログラム全体を公開する必要はありません。

wxPython - 機能が豊富なGUIツールキット

wxPythonは、C++用のGUIライブラリー「wxWidgets」のPythonライブラリーです。コンポーネントの描画をOSに任せているのが特徴で、OSに調和したGUI部品を表示できます。Windows/macOS/Linuxに対応しています。ライセンスは、LGPLを修正した独自の「wxWidgetsライセンス」となっています。

wxPythonを使うには、ターミナルで下記のコマンドを実行します。

コマンド

```
$ python -m pip install wxPython==4.2.1
```

以下がwxPythonを利用して格言表示アプリを作るプログラムです。

Python のソースリスト src/ch1/hello_wx.py

```
import wx

def show_window():
    app = wx.App()
    frame = wx.Frame(None, wx.ID_ANY, '格言を表示するアプリ')
    panel = wx.Panel(frame, wx.ID_ANY)
    # ラベルを作成
    wx.StaticText(panel, wx.ID_ANY,
        "以下のボタンを押してください。", pos=(10, 10))
    # ボタンを作成
    button = wx.Button(panel, wx.ID_ANY,
        "格言を表示", pos=(10, 40))
    button.Bind(wx.EVT_BUTTON, show_message)
    frame.Show()
    app.MainLoop()

def show_message(e):
    # メッセージを表示する
    wx.MessageBox("良い言葉によって心が晴れる")

if __name__ == "__main__":
    show_window()
```

IDLEなどを実行すると次のように表示されます。

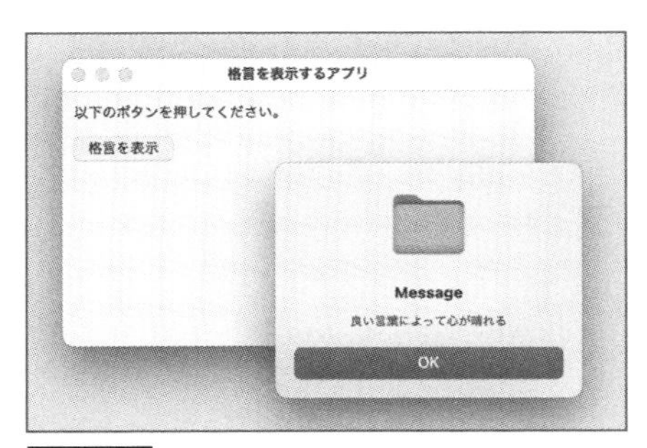

画面 1-34 wxPython を使って作った格言表示アプリ

どれを選んだら良い？

以上、ここまでで、Pythonの主要なGUIライブラリーについて紹介してきました。

TkinterはPythonに標準で付属しており、Pythonに付属するIDLEなどの標準ツールはこれを利用して作成されています。PyQt/PySideやwxPythonは、独自のGUIライブラリーですが、機能が豊富なのが特徴です。

そして、PySimpleGUIやTkEasyGUIは、とにかく手軽にGUIアプリを作成することを念頭においたライブラリーです。内部でTkinterを使っているので、マルチプラットフォームに対応していて、より手軽にGUIアプリを作成できます。

本書で主に扱うGUIライブラリー

本書では、楽しくGUIアプリを作成するために、気軽にプログラムが作れることを重視します。それで、主に「PySimpleGUI」と、PySimpleGUIと互換性のある「TkEasyGUI」を利用します。

まとめ

1. PythonにはいろいろなGUIライブラリーが用意されている
2. 多くのGUIライブラリーはマルチプラットフォームに対応している
3. Tkinterは最初から付属しているが、他のライブラリーはインストールが必要
4. ライセンスなども考慮しながら用途に応じたライブラリーを選ぶ必要がある
5. 本書では、PySimpleGUIとTkEasyGUIを使ったプログラムを紹介する

chapter 1

06

PySimpleGUIとTkEasyGUIについて

本書では、GUIライブラリーの「PySimpleGUI」を使いますが、最新版を使うにはライセンスキーの取得が必要です。そこで、ここでは手順を紹介します。また、互換ライブラリーの「TkEasyGUI」も紹介します。

ここで学ぶこと

- PySimpleGUI最新版のインストール
- PySimpleGUIのライセンスキーの取得方法について
- TkEasyGUIについて

PySimpleGUIのライセンスについて

前節で紹介した通り、PySimpleGUIは、当初はオープンソース（LGPL）で公開されていました。しかし、2024年に公開されたバージョン5から、商用利用する場合にライセンス料（年間99米ドル）が必要になりました。個人利用は無料ですが、その場合もラインセンスの取得が必要です。

そのため、PySimpleGUIの利用するユーザーは、ライセンスキーを取得して最新版を使うか、あるいは、オープンソースで互換ライブラリーのTkEasyGUIを使うかを選択することになります。

最初に、PySimpleGUIの最新版を使う方法を見ていきましょう。その後で、互換ライブラリーのTkEasyGUIについて紹介します。

PySimpleGUIの最新版を使う場合

PySimpleGUIのオープンソース版（バージョン4）のインストール方法は、前節で紹介した通り、コマンドを1行実行するだけでインストールが完了します。

しかし、PySimpleGUIの最新版を利用したいという場合もあるでしょう。それ以上、更新されない古いライブラリーを使い続けるのには不安もあります。そこで、ここでは、PySimpleGUIの最新版（バージョン5以降）を使う方法を紹介します。

PySimpleGUIのライセンスキーを取得しよう

まず、PySimpleGUIのWebサイトにアクセスして、ライセンスキーを取得します。ライセンス料が必要なのは商用利用のみで、個人利用は従来通り無料です。30日間の試用期間もあります。ここでは、個人利用の「Hobbyist」のライセンスを取得する方法を紹介します。

ブラウザーで下記のURLにアクセスしましょう。そして、画面右上の「Sign Up Now」をクリックします。

●PySimpleGUIのWebサイト

[URL] **https://www.pysimplegui.com/**

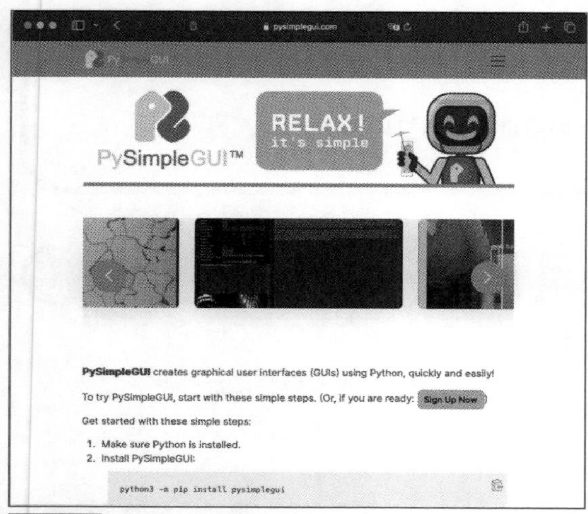

画面 1-35 PySimpleGUI の Web サイト

すると、次のような画面が表示されるので、個人利用であれば「Hobbyist」を、商用利用であれば「Commercial」を選択します。

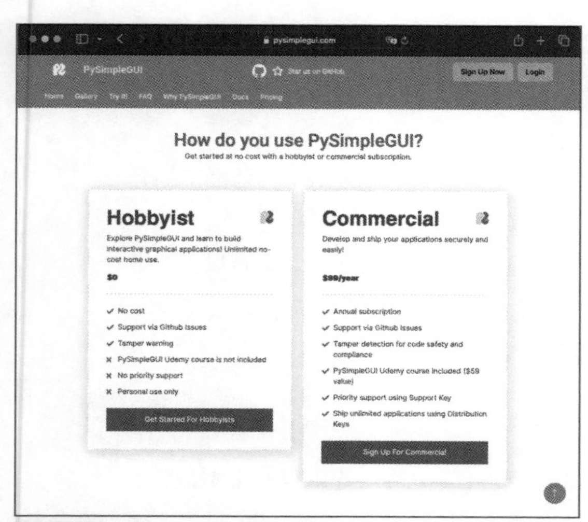

画面 1-36 個人利用は「Hobbyist」、商用利用は「Commercial」をクリック

続いて、次のようなフォームが表示されるので、名前やメールアドレス、そして、GitHubアカウント(この後のコラムで解説)を入力します。入力後に[Register]のボタンを押すと簡単なメール認証があります。

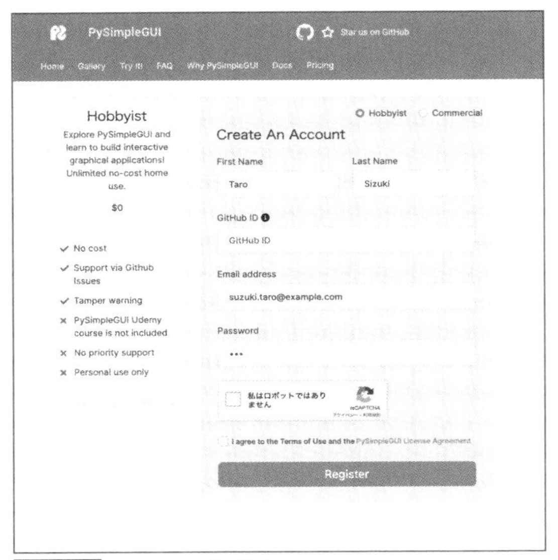

画面 1-37 アカウントの作成画面

memo

GitHubアカウントの作成方法について

PySimpleGUIのアカウント登録にはGitHubアカウントが必要になります。GitHubアカウントを持っていない人は、以下のWebサイトを開いてGitHubアカウントを取得しましょう。GitHubはソフトウェア開発のプラットフォームです。作成したプログラムのホスティング、バージョン管理、共同作業、問題追跡、コードレビューなどの機能を提供しています。アカウントの作成方法の詳しい説明も用意されているのでそれを参考にして登録しましょう。

● **GitHub**
[URL] **https://github.com/**

● **GitHubでのアカウントの作成**
[URL] **https://docs.github.com/ja/get-started/start-your-journey/creating-an-account-on-github**

PySimpleGUIのアカウントを作成し、登録が完了すると下記のようにライセンスキーが発行されます。画面に表示されるだけでなく、メールでライセンスが送信されてきます。

画面 1-38 簡単な登録でライセンスが取得できる

PySimpleGUIのライセンスを登録しよう

その後、下記のコマンドを実行して、PySimpleGUIの最新バージョンをインストールします。(python -m pipに、オプション「-U」を付けると最新バージョンを探してインストールします。)

コマンド

```
$ python -m pip install -U pysimplegui
```

そして、1章5節で紹介したプログラム「hello_sg.py」を実行します。

コマンド

```
$ python hello_sg.py
```

すると、下記のような画面がでます。そこで、画面下の「I accept the terms...(規約に同意します)」にチェックを入れて「Ok」ボタンをクリックします。

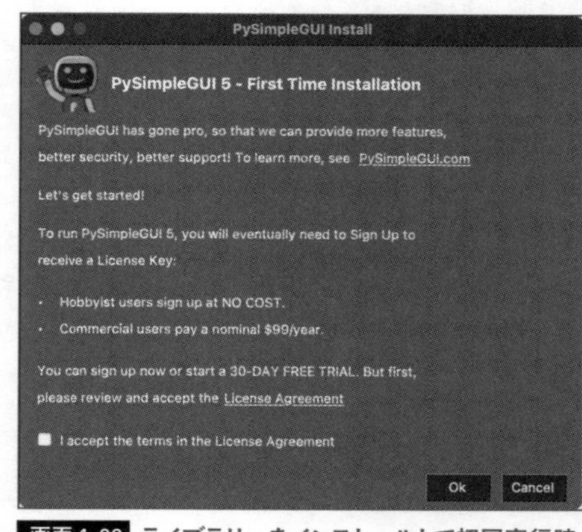

画面 1-39 ライブラリーをインストールして初回実行時に開始画面が出る

上記の手順で取得したライセンスキーを画面下部のテキストボックスに入力して一番下にある「Ok」ボタンをクリックします。すると登録完了です。(ちょっと紛らわしいのですが、[Sign Up]や[Free Trial]ではなく、テキストボックスの下にある「Ok」ボタンを押しましょう。) 以上で、ラインセンス登録は完了です。

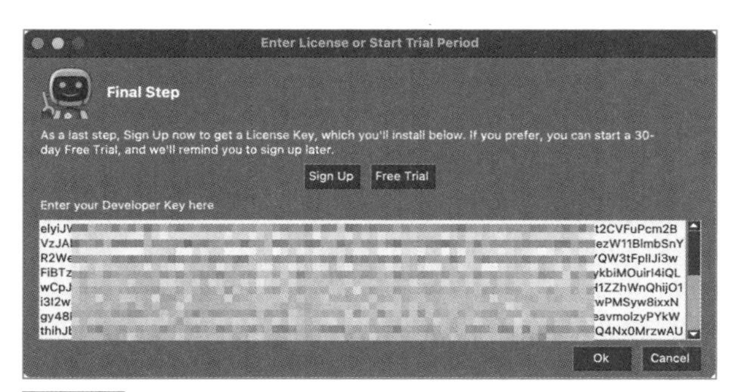

画面 1-40 ライセンスキーを入力する

PySimpleGUIのアカウントを作成するために、GitHubのアカウントが必要になるなど、ちょっと手順が多いものの、ライセンスキーの取得自体は、それほど大変ではありません。

TkEasyGUIについて

PySimpleGUIは、前節でも紹介したように、数あるGUIライブラリーの中で、最もシンプルにアプリを開発できる優れたライブラリーです。多くのGUIライブラリーは、複雑で面倒な記述が多く必要ですが、PySimpleGUIを使うと、記述量が少なくて済み、スッキリとGUIプログラムが書けるように工夫されています。

しかし、冒頭で紹介したようにオープンソースを止めてライセンス形態が変更されてしまいました。GUIを使ってアプリを作りたいという人の多くは、趣味や仕事を自動化するために「ちょっとデスクトップアプリを作ってみたい」という方が多いことでしょう。そういった場合、最初から有料のライブラリーを使うのに抵抗があるのではないでしょうか。

そこで、筆者は本書のために、PySimpleGUIと互換性があるGUIライブラリー「TkEasyGUI」を作成しました。このライブラリーは、オープンソースであり、ライセンスも緩いMITライセンスを採用しています。商用利用も無料です。

● GitHub > TkEasyGUI
[URL] https://github.com/kujirahand/tkeasygui-python/

画面 1-41 PySimpleGUIと互換性がある「TkEasyGUI」について

このライブラリーは、基本的なGUI部品や、基本機能を使う範囲では、PySimpleGUIと互換性があります。ただし、PySimpleGUIの全ての機能を網羅しているわけではありません（※注）。

それでも、本書のために開発したライブラリーなので、本書で作成する、電卓やToDOアプリ、ペイントツール、画像エフェクト、AIツールなど、基本的なデスクトップアプリを作る場面において問題なく動作します。そして、次章で解説しますが、PySimpleGUIのソースコードを1行書き換えるだけで、TkEasyGUIで動かすことができます。

※注：TkEasyGUIは、PySimpleGUIをフォークしただけのプロジェクトではなく、ゼロから開発された全く別のGUIライブラリーです。PySimpleGUIのコードをコピーして作った訳ではないので、ライセンス的にもクリーンです。

まとめ

1. PySimpleGUIは手軽にデスクトップアプリを作れる素晴らしいライブラリーである
2. しかし、バージョン5よりオープンソースではなくなり、商用利用が有料になった。最新版を使うには、個人利用でもライセンスの取得が必要となる
3. PySimpleGUIと互換性のあるTkEasyGUIを使うこともできる
4. 本書のプログラムは、PySimpleGUIとTkEasyGUIの両方で動かせる

chapter

2

身近なGUIアクセサリーを自作しよう

メモ帳、電卓、時計やタイマーなど、身近なGUIアクセサリーを作りながら、楽しくデスクトップアプリの作り方を学びましょう。PySimpleGUIまたはTkEasyGUIを使えば、簡単にGUIアプリを作成できます。

chapter 2

01 ポップアップダイアログを使ったツールを作ろう

GUIツールの機能に「ポップアップ」があります。これは、メッセージや選択肢ボタンのついたウィンドウをポップアップして表示するものです。扱いが簡単で便利なので覚えておきましょう。

ここで学ぶこと

- PySimpleGUI、TkEasyGUI
- ポップアップ
- ダイアログ

PySimpleGUI、TkEasyGUIの基本

1章の5節とその後のコラムで紹介したように、本書の多くのプログラムでは「PySimpleGUI」または「TkEasyGUI」というパッケージを使って、いろいろなツールを作っていきます。このライブラリーを使うと、とても簡単にGUIを使ったアプリが開発できます。

ポップアップ・ダイアログについて

PySimpleGUI、TkEasyGUIを使う上で便利なのが「ポップアップ（popup）」と呼ばれるダイアログ機能です。これは、簡単なメッセージを表示したり、Yes/Noで質問したりできる機能です。ユーザーが「OK」ボタンなどを押すまで、ほかの操作ができないように制限するものです。

それでは、最も簡単なポップアップを試してみましょう。IDLEのメニューから[File > New File..]をクリックして、新規コードエディターを開き、そこに以下のコードを貼り付けます。そして、[File > Save]をクリックしてファイルを「popup_hello.py」というファイル名で保存します。

Python のソースリスト　src/ch2/popup_hello.py

```
import PySimpleGUI as sg
sg.popup("こんにちは！")
```

IDLEからプログラムを実行してみよう

ファイルを保存したら、メニューから[Run > Run Module]をクリックします。すると、以下のようなポップアップウィンドウが表示されます。[OK]ボタンを押すとウィンドウが閉じます。

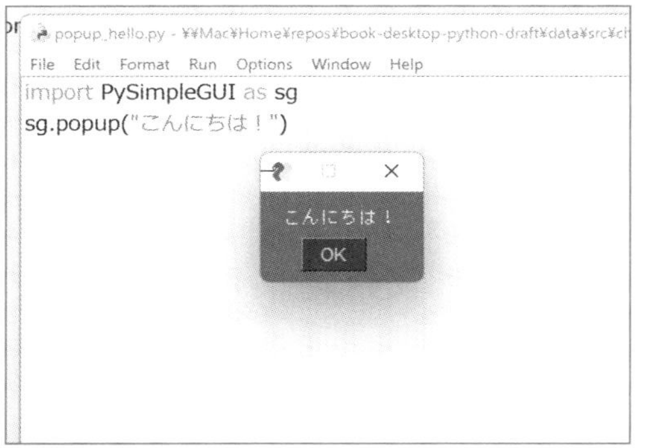

画面 2-01 Windowsでプログラムを実行したところ

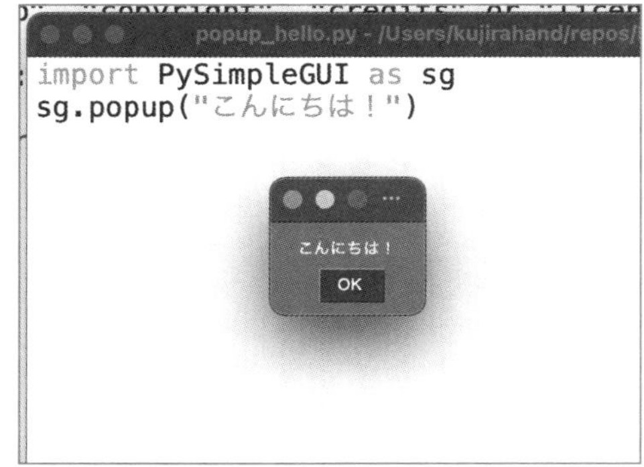

画面 2-02 macOSでプログラムを実行したところ

あるいは、本書のサンプルプログラムをダウンロードしてあれば、それを利用してプログラムを実行できます。メニューから[File > Open]をクリックしてファイルを読み込めます。

Windowsと macOSの実行画面を見比べてみると、同じようにプログラムが実行できることが分かるでしょう。

Yes/Noで尋ねるポップアップを使おう

ポップアップ・ダイアログが便利なのは、ユーザーに対して強制的にアクションを選択してもらえるところです。ユーザーがボタンを押さない限り、ポップアップしたダイアログは閉じないからです。特に、これが便利なのは、選択肢となるボタンが表示され、ユーザーがどちらかを選ぶという場面です。

具体的なプログラムで確認してみましょう。次のプログラムは、ウィンドウに質問を表示して、その答えを「Yes」か「No」の選択肢ボタンで選ぶというものです。実際にプログラムを確認してみましょう。

Python のソースリスト　src/ch2/popup_yesno.py

```
import PySimpleGUI as sg
# YesかNoを選択するダイアログを表示する ── (※1)
result = sg.popup_yes_no("ネコが好きですか？")
```

```
# 結果に応じたメッセージを表示 ―― (※2)
if result == "Yes":
    sg.popup("ネコが好きなんですね！")
elif result == "No":
    sg.popup("ネコが好きではないんですね。")
```

IDLEからプログラムを実行すると以下のようになります。

「Yes」ボタンを押すと「ネコが好きなんですね！」というポップアップを表示し、「No」ボタンを押すと「ネコが好きではないんですね。」と押したボタンに応じて表示されるメッセージが変わります。

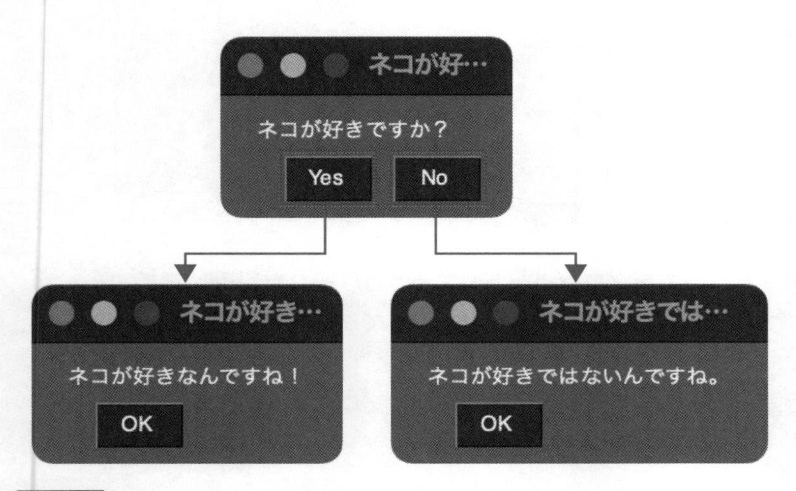

画面 2-03 ネコが好きか Yes/No のボタンで質問するポップアップ・ダイアログ

プログラムを確認してみましょう。このプログラムの(※1)では、「Yes」と「No」のボタンで質問を行うウィンドウを表示します。そして、(※2)では、ユーザーが選んだボタンに合わせて、次にポップアップするメッセージを変更して表示します。

上記の画像はmacOSのものですが、Windowsでも下記のように同じように表示できます。

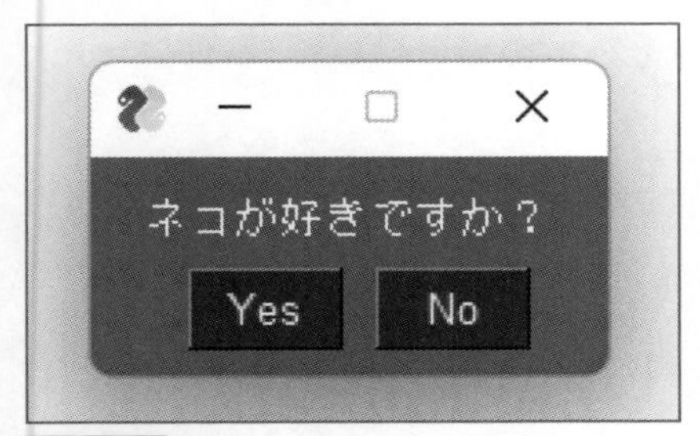

画面 2-04 Windows で Yes/No ポップアップを表示したところ

Yes/Noで答える2択クイズを作ってみよう

次に、このYes/Noのポップアップを利用した簡単なアプリを作ってみましょう。[Yes]と[No]のボタンを使って、2択クイズを作ってみましょう。

2択クイズは、直接、業務アプリ開発には関係ないようにも思えますが、新人研修などで、業務の適性チェックを行ったり、研修内容を覚えているかどうかをチェックしたりと、とても使い勝手が良いものです。

ここでは、ITエンジニアを対象とした簡単なクイズを出題してみましょう。以下のプログラムは、[Yes]と[No]で答えるクイズゲームです。

Python のソースリスト　src/ch2/popup_yesno_quiz.py

```
import math
import PySimpleGUI as sg

# クイズ問題を定義 —— (※1)
QUIZ = [
  {"問題": "TCP/IPはインターネット通信の基本的なプロトコルである。", "答え": "Yes"},
  {"問題": "Javaはオブジェクト指向言語であるが、多重継承をサポートしている。", "答え": "No"},
  {"問題": "Linuxは無料で利用可能なオープンソースのオペレーティングシステムである。", "答え": "Yes"},
  {"問題": "HTTPSはHTTPよりも速いデータ転送速度を持つ。", "答え": "No"},
  {"問題": "SQLはデータベースを操作するための言語である。", "答え": "Yes"},
  {"問題": "ビットコインはブロックチェーン技術を使用していない。", "答え": "No"},
  {"問題": "IPv6アドレスはIPv4アドレスよりも数が少ない。", "答え": "No"},
  {"問題": "GitHubはコードのバージョン管理にGitを使用する。", "答え": "Yes"},
  {"問題": "機械学習と人工知能は同じ意味である。", "答え": "No"},
  {"問題": "PythonはGoogleが開発したプログラミング言語である。", "答え": "No"}
]

# 問題を出題 —— (※2)
ok = 0
for i, qdata in enumerate(QUIZ):
    # リストから問題と答えを取り出す —— (※3)
    q = qdata["問題"]
    a = qdata["答え"]
    # ポップアップで問題を表示 —— (※4)
    user = sg.popup_yes_no(q, title=f"クイズ 第{i+1}問目")
    # 答え合わせ —— (※5)
    if user == a:
        sg.popup("お見事！正解です。")
```

```
        ok += 1
    else:
        sg.popup("残念、不正解でした。")
# 成績発表 —— (※6)
rate = math.floor(ok / len(QUIZ) * 100)
sg.popup(f"お疲れ様でした。{ok}問正解。正解率:{rate}%", title="成績")
```

IDLEから上記プログラムを実行してみましょう。すると、クイズが始まります。[Yes]か[No]のボタンを選びましょう。

画面 2-05 プログラムを実行するとクイズが表示される

[Yes]か[No]のボタンを押すと、正解かどうかが表示されます。

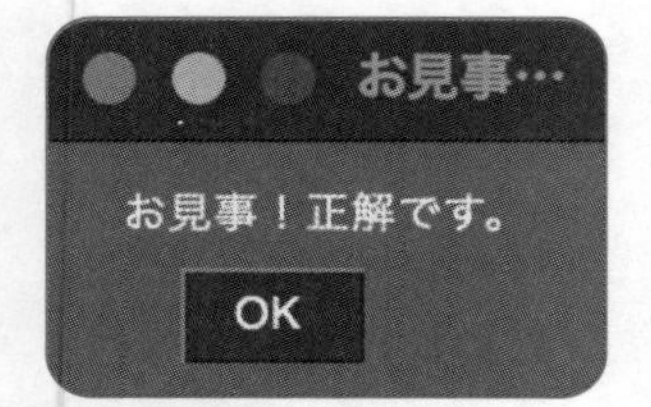

画面 2-06 正解が表示されたところ

クイズの出題が終わると、正解数と正解率を表示します。

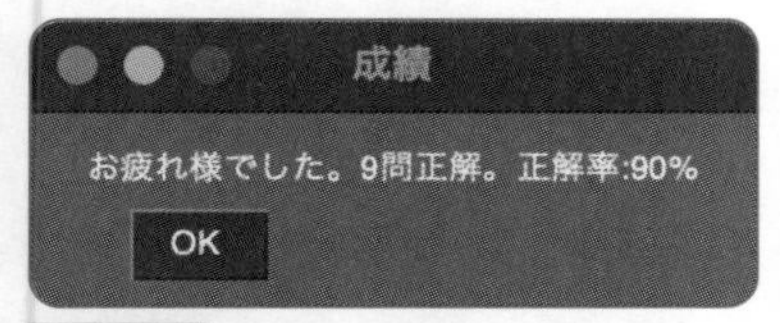

画面 2-07 クイズの最後に正解率を表示する

プログラムを確認してみましょう。プログラムの(※1)の部分では、クイズの問題と答えのリストを定義します。Pythonの辞書型(dict)とリスト型(list)を組み合わせた形式で複数のクイズデータを表現します。

(※2)では(※1)で定義したクイズ問題をfor文で繰り返し出題します。なお、for文で「enumerate(QUIZ)」と書いています。「for qdata in QUIZ:」と書いた場合には、繰り返しごとにクイズデータが1つずつ得られます。それで、enumerateを使うと、何回目の繰り返しなのかを一緒に返してくれます。このクイズ問題では、ポップアップするダイアログのタイトルに「クイズ 第1問目」と出題番号を表示したかったので、enumerateを使っています。enumerateについては、この後のコラムを参考にしてください。

(※3)では、クイズデータから「問題」部分と「答え」部分を取り出して、変数qとaに代入します。

(※4)でpopup_yes_no関数を使って、ポップアップダイアログを表示して、問題をユーザーに出題します。ユーザーがボタンを選択したら、(※5)の部分で答え合わせを行います。正解した場合、正解した旨をpopup関数で表示し、変数okを1加算します。

最後の(※6)では、正解した問題の正解率を計算して、popup関数で成績を表示します。

COLUMN

for文でインデックスが必要な場合はenumerateを使おう

Yes/Noで答える2択クイズを作った時に、クイズを出題するのにenumerate関数を利用しました。enumerate関数はリストのインデックス番号をカウントするのに便利です。enumerateを使わないで同じ処理を書くこともできます。

以下のプログラムは、name_listの内容を番号付きで表示するものです。

Python のソースリスト　src/ch2/enum_range.py

```
name_list = ["Taro", "Jiro", "Sabu"]

# enumerateを使う場合 ―― (※1)
for i, name in enumerate(name_list):
    print(i+1, name)

# rangeを使う場合 ―― (※2)
for i in range(len(name_list)):
    name = name_list[i]
    print(i+1, name)
```

プログラム中(※1)のenumerateを使った場合と、(※2)のrangeを使った場合で、どう異なるのかを比べてみましょう。IDLEを起動してシェル上で実行してみましょう。

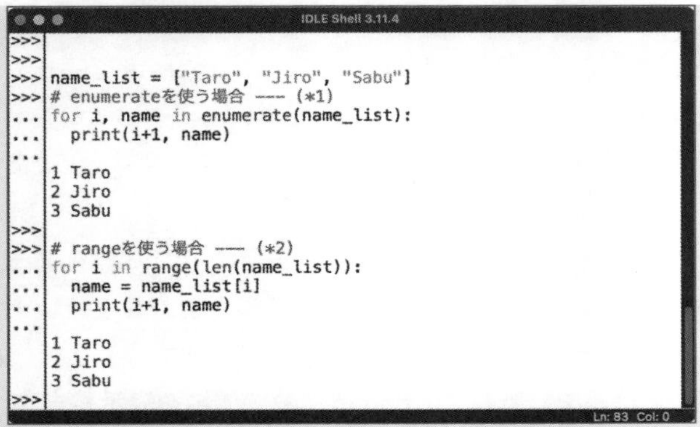

```
>>>
>>>
>>> name_list = ["Taro", "Jiro", "Sabu"]
>>> # enumerateを使う場合 --- (*1)
... for i, name in enumerate(name_list):
...   print(i+1, name)
...
1 Taro
2 Jiro
3 Sabu
>>>
>>> # rangeを使う場合 --- (*2)
... for i in range(len(name_list)):
...   name = name_list[i]
...   print(i+1, name)
...
1 Taro
2 Jiro
3 Sabu
>>>
```

画面 2-08 VOICEVOX 製品版のページ

(※2)のrangeを使う場合は、len関数を利用してリストの要素数を調べて、要素数の数だけ繰り返すようにし、リストの要素を1つずつ取り出すようにしています。
これに対して、(※1)のenumerateを使う場合は、インデックス番号と要素の取得が1行で記述できます。プログラムが短くなり、とても見やすくなっています。ですから、可能な場合には、rangeを使うのではなく、enumerateを使うようにすると良いでしょう。

単位変換ツールを作ってみよう

ポップアップダイアログでは、ユーザーからテキストを入力できる関数「sg.popup_get_text」も用意されています。これを使うと、ユーザーから自由文の入力が可能となります。

それでは、これを利用して、単位変換ツールを作ってみましょう。ここで作るのは、長さの単位である「インチ（inch）」を「センチメートル（cm）」に変換するというものです。インチと言えば、TVやPCのディスプレイがインチ単位で販売されていますので、身近になっていますが、センチメートルの単位でも分かると便利です。

以下は、インチからセンチへの変換プログラムです。

Python のソースリスト　src/ch2/inch_cm.py

```
import PySimpleGUI as sg

# ユーザーに値を尋ねる —— (※1)
inch_str = sg.popup_get_text(
    "インチからセンチへ変換します。何インチですか？")
if inch_str == "" or inch_str is None:
    sg.popup("何も入力されていません。")
    quit()
# 数値に変換してインチからセンチへ変換 —— (※2)
```

```
try:
    inch_val = float(inch_str)
except ValueError:
    inch_val = 0
cm_val = inch_val * 2.54
# 答えを表示 ―― (※3)
sg.popup(f"答えは{cm_val}センチです。")
```

chapter 2

身近なGUIアクセサリーを自作しよう

IDLEでプログラムを実行してみましょう。次のような入力画面が表示されます。ここでインチの数値を入力すると、センチに変換して表示します。

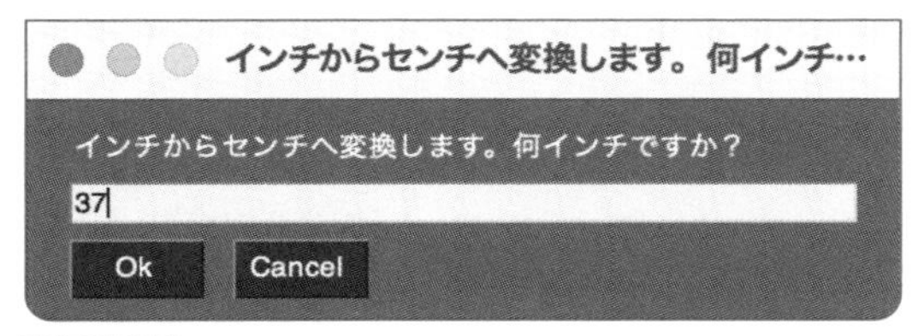

画面 2-09 テキストの入力ボックスを持ったダイアログが表示される

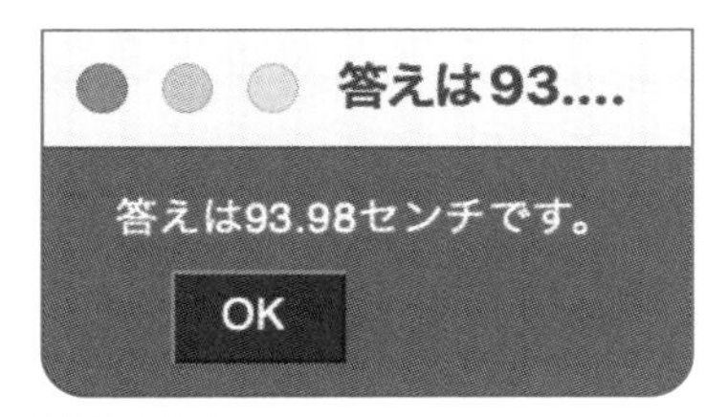

画面 2-10 数値を入力するとセンチに変換して表示する

プログラムを確認してみましょう。(※1)では、ユーザーにインチの値を尋ねるダイアログボックスを表示します。関数sg.popup_get_textはテキスト入力のポップアップウィンドウを表示し、ユーザーが入力した値を文字列として返します。

もしユーザーが何も入力せずにダイアログボックスを閉じたり、Cancelボタンを押したりした時には、空文字列やNoneが返されるため、プログラムは「何も入力されていません」というポップアップを表示してプログラムを終了します。

(※2)では、まずユーザーから受け取った値（変数inch_str）をfloat型に変換し、インチからセンチメートルへの変換を行います。try-exceptブロックを使用しており、実数型(float)への変換中にValueErrorが発生した場合、inch_valを0に設定します。ユーザーが数値以外の文字列を入力した時にexceptブロックが実行されます。そして、1インチは2.54センチなので、inch_valの値を2.54倍してセンチメートル値を計算して変数cm_valに代入します。

(※3)では、計算結果を表示します。ここで「f"答えは{cm_val}センチです。"」と書いています。これは、Pythonのf-stringの機能で、文字列の中に変数やプログラムを埋め込む機能です。

TkEasyGUIを使う場合

PySimpleGUIではなく、TkEasyGUIを使う場合には、プログラムの冒頭に書いてあるパッケージ名を利用する宣言部分の「import PySimpleGUI as sg」を「import TkEasyGUI as sg」と書き換えるだけです。

Pythonのソースリスト　src/ch2/inch_cm_eg.py

```
import TkEasyGUI as sg # ← この1行を書き換えただけ

# ユーザーに値を尋ねる
inch_str = sg.popup_get_text(
    "インチからセンチへ変換します。何インチですか？")
if inch_str == "" or inch_str is None:
    sg.popup("何も入力されていません。")
    quit()
# 数値に変換してインチからセンチへ変換
try:
    inch_val = float(inch_str)
except ValueError:
    inch_val = 0
cm_val = inch_val * 2.54
# 答えを表示
sg.popup(f"答えは{cm_val}センチです。")
```

すでに説明した「inch_cm.py」と比べてみてください。冒頭の1行書き換えただけです。本書のプログラムの多くは、この1行を変更するだけで動かすことができます。

大規模言語モデル（LLM）をどう活用する？
- ポップアップダイアログについて聞いてみよう

ChatGPTをはじめとした大規模言語モデル（LLM）の多くは、PySimpleGUIの利用方法をよく知っています。例えば、次のように尋ねてみましょう。

生成AIのプロンプト src/ch2/llm_ask_popup.prompt.txt

```
質問:
PythonのGUIライブラリーPySimpleGUIに関して質問です。
PySimpleGUIでは、popup_xxxのようなダイアログが便利に使えます。
どんなポップアップダイアログがあるか教えてください。
```

次の画面は、ChatGPTに上記のプロンプトを尋ねてみたところです。

画面 2-11 PySimpleGUIにポップアップダイアログについて尋ねたところ

本書のAppendixでは、PySimpleGUIに用意されているポップアップの一覧を紹介しています。PySimpleGUIの公式マニュアルは、日本語化されているものの、圧倒的に情報量が不足しています。大規模言語モデルに尋ねるなら、英語の資料を含めて答えてくれるので、多くの情報を得ることができます。

まとめ

1. PySimpleGUIのpopup関数を使うと手軽にメッセージを表示できる
2. popup_yes_no関数を使うと「Yes」と「No」のボタンのついたウィンドウを表示できる
3. popup_yes_no関数を使うとクイズも作れる

chapter 2

02 メモ帳を作ってみよう

「メモ帳」はいろいろなOSに最初から用意されている、最もシンプルなアプリのひとつです。GUIツールを作る上でも基本中の基本となります。自作のメモ帳の制作に挑戦してみましょう。

ここで学ぶこと

- PySimpleGUIの基本
- メモ帳、テキストエディター
- ウィンドウとレイアウト
- イベントループ
- ファイルの読み書きとwith構文

メモ帳を作ろう

Windows、macOS、Ubuntu（Linux）など、多くのOSでは、メモ帳やそれに類するアプリが最初から搭載されています。機能の違いはありますが、メモ帳を使うとGUI画面で、テキストの入力ができて、ファイルに保存できるのは同じです。また、既存のテキストファイルを読み込んで編集することもできます。

こうしたメモ帳の基本的な機能は、Pythonでどのように実装したら良いでしょうか。ここでは、PySimpleGUIを利用して、シンプルなメモ帳を実装することを目標としてみましょう。

画面 2-12 ここで作る簡単なメモ帳

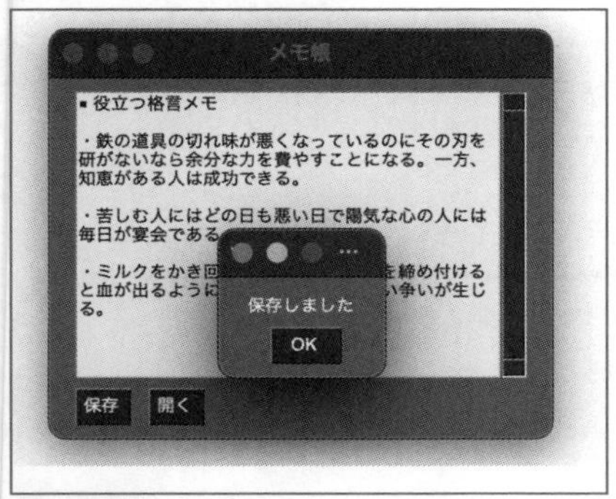

画面 2-13 メモを書いて「保存」ボタンを押すとファイルに保存される

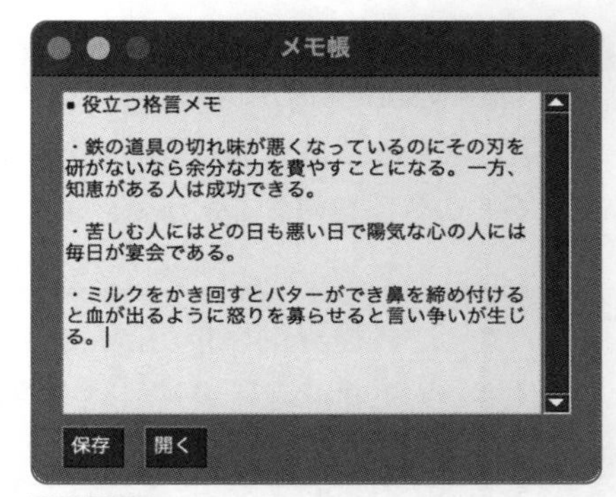

画面 2-14 そして「開く」ボタンを押すとファイルから読み込む

PySimpleGUIでウィンドウを表示しよう

前節では、ポップアップを利用したメッセージやYes/Noの選択肢ボタンを表示するダイアログの使い方を紹介しました。ポップアップは、1行書くだけで、それなりのウィンドウとボタンを表示してくれるので便利なのですが、その半面、細かいカスタマイズができません。そこで、本節では、PySimpleGUIでウィンドウを表示し、任意のGUIパーツを表示する方法を学びましょう。

ラベルを配置した格言ウィンドウを作成してみよう

はじめにPySimpleGUIでポップアップを使わずに、簡単なウィンドウを画面に表示するだけのプログラムを作ってみましょう。下記のような格言が書かれたウィンドウを表示するプログラムです。

画面 2-15 ラベルを配置しただけのウィンドウを表示したところ - macOS の場合

画面 2-16 ラベルを配置しただけのウィンドウ - Windows の場合

このようなウィンドウを作成し、OSごとの閉じるボタン（macOSなら左上の[x]ボタン、Windowsなら右上の[x]ボタン）を押した時にウィンドウを閉じるようにしてみましょう。それが、以下のプログラムになります。

Python のソースリスト | src/ch2/label_win.py

```
import PySimpleGUI as sg
# import TkEasyGUI as sg

# ラベルを配置したウィンドウを表示する —— (※1)
layout = [[sg.Text("怠け者は欲しがるが何も得ず、勤勉な人は十分に満たされる。")]]
window = sg.Window("格言", layout)
# イベントループ —— (※2)
while True:
    # ウィンドウからイベントを取得する —— (※3)
    event, values = window.read()
```

```
    # 閉じるボタンを押したらループから抜ける —— (※4)
    if event == sg.WINDOW_CLOSED:
        break
# 終了処理 —— (※5)
window.close()
```

IDLEから上記プログラムを実行しましょう。そして、ウィンドウが表示されたら、閉じるボタンを押してみてください。プログラムが正しく終了することを確認してみましょう。

プログラムを見ていきましょう。(※1)の部分でウィンドウを表示します。変数layoutでは何をウィンドウに配置するかを指定し、sg.Window関数でウィンドウを表示します。layoutについては、この後詳しく説明します。

そして、ポイントとなるのが(※2)の部分です。PySimpleGUIでウィンドウを利用する場合、ウィンドウに対するユーザーの操作を指定するために「イベントループ（event loop)」と呼ばれる繰り返し処理を記述する必要があります。

イベントループは「while True:」から始まる無限ループにします。(※3)のように、window.read()でイベントを取得します。そして、(※4)のようにイベントに応じた処理を記述します。sg.WINDOW_CLOSEDというのは、ウィンドウ上部の閉じるボタンを押した時の処理が起きたことを表すものです。それで、このイベントが発生したらイベントループを抜けるように処理を記述します。

最後(※5)に作成したウィンドウを閉じるように、closeメソッドを記述します。

COLUMN

WINDOW_CLOSEDを無視するとどうなる？

もしも、このsg.WINDOW_CLOSEDのイベントを無視するとどうなるでしょうか。(※4)の部分のif文をコメントアウトして実行してみてください。すると、下記のようなエラーダイアログが表示されてしまいます。

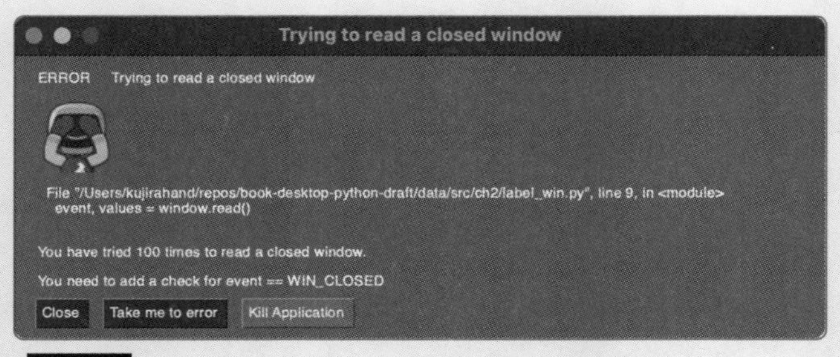

画面 2-17　閉じるボタンを実装しなかった場合、エラーが表示される

このダイアログは何でしょうか。行末のエラーメッセージを読んでみましょう。「You need to add a check for event == WM_CLOSED（日本語訳：あなたは、event == WM_CLOSEDをチェックする処理を追加すべきです)」と書かれています。

つまり、閉じるイベントを処理するようにというものです。このようなエラーが出てしまうことを考えると、閉じるイベントは、必ず実装しなければならないことが分かります。

ラベルとボタンを配置したウィンドウを表示しよう

次に、ラベルとボタンをウィンドウに配置してみましょう。次のような画面のウィンドウを作ってみます。このウィンドウのOKボタンを押した時には、「OKボタンが押されました」というポップアップが表示されるようにしてみましょう。

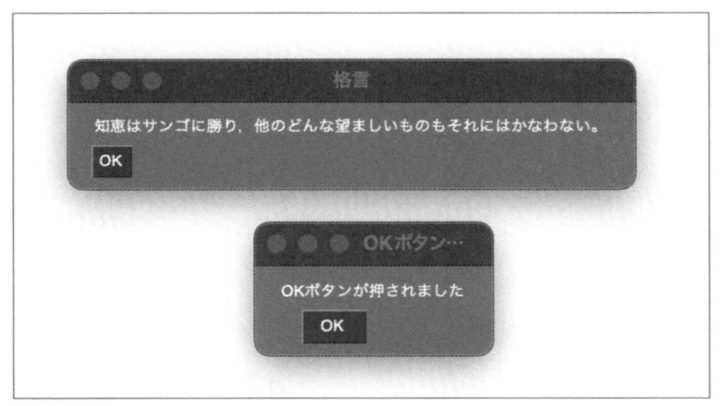

画面 2-18 ラベルと OK ボタンを配置したウィンドウ

これらを踏まえ、次のようなプログラムを記述します。

Python のソースリスト src/ch2/text_ok_win.py

```
import PySimpleGUI as sg
# import TkEasyGUI as sg

# ラベルとボタンを配置したレイアウト —— (※1)
layout = [
  [sg.Text("知恵はサンゴに勝り，他のどんな望ましいものもそれにはかなわない。")],
  [sg.Button("OK")]
]
# ウィンドウを表示する —— (※2)
window = sg.Window("格言", layout)
# イベントループ —— (※3)
while True:
    # ウィンドウからイベントを取得する —— (※4)
    event, values = window.read()
```

```
    # 閉じるボタンの処理 —— (※5)
    if event == sg.WINDOW_CLOSED:
        break
    # OKボタンが押された時の処理 —— (※6)
    if event == "OK":
        sg.popup("OKボタンが押されました")
        break
# 終了処理
window.close()
```

プログラムを確認してみましょう。(※1)ではラベルとボタンを変数layoutに定義します。ラベルを作成するには「sg.Text("ラベル")」のように記述し、ボタンを作成するには「sg.Button("ラベル")」のように記述します。そして、(※2)でsg.Window関数を実行すると、ウィンドウが作成されます。

(※3)以降ではウィンドウに対するユーザーの操作を処理するためのイベントループを記述します。(※4)でウィンドウのイベントを取得します。(※5)では閉じるボタンを処理するコードを記述し、(※6)でOKボタンが押された時の処理を記述します。sg.Button("OK")のようにして、OKボタンを作った場合、eventの値が"OK"となるので、とても分かりやすいでしょう。

COLUMN

ポップアップとウィンドウをうまく使い分けよう

ここで、前節で見たポップアップを使ったプログラムと、本節で解説したWindowオブジェクトを使って、カスタムダイアログを作るプログラムを比べてみましょう。

ポップアップを使えば、1行で表示できたラベルとOKボタンのダイアログですが、カスタムダイアログで実現する場合には、コメントもありますが22行も必要でした。もちろん、それほど難しくはないのですが、GUIを作るのってそれなりに大変だと思いますよね。それもあって、手軽に活用できるポップアップの種類が豊富に用意されています。

ポップアップとウィンドウは同時に利用することができますので、うまく使い分けると良いでしょう。ポップアップにどんなものがあるかは、本書末尾のAppendix1で詳しく解説します。

メモ帳を作ってみよう

それでは、PySimpleGUIの基本が分かりましたので、次の画面のようなメモ帳を作成してみましょう。記入したテキストを保存したり、読み込んだりできます。

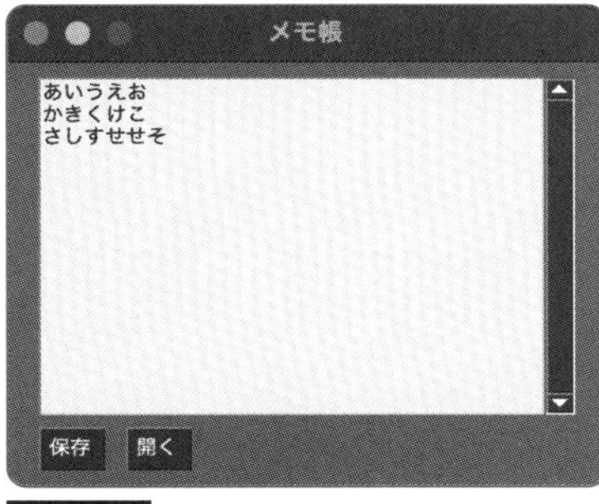

画面 2-19 メモ帳を実行したところ

メモ帳のプログラムは、以下のようになります。30行ちょっとのプログラムです。それほど長くないので、ゆっくり見てみましょう。

Python のソースリスト　src/ch2/notepad.py

```
import os
import PySimpleGUI as sg
# import TkEasyGUI as sg

# 保存ファイル名を指定 ―― (※1)
SCRIPT_DIR = os.path.dirname(__file__)
SAVE_FILE = os.path.join(SCRIPT_DIR, "notepad-save-data.txt")
# メモ帳のレイアウトの定義 ―― (※2)
layout = [
    [sg.Multiline(size=(40, 15), key="text")],
    [sg.Button("保存"), sg.Button("開く")],
]
window = sg.Window("メモ帳", layout=layout)
# イベントループ ―― (※3)
while True:
    # イベントと入力値の取得 ―― (※4)
    event, values = window.read()
    # 閉じるボタンを押した時
    if event == sg.WINDOW_CLOSED:
        break
    # 「保存」ボタンを押した時 ―― (※5)
    if event == "保存":
        # ファイルに保存
        with open(SAVE_FILE, "w", encoding="utf-8") as f:
            f.write(values["text"])
```

```
            sg.popup("保存しました")
        # 「開く」ボタンを押した時 —— (※6)
        if event == "開く":
            # 保存先のファイルが存在するか確認 —— (※7)
            if not os.path.exists(SAVE_FILE):
                sg.popup("一度も保存されていません")
                continue
            # 保存されたファイルを読み込む —— (※8)
            with open(SAVE_FILE, "r", encoding="utf-8") as f:
                text = f.read()
            # 読んだ内容をテキストボックスに反映 —— (※9)
            window["text"].update(text)
# 終了処理
window.close()
```

このプログラムをIDLEでプログラムを実行してみましょう。まず、エディターの部分に、テキストを書き込むことができます。そして、「保存」ボタンを押すとファイルが保存できます。

一度、プログラムを終了し、再度実行してから「開く」ボタンを押します。すると保存したテキストを復元できます。ファイルは、プログラムと同じディレクトリに「notepad-save-data.txt」という名前で保存されます。

プログラムが正しく動くのが分かったら内容を確認してみましょう。

(※1) では、メモ帳のファイルの保存先を指定します。一般的なメモ帳では、ファイルの保存先を指定できますが、今回はプログラムを短くするために、固定のファイル（プログラムと同じフォルダーの「notepad-save-data.txt」）に保存するようにしています。

(※2) では、メモ帳のレイアウトを定義します。複数行の編集ができるエディターを作成するには、sg.Multilineを使います。レイアウトを指定する場合、必ず、二次元のリストを指定するのですが、1行目に、sg.Multilineのエディター部分、2行目に、「保存」と「開く」のボタンを配置するようにしています。そして、sg.Windowでウィンドウを作成します。

(※3) 以下の部分でイベントループを記述します。(※4) ではイベント名とイベント値を取得します。これまでは、window.readメソッドではeventだけを取得していましたが、本来、このメソッドは、イベント名（event）とイベントの値（values）の2つを返します。

(※5) では「保存」ボタンを押した時の処理を記述します。保存ボタンを押すと、ファイルにユーザーが入力した値を保存します。

エディターに入力した値は、イベントループの先頭 (※4) で取得したイベントの値変数valuesに入っています。なお、(※2) でレイアウトを作成した時、sg.Multilineの引数で、key="text" と指定しているため、values["text"] でユーザーが入力したテキストを取得できます。

(※6)では「開く」ボタンを押した時の処理を記述します。(※7)では、保存先のファイルが存在するかos.path.exists関数で確認します。もし、存在しなければ「一度も保存されていません」とポップアップを表示します。そして、ファイルがあった時には、(※8)の部分で、テキストファイルを読み込みます。。(※9)の部分で読み込んだ内容をテキストボックスに反映します。ここでも、layoutで指定したkeyを利用して、window["text"]に対して、updateメソッドを使って読み込んだテキストを反映します。

PySimpleGUIの基本について理解を深めよう

さて、ここまで駆け足で「メモ帳」の作り方について紹介してきました。もう少し詳しくPySimpleGUIについて知りたいと感じたことでしょう。ここで、もう一度重要なポイントをおさらいしておきましょう。

本節で利用したPySimpleGUIのパーツ一覧

それでは、本節で利用したPySimpleGUIのパーツをまとめてみましょう。ここでは、ラベルとボタン、編集可能なエディターを利用しました。

本節で利用したPySimpleGUIのパーツ

パーツ名	利用例
テキストラベル	sg.Text(ラベル)
ボタン	sg.Button(ラベル)
複数行の編集エディター	sg.Multiline(size=(幅, 高さ), key="名前")

PySimpleGUIでは、ほかにも、いろいろなGUIパーツが用意されているので、それらのパーツを利用してアプリを作成します。

次のプログラムは上記のパーツをウィンドウ上に表示するプログラムです。

Python のソースリスト　src/ch2/parts_text_button_multiline.py

```
import PySimpleGUI as sg
# import TkEasyGUI as sg

# レイアウトを作成する
layout = [
    # テキストラベル
    [sg.Text("ABCを実行しますか？")],
```

```
    # ボタン
    [sg.Button("実行する")],
    # 複数行のエディター
    [sg.Multiline(size=(40, 3), default_text="テキスト", key="text")],
]
# ウィンドウを表示する
window = sg.Window("パーツを利用する例", layout)
# イベントループ
while True:
    event, values = window.read()
    if event == sg.WINDOW_CLOSED: break
window.close()
```

このプログラムを実行すると、下記のように表示されます。

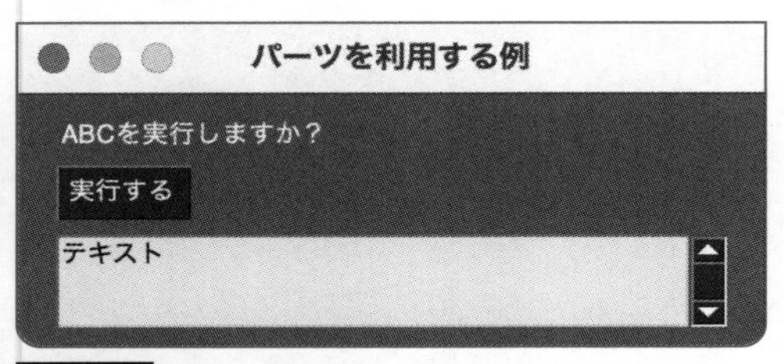

画面 2-20 3つのパーツをウィンドウ上に配置したところ

レイアウトとウィンドウについて

レイアウトとウィンドウの関係についても、もう少し確認しておきましょう。PySimpleGUIでは、Window関数を使うことで、ウィンドウを作成できます。そして、Window関数のレイアウト引数には、どんなパーツを作成するのか、二次元リストで指定します。

ラベルを3行だけ表示したい時には、二次元リストを次のように配置します。

Python のソースリスト | src/ch2/layout_3lines.py

```
import PySimpleGUI as sg
# import TkEasyGUI as sg

# ラベルとボタンを配置したレイアウト ―― (※1)
layout = [
    [sg.Text("1行目のラベル")], # 1行目
    [sg.Text("2行目のラベル")], # 2行目
    [sg.Text("3行目のラベル")], # 3行目
```

```
]
# ウィンドウを表示する
window = sg.Window("レイアウトの例", layout)
while True: # イベントループ
    event, values = window.read()
    if event == sg.WINDOW_CLOSED: break
window.close()
```

このプログラムを実行すると、次のように表示されます。

プログラムの(※1)の部分で、変数layoutにラベルとボタンを配置します。リストの中にリストを配置する二次元リストを利用して、手軽にレイアウトを作成できます。

1行に複数個のパーツを配置することも可能です。特に、ボタンなどは、1行に1つだけ配置するのではなく、複数個配置したい場合も多いでしょう。以下は、ボタンを3つ配置するプログラムの例です。

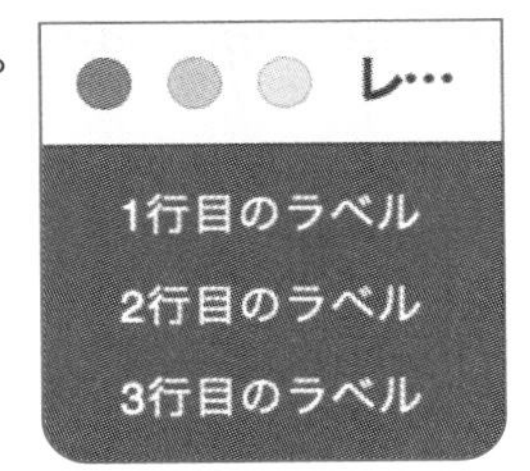

画面 2-21 ラベルを 3 行分作ったところ

Python のソースリスト　src/ch2/layout_3buttons.py

```
import PySimpleGUI as sg
# import TkEasyGUI as sg

# ラベルとボタンを配置したレイアウト
layout = [
    [sg.Text("信号は何色になったら進んで良いでしょうか？")], # 1行目
    [sg.Button("青"), sg.Button("黄"), sg.Button("赤")], # 2行目
]
# ウィンドウを表示する
window = sg.Window("ボタンを3つ並べる例", layout)
while True:
    event, values = window.read()
    if event == sg.WINDOW_CLOSED: break
window.close()
```

このプログラムを実行すると次のように表示されます。

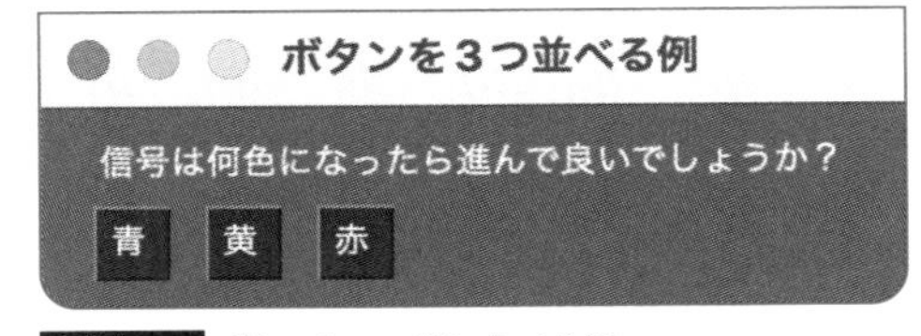

画面 2-22 ボタンを 3 つ横に並べる例

イベントループは必須である

しかし、ウィンドウを作成しただけでは、何も起きません。イベントループを記述してはじめてウィンドウは表示されます。最小限のイベントループは、次のようなものです。以下は、ラベルを表示するだけのウィンドウです。

Python のソースリスト　src/ch2/simple_eventloop.py

```
import PySimpleGUI as sg
# import TkEasyGUI as sg

# ラベルが1つだけのウィンドウを作成する
window = sg.Window("ウィンドウ", [[sg.Text("一番簡単なウィンドウ")]])
# イベントループ
while True:
    # ウィンドウからイベントを取得する
    event, values = window.read()
    # 閉じるボタンの処理
    if event == sg.WINDOW_CLOSED:
        break
window.close()
```

上記のプログラムを実行すると、下記のようなウィンドウが表示されます。試しに、上記のプログラムの5行目にある「while True:」以降を全部消してみましょう。すると、ウィンドウはまったく表示されません。

画面 2-23 一番簡単なウィンドウを表示するにもイベントループが必須

このように、ウィンドウはsg.Window(...)で作成するだけではだめで、イベントループを記述することではじめて、画面上に表示できるということを覚えておきましょう。

ファイル処理の基本とwith構文について

ここで、Pythonのファイル処理についても確認しておきましょう。Pythonでファイルを読み書きするには、次のようにopen関数を利用します。ファイルの読み書きを行うには、次の手順を踏む必要があります。

(1) ファイルを開く
(2) ファイルを読み書きする

(3) ファイルを閉じる

ファイルを「扉」に置き換えてみると分かりやすいでしょうか。開けた扉はそのままにせず、閉じるのがマナーです。ファイル処理も同じで、open関数で開いたファイルは、closeメソッドで閉じる必要があります。

Python のソースリスト　src/ch2/file_open_basic.py

```
# --- ファイル処理の基本 ---
# (1) ファイルを開く
fp = open("test.txt", "w", encoding="utf-8")
# (2) ファイルの読み書き
#   …ここでファイル処理…
# (3) ファイルを閉じる
fp.close()
```

open関数の第1引数にはファイルパスを指定し、第2引数には読み書きモードを指定します。"w"であれば書き込み、"r"であれば読み込み、"a"であれば追加書き込みを意味します。

そして、encoding引数には、文字エンコーディングを指定します。最近では「Shift_JIS」よりも「UTF-8」が使われることが多いのですが、Windowsでは標準の文字エンコーディングが「Shift_JIS」となってしまいます。そのため、日本語を扱うプログラムでは、必ずencodingを明示する必要があります。

うっかりミスを防ぐためwith構文を使おう

開いたら閉じるのが基本であり、みんな「それは当然のこと」と思っています。しかし、人間はうっかりミスをするものです。誰でも、うっかり扉を閉め忘れて嫌な顔をされた経験の1つや2つはあるものです。それは、どんな優秀な人であっても同じで、うっかりして、openで開いたファイルをcloseで閉じ忘れることがあります。

そこで、登場するのがwith構文です。with構文を使ってファイルを開くと、ブロックの終端で自動的にファイルを閉じてくれるという便利な働きをします。

下記のプログラムは「test.txt」に格言テキストを書き込むものです。

Python のソースリスト　src/ch2/file_write.py

```
# (1) ファイルを開く
with open('test.txt', 'w', encoding="utf-8") as fp:
    # (2) ファイルに書き込む
    fp.write('自分の口と舌を見張っている人は，面倒なことから身を守っている。')
    # (3) ここで自動的にファイルは閉じられる
```

このプログラムでは、(1)でファイルを開き、(2)でファイルにテキストを書き込みます。しかし、(3)にfp.close()を書く必要はありません。with構文を使う事で自動的に呼び出される仕組みだからです。

with構文を使うには、ちょっと慣れが必要かもしれませんが、ファイル処理では、ファイルが壊れるのを防ぐことができます。便利なので積極的に使うようにしましょう。

大規模言語モデル(LLM)をどう活用する? - PySimpleGUIのひな形を作ってもらおう

大規模言語モデルを使うと、簡単なプログラムを自動生成することができます。ただし、本稿執筆時点では、本格的なアプリをゼロから完成まで作成するのは現実的ではありません。

作成したいアプリのベースとなる部分、作成するプログラムの叩き台となるような部分を作ってもらうと良いでしょう。次のようなプロンプトを記述して活用できます。

例えば、以下は、温度の単位(摂氏と華氏)を相互に変換するプログラムを作ってもらうように依頼するものです。

生成AIのプロンプト src/ch2/llm_make_gui_template.prompt.txt

```
PySimpleGUIを利用してGUIアプリを作ろうと思います。
PySimpleGUIを利用して基本的な画面レイアウトを作成してください。

作成したい画面:
- 温度の単位変換を行うアプリの画面
- 摂氏と華氏を相互に変換できるもの

出力:
Pythonのプログラムを出力してください。
```

上記のプロンプトをChatGPTに与えてみましょう。すると、次のような応答が返されました。

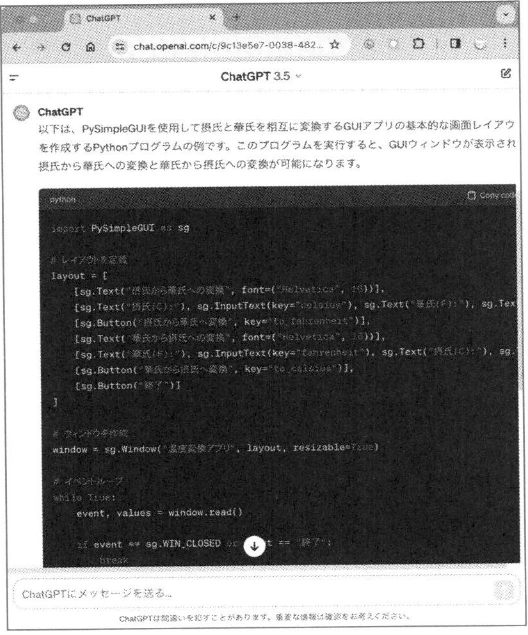

画面 2-24 PySimpleGUI を利用した温度の単位変換を行うプログラムを生成したところ

生成したプログラムをファイルに保存して、IDLEから実行してみると、次のような画面のアプリが生成されました。比較的に曖昧な指示だったので大丈夫かな？と心配したのですが、文句なく優秀なプログラムを生成してくれました。

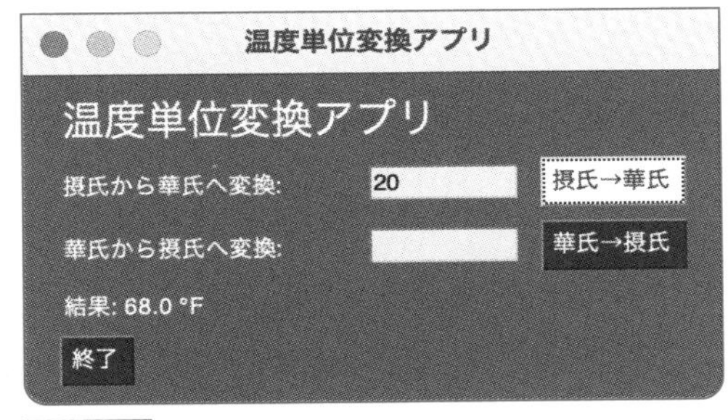

画面 2-25 ChatGPT にゼロから作ってもらった温度の単位変換アプリ

もちろん、大規模言語モデルの応答は毎回異なるため、このような立派なプログラムが生成されるとは限りません。会話AIのメリットを活かして気に入らない点を改善してもらったり、エラーが出たら原因を調べてもらったりすると良いでしょう。

まとめ

1. PySimpleGUIでは、sg.Window関数でウィンドウを作成する
2. ウィンドウを作成したらイベントループを記述する必要がある
3. イベントループでは必ず閉じるボタンのイベントsg.WINDOW_CLOSEDを記述する
4. メモ帳のエディター部分は、sg.Multiline関数で作る

chapter 2

03 オリジナル電卓を作ろう

PySimpleGUIの基本がわかったので、次はオリジナル電卓を作ってみましょう。たくさんのボタンをどのように作れば良いでしょうか。電卓の製作を通して、GUIについてさらに詳しく学びましょう。

ここで学ぶこと

- 電卓の作り方
- リストの内包表記
- パーツを一度にたくさん作る方法

電卓を作ってみよう

本節では電卓の作成に挑戦します。電卓制作のポイントは次の3つです。

(1) たくさんのボタンを一度に作成する方法
(2) ボタンをクリックした時の処理を記述する方法
(3) 複数のボタンを効率的に操作する方法

これらの点を学び、次の画面のような電卓を完成させましょう。Pythonで作れば、1つのプログラムをWindows/macOS/Linuxといろいろなで動かすことができます。

画面 2-26 本節で作成する電卓 - macOS で動かしたとき

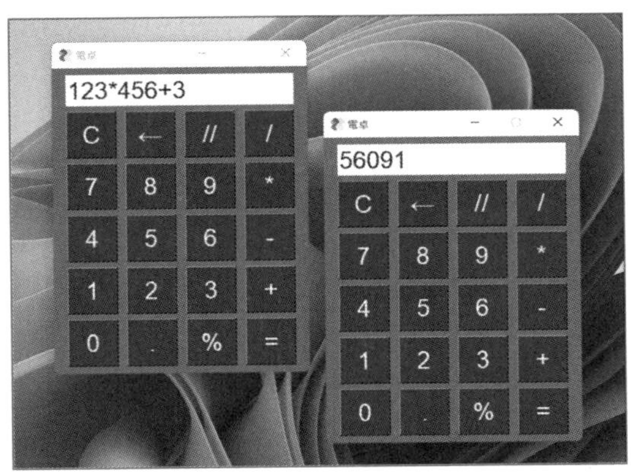

画面 2-27 数式を入力して=を押すと計算結果が表示される - Windows で動かしたとき

プログラミングするなら繰り返し処理を自動化できる

プログラミングが便利なところは、繰り返し行う処理をとても簡単に書けることです。

例えば、恋人に気持ちを伝えるために、メールやLINEで「大好き」と繰り返し100回書いて送ってみたいとします。そんな時、プログラマーなら「大好き」と100回入力せず、次のような1行のプログラムを書くのではないでしょうか。

IDLE src/ch2/i_love_u.py

```
print("大好き。" * 100)
```

IDLEで上記のプログラムを実行するなら次のように表示されるでしょう。Pythonでは文字列に対して演算子「*」を使うことで文字列を何度も繰り返せます。とても簡潔に記述できるのが良いですよね。

```
IDLE Shell 3.11.4
Python 3.11.4 (v3.11.4:d2340ef257, Jun  6 2023, 19:15:51) [Clang
13.0.0 (clang-1300.0.29.30)] on darwin
Type "help", "copyright", "credits" or "license()" for more infor
mation.
>>>
>>> print("大好き。" * 100)
大好き。大好き。大好き。大好き。大好き。大好き。大好き。大好き。大好き。大好き
。大好き。大好き。大好き。大好き。大好き。大好き。大好き。大好き。大好き。大好
き。大好き。大好き。大好き。大好き。大好き。大好き。大好き。大好き。大好き。大
好き。大好き。大好き。大好き。大好き。大好き。大好き。大好き。大好き。大好き。
大好き。大好き。大好き。大好き。大好き。大好き。大好き。大好き。大好き。大好き
。大好き。大好き。大好き。大好き。大好き。大好き。大好き。大好き。大好き。大好
き。大好き。大好き。大好き。大好き。大好き。大好き。大好き。大好き。大好き。大
好き。大好き。大好き。大好き。大好き。大好き。大好き。大好き。大好き。大好き。
大好き。大好き。大好き。大好き。大好き。大好き。大好き。大好き。大好き。大好き
。大好き。大好き。大好き。大好き。大好き。大好き。大好き。大好き。大好き。大好
き。大好き。大好き。
>>> |
Ln: 6 Col: 0
```

画面 2-28 文字列を 100 回繰り返して表示したところ

f-stringについて - メッセージに連番を加えよう

ただし、上記のメッセージには問題があります。単に「大好き。」を繰り返しただけだと、恋人に「手抜きしてコピー＆ペーストを繰り返しただけ」と思われる可能性があるからです。

そこで「超大好き。」「超超大好き。」「超超超大好き。」「超超超超大好き」……と大好きの前に「超」を1つずつ増やして愛情を表現してみましょう。

これならば、単なるコピー＆ペーストではないことが分かるでしょう。

ここでは、for文とf-string（f文字列）を使いましょう。以下のようなプログラムを作ることができるでしょう。

Pythonのソースリスト　src/ch2/i_love_u_for.py

```
msg = ""
for i in range(1, 100+1):
        chou = "超" * i
        msg += f"{chou}大好き。"
print(msg)
```

ポイントは、for文と「f-string」と呼ばれる書式化の記法を利用している部分です。3行目で「f"{chou}大好き。"」と書いていますが、この「{chou}」の部分に変数chouの値が埋め込まれます。変数chouは、変数iを利用して、文字列"超"を繰り返した値が入っています。

また、range関数を使う時に、1から100までの繰り返しが必要な場合、range(1, 100+1)と指定する必要があるので「+1」を忘れないように気をつけましょう。

リストの内包記法も覚えておこう

上記のプログラムでまったく問題ないのですが、「リスト内包表記（ないほうひょうき/List Comprehension)」を使うと、より簡単に記述できます。リストの内包表記とは、リストを簡潔かつ効率的に生成するための記法です。内包表記を使うことで、従来のforループを1行で書くことができます。基本的な構文は次の通りです。

表記の方法　src/ch2/i_love_u_list.py

```
[式 for 変数 in イテラブル]
```

プログラムをリストの内包表記で書き直すと次のようになります。

Python のソースリスト

```
# リストの内包表記を使って100個の要素を作る
msg_list = [f"{'超'*i}大好き。" for i in range(1,100 + 1)]
# リストを結合して表示
print( "".join(msg_list) )
```

このプログラムをIDLEで実行すると、次の画面のように表示されることでしょう。

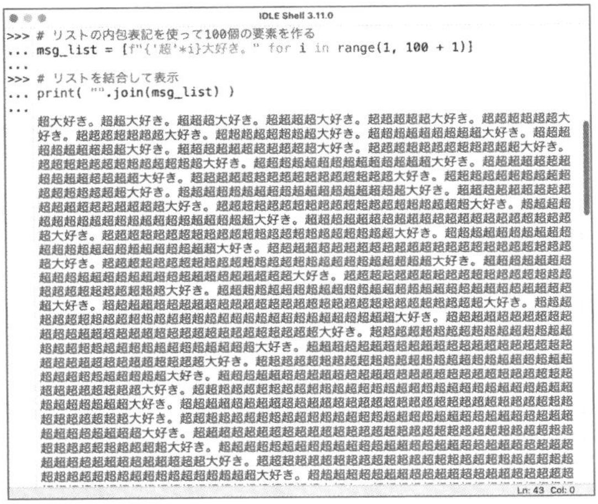

```
IDLE Shell 3.11.0
>>> # リストの内包表記を使って100個の要素を作る
... msg_list = [f"{'超'*i}大好き。" for i in range(1, 100 + 1)]
...
>>> # リストを結合して表示
... print( "".join(msg_list) )
...
    超大好き。超超大好き。超超超大好き。超超超超大好き。超超超超超大好き。超超超超超超大
    好き。超超超超超超超大好き。超超超超超超超超大好き。超超超超超超超超超大好き。超超超
```

画面 2-29 リスト内包表記を使ったところ

ここでは100回の繰り返しを行いましたが、1000回になったとしてもほとんどプログラムを変えることはありません。繰返し回数を変更するだけです。

たくさんのボタンを一気に作る方法

ちょっと余談が長くなってしまいましたが、本題に入りましょう。PySimpleGUIで10個のボタンを作るにはどうしたら良いでしょうか。

一番単純なのは、コピー＆ペーストで10個のボタンを作り、手作業で番号を変えることです。

Python のソースリスト　src/ch2/many_buttons_ng.py

```
import PySimpleGUI as sg
# import TkEasyGUI as sg
# とにかくコピー&ペーストボタンを10個作成したもの
window = sg.Window("たくさんのボタン", layout=[[
    sg.Button("1"), sg.Button("2"), sg.Button("3"),
```

```
    sg.Button("4"), sg.Button("5"), sg.Button("6"),
    sg.Button("7"), sg.Button("8"), sg.Button("9"),
    sg.Button("10")
]])
while True: # イベントループ
    event, _ = window.read()
    if event == sg.WINDOW_CLOSED: break
window.close()
```

しかし、この方法では100個のボタンが必要になったら疲れてしまうことでしょう。あまりスマートな方法とはいえません。

ではどうすればよいのか？

プログラマーなのですから、for文を使って連続でボタンを作りましょう。次のようなプログラムになります。

Python のソースリスト　src/ch2/many_buttons_for.py

```
import PySimpleGUI as sg
# import TkEasyGUI as sg
# 10個のボタンを一度に作成する —— (※1)
layout = [[]]
for no in range(1, 10+1):
    # ボタンを作成 —— (※2)
    btn = sg.Button(f"{no}", size=(3, 1))
    # レイアウトに追加 —— (※3)
    layout[0].append(btn)
# ウィンドウを表示 —— (※4)
window = sg.Window("たくさんのボタン", layout)
while True:
    e, _ = window.read()
    if e == sg.WINDOW_CLOSED: break
window.close()
```

IDLEで実行すると、次のように表示されます。

画面 2-30 for 文でボタンをたくさん作ったところ

プログラムを確認してみましょう。プログラムの(※1)では、変数layoutを初期化します。ここでは、空っぽの二次元リストを用意します。(※2)のfor文で、ここにボタンを動的に追加します。

(※2)では、forループを使って1から10までの数字に対応するボタンを作成しています。「sg.Button(f"{no}", size=(3, 1))」は、ボタンのラベルにno変数（現在のループの値）を設定し、ボタンのサイズを幅3、高さ1のサイズに設定しています。ループ内で10回実行され、それぞれ異なるラベルを持つ10個のボタンが生成されます。

(※3)では、作成したボタンを変数layoutの先頭リスト（0行目）に追加します。これにより、すべてのボタンがウィンドウの同じ行に並べられます。　(※4)では、layoutに指定した10個のボタンをウィンドウに表示します。

GUI部品のsize引数について

ボタンを作成するとき、size引数にはボタンのサイズを「(幅, 高さ)」で何文字分かを指定します。PySimpleGUIで多くのGUI部品を作成するとき、size引数を与えることができますが、単位がピクセルではなく何文字分かの文字数を指定します。

ただし、プロポーショナルフォントでは、1文字のサイズというのは、それぞれの文字で異なります。この「文字数」という単位は、英数文字の平均幅であり、だいたいの目安と考えると良いでしょう。

memo

等幅フォントとプロポーショナルフォント

フォントには、全ての文字の幅がだいたい同じの「等幅フォント」と、文字毎に異なる「プロポーショナルフォント」があります。現在、一般的に目にする多くの文章は、後者のプロポーショナルフォントが使われています。なぜかと言えば、文字によってサイズを変える方が美しく読みやすくなるからです。

IDLE 複数ボタンを押した時のイベント処理を記述しよう

次に、動的に作成したボタンに対して、それを押した時のイベント処理を記述する方法を確認しましょう。ポイントは、key引数を指定することです。まずは、プログラムを確認してみましょう。

Python のソースリスト　src/ch2/many_buttons.py

```
import PySimpleGUI as sg
# import TkEasyGUI as sg
```

```
# 10個のボタンを一度に作成する —— (※1)
layout = [[]]
for no in range(1, 10+1):
    # ボタンを作成 —— (※2)
    btn = sg.Button(
        f"{no}", # ボタンのラベル
        key=f"-btn{no}", # キー
        size=(3, 1) # ボタンのサイズを指定
    )
    # レイアウトに追加 —— (※3)
    layout[0].append(btn)
# ウィンドウを作成する —— (※4)
window = sg.Window("たくさんのボタン", layout)
# イベントループ —— (※5)
while True:
    # ウィンドウからイベントを取得する —— (※6)
    event, _ = window.read()
    # 閉じるボタンの処理
    if event == sg.WINDOW_CLOSED:
        break
    # ボタンが押された時 —— (※7)
    if event.startswith("-btn"):
        sg.popup(event + 'が押されました')
window.close()
```

IDLEで上記のプログラムを実行してみると、次のように表示されます。ボタンを押した時には、押されたボタンのキー（key）が表示されます。

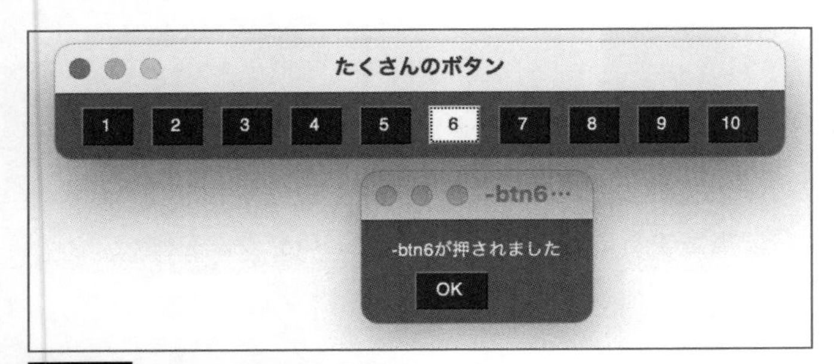

画面 2-31 for 文でボタンを 10 個作った！

プログラムを確認してみましょう。(※1) 以降の部分で、for文を利用して繰り返しボタンを作成して変数layoutの0行目に追加します。(※2) では実際にsg.Button関数を利用し

てボタンを作成しています。先ほどとほとんど同じですが、key引数を指定している点に注目してください。これがボタンを識別するキーになります。

PySimpleGUIの元になっているTkの伝統では、key引数にはハイフン（-）から始まる名前を指定することが多いようです。これは必須ではないため、本書ではこのルールから外れた指定もあります。

(※3)で作成したボタンをレイアウトに追加します。

(※4)でsg.Window関数を利用してウィンドウを作成します。ウィンドウの第1引数には、ウィンドウのタイトルを、第2引数にはウィンドウに配置するパーツのレイアウトを与えます。

(※5)ではウィンドウに対して、ユーザーの操作を処理するイベントループを記述します。(※6)では、window.readメソッドで、イベント情報を取得します。

「event, _ = window.read()」と書いていて、変数「_」にイベントの値が代入されるようにしています。Pythonで変数「_」はダミー変数と呼ばれており、変数の値を無視するという意味があります。

つまり、window.read()は2つの値を返すけれども、2つ目の値（イベントに関する値の情報）は、今回は使わないので無視するということなのです。そのため、変数「_」が出てきたら、何かしらの情報が得られるけれど、ここではそれを無視するということを覚えておきましょう。

(※7)ではボタンが押されたことを判定します。今回、(※2)でボタンを作成する時に、key引数を与えました。for文の変数noを参照して、このkey引数は「-btn6」や「-btn7」のような形式にしました。そのため、event.startswithメソッドを使って、eventの値が「-btn」から始まっているかを調べることで、ボタンが押されたかどうかを判定できます。ボタンが押された場合、押されたボタンのkeyをポップアップします。

九九の表を作ってみよう

それでは、たくさんのボタンを作って、九九の表を作ってみることにしましょう。次の画面のようなプログラムです。ボタンを9×9=81個配置して、そのボタンを押した時にボタンの情報がポップアップ表示されるというものです。

画面 2-32 ボタンを使って九九の表を作ったところ

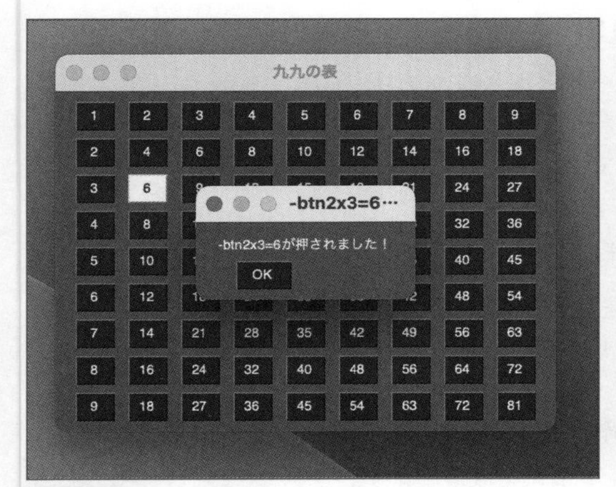

画面 2-33 ボタンを押すとボタンの名前（キー）とラベルがポップアップ表示される

画面 2-34 どのボタンを押しても同じように動作することを確認しよう

次のプログラムは、九九の表の81個のボタンを作成するものです。どのようにして、81個のものボタンを作成しているのかという点に注目して見てください。

Python のソースリスト　src/ch2/many_buttons9x9.py

```
import PySimpleGUI as sg
# import TkEasyGUI as sg

# ボタンを使って、九九の表を作る
# Y方向のループ ―― (※1)
layout = []
for y in range(1, 9+1):
    # X方向のループ ―― (※2)
    buttons = []
    for x in range(1, 9+1):
        # ボタンを作成 ―― (※3)
        label = str(y * x) # 計算結果をラベルとする
        btn = sg.Button(
            label, # ボタンのラベル
            key=f"-btn{x}x{y}", # キー
            size=(3, 1) # ボタンのサイズを指定
        )
        # ボタンを変数buttonsに追加
        buttons.append(btn)
    # レイアウトに変数buttonsを追加
    layout.append(buttons)
```

```
# ウィンドウを作成する —— (※4)
window = sg.Window("九九の表", layout)
# イベントループ —— (※5)
while True:
    # ウィンドウからイベントを取得する —— (※6)
    event, _ = window.read()
    # 閉じるボタンの処理
    if event == sg.WINDOW_CLOSED:
        break
    # ボタンが押された時 —— (※7)
    if event.startswith("-btn"):
        # ボタンのキーからラベルを取り出す —— (※8)
        label = window[event].ButtonText
        sg.popup(f"{event}={label}が押されました！")
window.close()
```


このプログラムもIDLEから実行できます。プログラムが動いて、動作が確認できたなら、プログラムを確認していきましょう。

プログラムの(※1)以降の部分で、forの二重ループを用いて大量のボタンを作成して変数layoutを組み立てます。そして、(※4)でウィンドウにボタンを配置して表示します。(※5)以降の部分で、イベントループを処理します。

詳しく見ていきましょう。(※1)ではfor文を使ってY方向の(上から下に向かって1行ずつ追加する)ループを記述します。(※2)ではX方向のループを記述します。このように、for文を二重に重ねることで、9×9=81回のループを作成します。

81回繰り返される処理(※3)では、sg.Button関数でボタンを作成します。ボタンのラベルには計算結果を指定しました。そして、ボタンを識別するキー(key)には、「-btn2x3」とか「-btn9x8」とボタンの位置を表す文字列を指定しました。

ここで、もしもボタンを識別するキーに重複する値を指定すると、「2」とか「3」などの適当な数字が追加されてしまいます。そのため、引数keyには重複しないユニークな値を指定する必要があることを覚えておきましょう（このボタンの挙動を確認したい場合、本書サンプル添付のch2/same_key_test.pyを実行して動作を確認してください）。

(※5)以降ではイベントループを記述します。(※6)でイベント名を取得したら、その後のif文で処理したいイベントを確認して、必要な処理を記述します。ここでは、(※7)で、キーが「-btn」から始まっていればボタンが押されたことを意味します。(※8)では、ボタンのラベルを取得して、ポップアップでボタンが押された旨を表示します。

ウィンドウに配置した個別のGUI部品を取得するには、(※8)で記述しているように「window[キー名]」の形でアクセスできます。ボタンに設定したテキストを取得するには「window[キー名].ButtonText」と記述します。

ボタンの作成処理をリスト内包表記で作ってみよう

本節の冒頭で、リストの内包表記を紹介しています。for文ではなく、リストの内包表記を使ってボタンを作る場合、どのように記述できるでしょうか。

次に挙げるリストはリストの内包表記を使って九九のボタンを作成するプログラムです。

Python のソースリスト　src/ch2/many_buttons9x9_list.py

```
import PySimpleGUI as sg
# リストの内包表記で九九のボタンを作成
layout = []
for y in range(1, 9+1):
    layout.append([sg.Button(
        x*y, key=f"-btn{x}x{y}", size=(3,1)) for x in range(1, 9+1)])
window = sg.Window("九九の表", layout)
while True: # イベントループ
    event, _ = window.read()
    if event == sg.WINDOW_CLOSED: break
window.close()
```

もちろん、リストの内包表記は二次元に重ねることができるので、下記のように記述することもできます。

Python のソースリスト　src/ch2/many_buttons9x9_list2.py

```
import PySimpleGUI as sg
# リストの内包表記(二次元)で九九のボタンを作成
layout = [[sg.Button(x*y, key=f"-btn{x}x{y}", size=(3,1))
    for x in range(1, 9+1)] for y in range(1, 9+1)]
window = sg.Window("九九の表", layout)
while True:
    event, _ = window.read()
    if event == sg.WINDOW_CLOSED: break
window.close()
```

このコードでは書籍の制限のため2行に改行していますが、基本的に1行書くだけで二次元リストを生成できるのが、内包表記のスゴイところです。ただし、ちょっとやり過ぎて、逆に読みにくく感じます。リストの内包表記は、使いすぎに注意です。

電卓を作成しよう

ここまでで電卓を作る上で基本的な事項を確認できました。それでは、上記の点を踏まえて電卓を作ってみましょう。

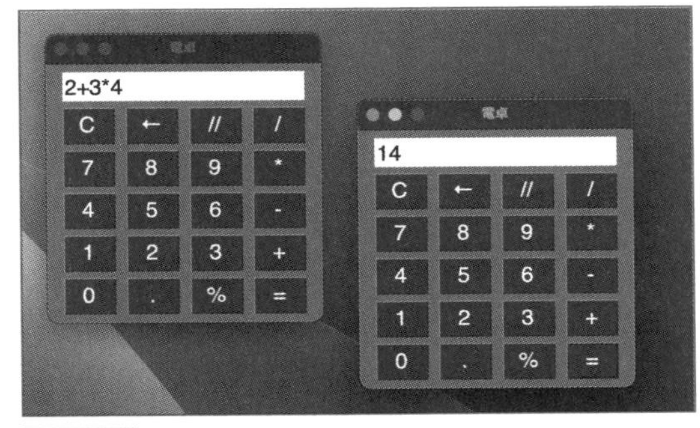

画面 2-35 電卓を実行したところ

IDLEからプログラムを実行することができます。プログラムを実行すると、次の図のような電卓が表示されます。数字キーや演算子のキーを入力して「=」ボタンを押すと計算結果が表示されます。

次のプログラムが電卓のプログラムです。

Python のソースリスト　src/ch2/calc.py

```
import PySimpleGUI as sg
# import TkEasyGUI as sg # TkEasyGUIを使うとき

# 電卓のボタンを定義する —— (※1)
calc_buttons = [
    ["C", "←", "//", "/"],
    ["7", "8", "9", "*"],
    ["4", "5", "6", "-"],
    ["1", "2", "3", "+"],
    ["0", ".", "%", "="]
]
# 電卓で利用するフォントを定義する —— (※2)
font = ("Helvetica", 20)
# 基本的なレイアウトを作成 —— (※3)
layout = [
    # 電卓上部のテキストを作成 —— (※3a)
    [sg.Text("0",
             key="-output-",
             background_color="white", text_color="black",
             font=font,
             expand_x=True)],
]
# 上記定義に応じてレイアウトを作成する —— (※4)
for row in calc_buttons:
```

```
    buttons = []
    for ch in row:
        # ボタンを作成する ―― (※5)
        btn = sg.Button(
            ch, # ボタンのラベル
            key=f"-btn{ch}", # キーを指定
            size=(3, 1), # ボタンのサイズ
            font=font, # フォントを指定
        )
        buttons.append(btn)
    layout.append(buttons)
# ウィンドウを作成する ―― (※6)
window = sg.Window("電卓", layout)
# イベントループ
output = "0"
while True:
    # イベントを取得する
    event, _ = window.read()
    # 閉じるボタンの時
    if event == sg.WINDOW_CLOSED:
        break
    # 何かしらのボタンが押された時 ―― (※7)
    if event.startswith("-btn"):
        # ラベルとテキストの値を取得する ―― (※8)
        ch = window[event].GetText()
        # テキストが空(0かエラー)ならクリアする ―― (※9)
        if output == "0" or output.startswith("E:"):
            output = ""
        # ラベルに応じて処理を変更 ―― (※10)
        if ch == "C": # クリアキー
            output = "0"
        elif ch == "←": # バックスペースキー
            output = output[:-1]
        elif ch == "=": # 計算ボタン ―― (※11)
            try:
                output = str(eval(output))
            except Exception as e:
                output = "E:" + str(e)
        else:
            # それ以外のキーはそのまま追加する ―― (※12)
```

```
            output += ch
        # 画面上部のディスプレイを更新 ―― (※13)
        window["-output-"].update(output)
window.close()
```

プログラムを実行して計算ができたら、プログラムの内容を確認してみましょう。

(※1) では電卓のボタンを定義します。これはボタンの並びを指定するだけのものなので、この電卓ボタンの場所を好きな場所に変えても問題なく動作します。オリジナル電卓作成の際には、この定義を変更するだけで済みます。

(※2) では電卓上部のディスプレイおよびボタンのフォントを定義します。このように、PySimpleGUIでフォントの定義を行う場合には、フォントの名前とサイズをタプル型で指定します。

(※3) と (※4) では、画面レイアウトを作成します。(※3) では基本的なレイアウトを指定します。(※3a) では電卓の上部にあるディスプレイの部分をsg.Text関数で作成します。その際、expand_x=Trueを指定しているため、テキストの表示領域を水平方向いっぱいに広げます。

(※4) では、(※1) の定義に基づいて、ボタンを連続で作成します。(※5) では、sg.Button関数でボタンを作成しています。その引数を見ると、ラベルに加えて、ボタンを識別するkey引数、ボタンサイズを表すsize引数、フォントを表すfont引数を指定します。このように、font引数を指定することで、ボタンのフォントやサイズを指定できます。また、ボタンを識別するkey引数には「-btn3」とか「-btn=」のように「-btn」とラベルを組み合わせたものにしています。

(※6) でウィンドウを作成したら、その後でイベントループを記述します。

(※7) では何かしらのボタンが押された場合の処理を行います。ボタンを押すとボタンを識別するkey引数に指定した値が変数eventに入ります。そのため、変数eventの冒頭が「-btn」であれば、ボタンを押したことになります。

(※8) ではボタンに書かれているラベルを取得します。ボタンのラベルを得るには、GetTextメソッドを使います。

(※9) では、画面上部のディスプレイが「0」または、エラー表示の「E:」からはじまっている時には、出力を表す変数outputを空で初期化します。

(※10) 以降で実際に押されたボタンの判定を行います。ボタンが「C」であれば、出力を「0」に戻します。そして、「←」であればバックスペースとして機能するように、右端の1文字を削ります。

(※11) では、計算を行う「=」ボタンが押された時の処理を記述します。ここでは、Pythonのeval関数を利用して式の計算を行います。eval関数は文字列で指定したPythonのプログラムを実行することができる強力な関数です。計算も行うことができます。この点については、後述のコラムを参照してください。

(※12)では、電卓のそれ以外のボタンを押した時の処理を記述します。単に押されたボタンのラベルを追加しているだけです。

(※13)では、画面上部のディスプレイをupdateメソッドで更新します。

COLUMN

便利だが危険も潜むeval関数

今回の電卓制作において、eval関数は重要な役割を果たしています。ボタンを押して作成した文字列の数式をeval関数で一気に計算しているのです。このように、evalはとても便利です。しかし、evalは強力なので意図しない入力であっても実行してしまう危険性があります。今回、(※3a)で電卓上部のディスプレイをsg.Text関数で作成していますが、これは敢えてユーザーが編集できないようにしたものです。ユーザーが自由に入力できないように制限することで、evalを誤用されるのを防いでいます。とにかく、evalを使う場面では、意図しない入力が紛れ込まないように気をつける必要があるので注意しましょう。

自分だけが使う電卓であり、それほどセキュリティを気にしなくても良いという場合には、(※3a)の部分を、sg.InputText関数に置き換えると良いでしょう。こうすると、キーボードから数式を入力したり、テキストをコピーしたり貼り付けたりできるようになります。この方が使い勝手としてはぐっと向上します。ただし、電卓ではなく、Pythonシェルと同じように、危険なコードも実行できてしまうという点を忘れないようにしてください。

大規模言語モデル(LLM)をどう活用する? - 電卓の改善に関して

プログラムでは、evalを使っていますが、セキュリティ的にはあまりよくないことをコラムで紹介しました。そこで、より安全に計算できるように、大規模言語モデルを使って解決策を聞いてみましょう。evalを使わないで、文字列を計算するプログラムを生成できるでしょうか。

次のようなプロンプトを作ってみました。

生成AIのプロンプト　src/ch2/llm_calc_expr.prompt.txt

```
###指示:
Pythonのプログラムを作ってください。

###作成する関数の名前
def calculate_expression(expression_str):

###関数の動作:
- この関数は文字列の計算式を引数expression_strとして受け取ります。
```

```
- evalを使うことなく、文字列の計算式を計算します。
- 戻り値として、計算結果を返します。

###expression_strに使える演算子
- 四則演算(+-*/%)
- 計算の優先度を表す( ... )
```

ChatGPTに上記のプロンプトを与えると、次のような応答を返しました。素晴らしいことに、指示通り、文字列で与えた四則演算を計算するプログラムを作ってくれました。

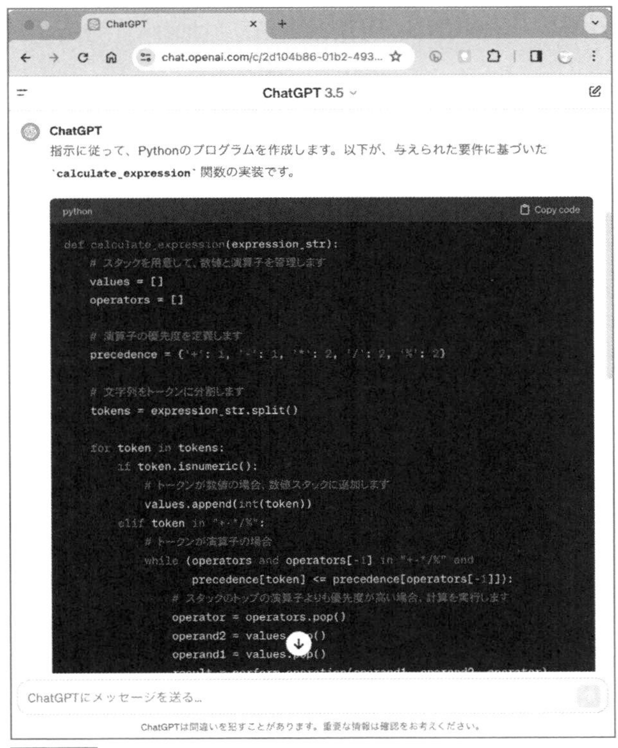

画面 2-36 evalの代わりになる

あっという間に、プログラムを作ってくれました。70行程度の美しいPythonのプログラムが作成されました。

ただし、試しにいろいろな文字列を入力して試してみると、うまく動かない部分もありました。特に「1桁の数字しか計算できない」「明示的に空白文字を入れないと動かない」など、そのままでは使えないものでした。

しかし、いくつかの小さな問題はあるにしても、これを叩き台にして、プログラムを微修正することで、正しく動くものに改良することができます。大規模言語モデル自身にこうした点を直してもらうのも良いでしょう。そして、何より、文字列で記述した計算式を計算するPythonのプログラムが、わずか70行ほどで記述できることが分かります。

続く会話で「これは、何というアルゴリズムを利用していますか？」と質問してみてください。すると、「このプログラムは、逆ポーランド記法（逆ポーランド表記、RPN）というアルゴリズムを利用しています。」と教えてくれます。

「逆ポーランド記法」というキーワードが判明したなら、アルゴリズムの教科書を片手に自分で正しく動くように直してみるのも良さそうですし、さらに、大規模言語モデルにこのキーワードを与えて、プログラムを改良するように指示することが容易になります。

もし、余力があれば、本節で作った電卓にあるevalの部分をこの関数に置き換えて、より安全に使える電卓を完成させてみてください。

まとめ

1. ボタンなどGUIパーツをまとめてたくさん操作できると便利
2. たくさんボタンを作るテクニックは、九九の表や電卓制作で威力を発揮した
3. たくさんのGUIパーツを作る秘訣は、for文やリスト内包表記を使用することだった
4. 基本的な電卓の作り方を紹介したので、ぜひオリジナル電卓制作に挑戦してみよう

chapter 2

04

時計とタイマーを作ろう

OSに標準搭載されている基本的なアクセサリーの中には、時間に関係するものもあります。デジタル時計、アナログ時計とタイマーを作りながら、画面の定期更新、音声の再生、図形の描画方法を学びましょう。

ここで学ぶこと

- 画面の定期更新の方法
- 音声ファイルの再生方法
- キャンバスへの描画方法
- デジタル時計の作り方
- タイマーの作り方
- アナログ時計の作り方

時計とタイマーを作ろう

本節ではデジタル時計、3分タイマー、アナログ時計の3つのプログラムを作ってみましょう。いずれも定期的に画面を更新する必要のあるアプリです。これらのプログラムをどのように作ったら良いのか、少しずつ解説していきます。

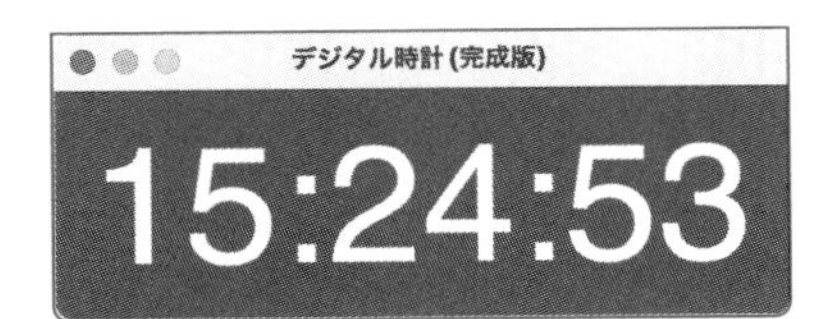

画面 2-37 シンプルなデジタル時計

画面 2-38 音声で時間を知らせる 3 分タイマー

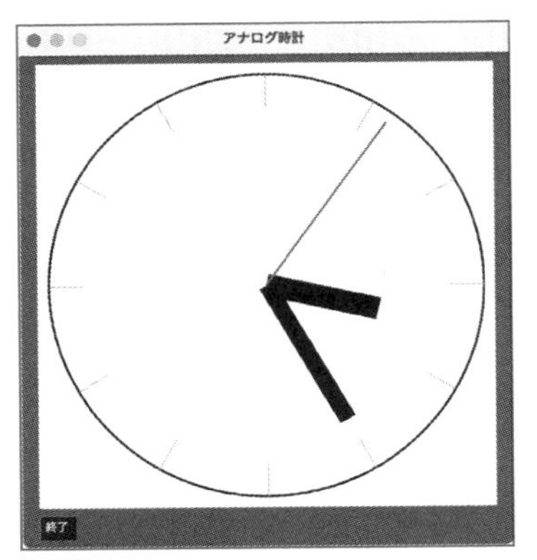

画面 2-39 グラフィカルなアナログ時計

デジタル時計アプリを作ってみよう

最初に、デジタル時計を作成してみましょう。デジタル時計を作る場合に問題となるのは、ウィンドウを作成して、イベントループを実行した際、何かしらのイベントがおきないと画面が更新されないということです。アプリを起動した際の時間を表示し続ける時計など、何の訳にも立ちません。

これを避けるために「時間の更新」というボタンを作ったらどうでしょうか？　ボタンを押すことで、現在時刻が更新されるのです。これまでの復習を込めて、手動更新の時計を作ってみましょう。次のようなプログラムになります。

Python のソースリスト　src/ch2/clock_manual_update.py

```
import datetime
import PySimpleGUI as sg
# import TkEasyGUI as sg

# 現在時刻を文字列で取得する関数 —— (※1)
def get_time_str():
    now = datetime.datetime.now()
    return now.strftime("%H:%M:%S")
# デジタル時計のレイアウトを指定 —— (※2)
layout = [
    [sg.Text(get_time_str(), key="-output-", font=("Helvetica", 80))],
    [sg.Button("時間の更新", font=("Helvetica", 20))]
]
# ウィンドウを作成する —— (※3)
window = sg.Window("不完全なデジタル時計", layout)
# イベントループ —— (※4)
while True:
    # イベントを取得する —— (※5)
    event, _ = window.read()
    # 閉じるボタンが押されたら終了
    if event == sg.WINDOW_CLOSED:
        break
    # 時間の更新ボタンを押したら、現在時刻を取得して表示 —— (※6)
    if event == "時間の更新":
        window["-output-"].update(get_time_str())
window.close()
```

IDLEからプログラムを実行してみましょう。すると、次の画面のようなデジタル時計が表示されます。紙面で見る分には普通の時計のように見えます。しかし、現在時刻が知りたいタイミングで、「時間の更新」ボタンを押す必要があります。時計アプリとしては役立たずです。

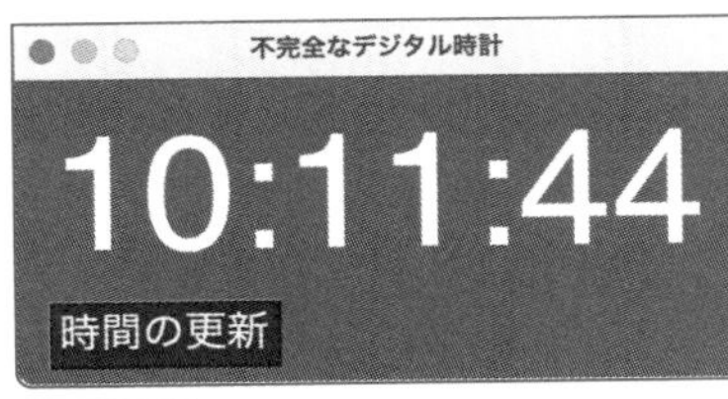

画面 2-40 手動で時間を更新する理不尽な時計アプリ

時計アプリとしては役に立たないのですが、まずは、プログラムの動作を確認してみましょう。(※1) では現在時刻を文字列で取得するプログラムを記述します。ポイントとなるのは、strftimeメソッドです。「%H:%M:%S」という書式文字列を与えることで「12:34:56」のような時刻を返します。

(※2) では手動更新のデジタル時計のレイアウトを定義します。(※3) ではウィンドウを作成し、(※4) でイベントループを記述します。(※5) でイベントを取得します。(※6) では「時間の更新」ボタンが押されたタイミングで、時間を表示しているラベル「-output-」を更新します。

イベントループで時間が更新されるようにしよう

なお、イベントループの繰り返しが行われるタイミング、つまり、上記のプログラム「clock_manual_update.py」にある (※5) の時点で時間ラベルを更新したら良いのではと考える人がいるかもしれません。

もし、そのように感じたなら、素晴らしいです。しかし、実際に試してみるとわかりますが、「時間の更新」ボタンを押さない限り、時間は更新されません。どうしたら良いのでしょうか。

ユーザーがウィンドウを何も操作しなくても、イベントループが実行されるようにすれば良いのです。そのために、イベントループのwindow.readメソッドで、timeout引数を設定します。以下のプログラムが、自動的に時間が更新されるように改良した、完成版のデジタル時計です。

Python のソースリスト　src/ch2/clock.py

```
import datetime
import PySimpleGUI as sg
# import TkEasyGUI as sg

# デジタル時計のレイアウトを指定
layout = [
    [sg.Text("00:00:00", key="-output-", font=("Helvetica", 80))]
]
# ウィンドウを作成する
window = sg.Window("デジタル時計(完成版)", layout)
# イベントループ
while True:
    # イベントを取得する —— (※1)
    event, _ = window.read(timeout=10)
    # 閉じるボタンが押されたら終了
    if event == sg.WINDOW_CLOSED:
        break
    # 現在時刻を取得して表示
    now = datetime.datetime.now()
    window["-output-"].update(
        now.strftime("%H:%M:%S")
    )
```

IDLEから実行してみましょう。もう「時間の更新」ボタンは必要ありません。

画面 2-41　一般的なデジタル時計を完成させたところ

プログラムのポイントは(※1)の部分です。イベントループで、window.readメソッドを呼び出す際、timeout引数に10を指定しています。これにより、ユーザーがウィンドウを操作しなくても、可能なら10ミリ秒ごとにイベントループが繰り返し実行されるようになります。これで、繰り返されるイベントループの中で画面を更新できるようになったのです。

3分タイマーを作成しよう

定期的に画面を更新する方法がわかったところで、3分タイマーを作成してみましょう。3分間カウントダウンし、時間になったら、効果音を再生して3分経過したことを教えてくれるものにしましょう。

お気に入りのMP3ファイルを用意しよう

3分タイマーを作るのに際して、タイマーの時間到来を告げる音声ファイルを用意します。ここでは「beep.mp3」というファイル名のオーディオファイルを用意しましょう。

せっかくオリジナルのタイマーを作るのですから、皆さんの好きな音声ファイルを用意すると良いでしょう。なお、本書サンプルに添付の「beep.mp3」は筆者がAudacityというオーディオ編集アプリ (※注1) を利用して、適当に作成したものです。

※注1：音声編集ツール「Audacity」--- https://www.audacityteam.org/

もちろん、インターネットで効果音素材を探して使うのも良いでしょう。また、好きな声優やアニメの声を使うのも良いでしょう。ただし、その場合には、利用規約をよく読んで、利用上問題ないことを確認しましょう。

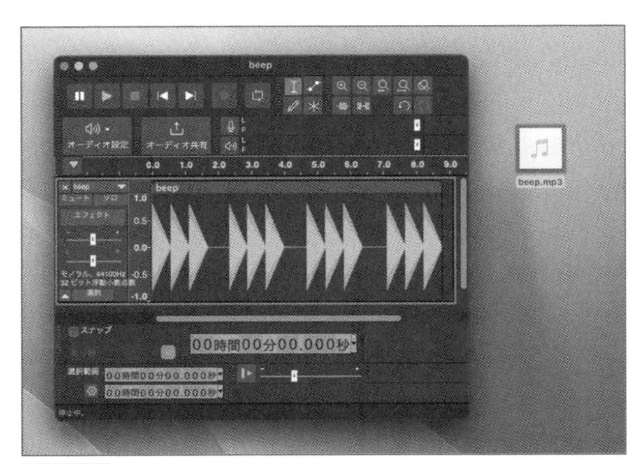

画面 2-42 効果音の MP3 を用意しよう

MP3ファイルを再生するライブラリーをインストール

このMP3ファイルを再生するために、pygameというライブラリーをインストールしましょう。pygameを使えば比較的簡単にMP3が再生できます。

なお、pygameという名前から分かるように、もともとpygameは、ゲームを作成するのに便利な機能を集めたパッケージです。もちろん、pygameはゲーム開発にしか使ってはいけないという訳ではなく、実用アプリの開発に使っても便利です。

ターミナル（WindowsならPowerShell、macOSならターミナル.app）を起動して、下記のコマンドを実行しましょう。

sh

```
python -m pip install pygame
```

以上で3分タイマーを作成する準備は整いました。

音声を再生してみよう

それでは、pygameを使って音声が再生できるかどうかをテストしてみましょう。以下のプログラムは、先ほど用意した「beep.mp3」を再生するものです。

Python のソースリスト　src/ch2/play_mp3.py

```
import pygame
# 音声を再生する準備を行う ―― (※1)
pygame.mixer.init()
# 音声ファイルを読み込む ―― (※2)
pygame.mixer.music.load("beep.mp3")
# 音声を再生する ―― (※3)
pygame.mixer.music.play()
print("再生開始")
# 再生が完了するのを待つ ―― (※4)
while pygame.mixer.music.get_busy():
    pygame.time.wait(100)
print("再生終了")
```

プログラムを実行するには、IDLEから実行しましょう。プログラムを実行すると音声が再生されます。

プログラムを確認してみましょう。(※1)では、pygameで音声を再生するための準備を行うために、mixierinitメソッドを呼び出します。そして、(※2)では、mixer.music.loadメソッドを利用して音声ファイルを読み込みます。

(※3)では、mixer.music.playメソッドを利用して音声の再生を開始します。なお、音声の再生は非同期で行われます。ここで「非同期」というのは、音声の再生が開始した後、再生終了を待ってくれないということです。そこで、(※4)で再生が完了するのを確認します。

(※4)では、mixer.music.get_busyメソッドを呼び出して、音声の再生が行われているかどうかを確認します。もし、音声が再生されていれば、time.wait(100)を実行して、100

ミリ秒待機します。ここでは、while構文を記述しているため、音声が再生されている間は、この処理を繰り返します。そして、音声の再生が終了したタイミングで「再生終了」と画面に出力してプログラムを終了します。

3分タイマーのプログラムを作ろう

それでは、3分タイマーのプログラムを完成させましょう。

Python のソースリスト src/ch2/timer3min.py

```
# 3分タイマー
import datetime
import PySimpleGUI as sg
# import TkEasyGUI as sg
import pygame

# 全体の設定 ―― (※1)
SOUND_FILE = "beep.mp3" # 音声ファイルを指定
TIMER_SEC = 3 * 60 # タイマーの時間(秒)を指定
# MP3を再生するための設定 ―― (※2)
pygame.mixer.init()
pygame.mixer.music.load(SOUND_FILE)
# タイマーのレイアウトを指定 ―― (※3)
layout = [
    [sg.Text("00:00:00", key="-output-", font=("Helvetica", 80))],
    [
        sg.Button("スタート", font=("Helvetica", 20)),
        sg.Button("リセット", font=("Helvetica", 20))
    ]
]
# ウィンドウを作成する
window = sg.Window("3分タイマー", layout)
start_time = None # 開始時刻を記録する変数
# イベントループ
while True:
    # イベントを取得する ―― (※4)
    event, _ = window.read(timeout=10)
    # 閉じるボタンが押されたら終了
    if event == sg.WINDOW_CLOSED:
        break
    # スタートボタンを押した時 ―― (※5)
```

```
    if event == "スタート":
        # 開始時刻を記録
        start_time = datetime.datetime.now()
    # リセットボタンを押した時 —— (※6)
    if event == "リセット":
        start_time = None
        window["-output-"].update("00:00:00")
        if pygame.mixer.music.get_busy():
            pygame.mixer.music.stop()
        continue
    # タイマーが始まっていない時 —— (※7)
    if start_time is None:
        continue
    # 経過時間を計算 —— (※8)
    now = datetime.datetime.now()
    delta = now - start_time
    # 3分経過したら音声を再生 —— (※9)
    if delta.seconds >= TIMER_SEC:
        pygame.mixer.music.play()
        start_time = None
        window["-output-"].update("00:00:00")
        continue
    # 残り時間を表示 —— (※10)
    remain = TIMER_SEC - delta.seconds
    window["-output-"].update(
        "0" + str(datetime.timedelta(seconds=remain)))
window.close()
```

IDLEを利用して上記のプログラムを実行してみましょう。そして「スタート」ボタンをクリックします。すると、3分のカウントダウンが始まります。3分経過すると、効果音（beep.mp3）が再生されます。「リセット」ボタンを押すと音が止まります。

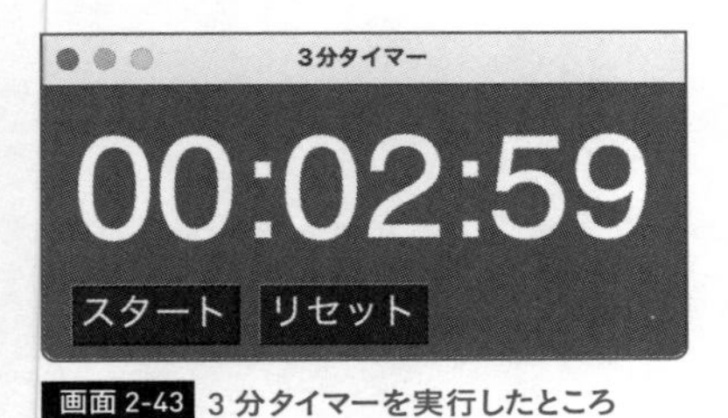

画面 2-43 3 分タイマーを実行したところ

画面 2-44 残り時間をカウントダウンする

画面 2-45 時間になったら効果音が鳴るので「リセット」ボタンを押して止めよう

プログラムが正しく実行できるのを確認したら、プログラムの内容を確認しましょう。

プログラムの(※1)では全体の設定を行います。ここでは、変数SOUND_FILEに効果音の音声ファイルのパスを指定します。そして、変数TIMER_SECにはタイマーの時間を秒単位で指定します。なお、3分は3×60=180秒ですが、分かりやすく3 * 60と記述して3分を秒単位で指定することを明示しています。

プログラム全体で使う変数を「定数」と呼びます。Python以外のプログラミング言語(例えば、JavaScriptやC言語)で定数を使う場合、定数の値を書き換えようとするとエラーが表示されます。しかし、明示的にPythonではエラーにすることはできません。そこで、Pythonでは、定数を大文字で表現することにより、書き換えられないことを示すことが慣例となっています。

また、(※2)の部分ですが、ここでは、MP3ファイルがすぐに再生できるように、pygameパッケージの設定を行います。一般的に、音声ファイルを再生するのには、データの読み込みから再生に至るまで時間がかかります。そこで、プログラムの冒頭で、音声ファイルを読み込んでおくなら、再生したいタイミングですぐに再生できます。

(※3)では、タイマーの画面レイアウトを指定します。1行目にsg.Textを指定し、2行目に「スタート」と「リセット」ボタンを配置しています。そして、その後でウィンドウを作成して、イベントループを記述します。

イベントループの中の(※4)に注目しましょう。先ほど、デジタル時計を作った時と同じように、window.readメソッドに、timeout引数を指定することで、定期的にイベントループが実行されるようにしています。この引数を指定するのが重要です。

(※5)では「スタート」ボタンを押した時の処理を記述します。変数start_timeに現在時刻をセットします。これが、タイマーの開始を意味するようにしています。

(※6)は「リセット」ボタンを押した時の処理を記述します。タイマーの初期画面が表示されるようにして、変数start_timeにNoneを代入します。また、効果音が再生中であれば、music.stopメソッドを実行して再生を停止します。

(※7)は、変数start_timeがNoneかどうかを判定します。Noneであれば、タイマーは始まっていないので、その後の画面更新処理などを行いません。

(※8)以降の部分では、タイマーの残り時間を計算して画面を更新します。(※8)では経過時間を計算します。変数start_timeと変数nowは両方とも、datetimeオブジェクトです。

datetimeオブジェクト同士の引き算を行うと、datetime.timedeltaオブジェクトを返します。それで、変数deltaは、タイマーの開始時刻と現在時刻の差、つまり、経過時間を表すオブジェクトになっています。

(※9)は、秒単位の経過時間を表す変数delta.secondsを調べて、180秒(3分)以上経過しているかどうかを確認します。もし、経過しているなら、音声を再生します。また、繰り返し音声を再生することを防ぐために、変数start_timeをNoneに初期化します。

(※10)以降の部分は、タイマーを開始しているが、3分経過していない時に実行される処理です。残りの経過時間を、タイマーのディスプレイ(キーが「-output-」)に表示します。

この時、変数deltaは経過時間であるため、タイマーの残り時間の秒数を計算して変数remainに代入します。そして、datetime.timedeltaオブジェクトを作成し、それをstr関数で文字列に変換したものを表示します。

アナログ時計を作成しよう

最後にアナログ時計を作ってみましょう。アナログ時計も、定期的に画面を更新するという点は同じです。しかし、アナログ時計は、線や円など図形を描画して時計を描画する処理が必要になります。

キャンバスを使おう

PySimpleGUIで線や円などの図形を描画するには、描画用のキャンバス（sg.Canvas）を使います。キャンバスを使うと、自由に図形を描画できます。簡単な使い方を確認してみましょう。

ここでは、ウィンドウにキャンバスを配置し、次のような図形を描画してみましょう。

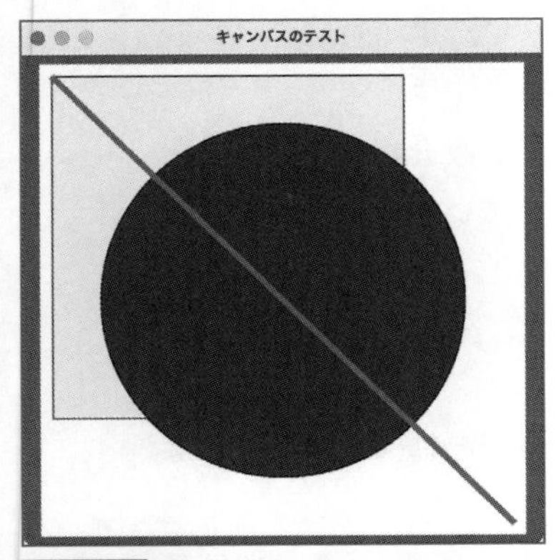

画面 2-46 キャンバスに描画した図形

このような図形を描画するプログラムは、以下の通りです。少しずつ確認してみましょう。

Python のソースリスト　src/ch2/canvas_test.py

```
import PySimpleGUI as sg
# import TkEasyGUI as sg
# キャンバスを配置したウィンドウを作成する ―― (※1)
layout = [[
    sg.Canvas(
        size=(400, 400), # サイズ
        key="-canvas-", # 識別キー
        background_color="white" # 背景色を指定
    )]]
window = sg.Window("キャンバスのテスト", layout)
painted = False # 描画したか判定
# イベントループ
while True:
    event, _ = window.read(timeout=10)
    if event == sg.WINDOW_CLOSED: # 閉じるボタンで終了
        break
    # 描画を行う ―― (※2)
    if not painted:
        painted = True
        # 描画用のWidgetを取得 ―― (※3)
        widget = window["-canvas-"].Widget
        # 長方形を描画 ―― (※4)
        widget.create_rectangle(10, 10, 300, 300, fill="yellow")
        # 円を描画
        widget.create_oval(50, 50, 350, 350, fill="blue")
        # 線を描画
        widget.create_line(10, 10, 390, 390, fill="red", width=5)
window.close()
```

プログラムを実行するには、これまでと同じように、IDLEを利用できます。

それでは、プログラムを確認してみましょう。(※1)では、キャンバスをウィンドウに配置するために、sg.Canvas関数を使います。引数には、サイズを指定するsizeや、識別キーのkey、キャンバスの背景色を指定するbackground_colorなどを指定できます。

(※2)以降の部分ですが、イベント内でまだ描画が行われていない時に描画処理を行います。描画するためには、描画を担当するWidgetオブジェクトを取得する必要があります。

(※3) にあるように「window["-canvas-"].Widget」と記述して、キャンバスから描画オブジェクトを取得できます。なお、このWidgetの取得はイベントループ内で行う必要があります。イベントループ開始以前に、Widgetを取得しようとしてもエラーになります。

(※4) 以降で、長方形、円、線を描画します。その際、引数には左上座標(x1, y1)と、右下座標(x2, y2)を指定します。fill引数は塗り色、width引数には枠線の太さを指定します。

描画先の座標を指定する場合ですが、キャンバスの左上が(0, 0)で、右下にいくにつれて値が大きくなるという座標系になっています。

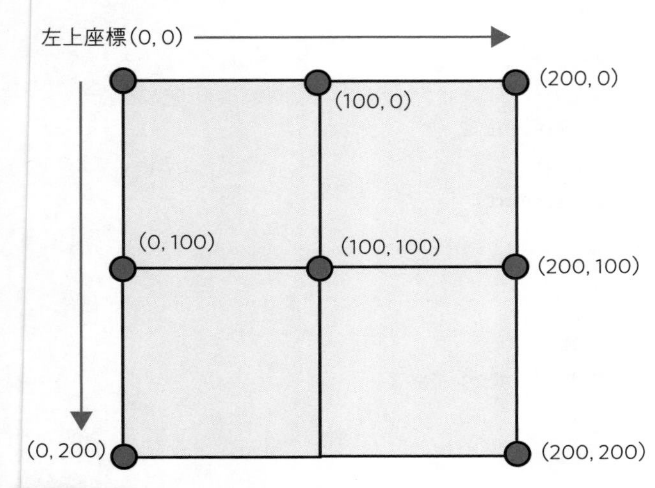

画面 2-47 座標は左上を基点として右下に向かって大きくなる

Widgetに備わっているメソッドの一覧

Widgetを使うと下記のような図形の描画メソッドを利用できます。

図形の描画メソッド

メソッド名	解説
create_rectangle(x1, y1, x2, y2, ...)	長方形を描画する
create_polygon(x1, y1, x2, y2, x3, y3, ...)	多角形を描画する
create_line(x1, y1, x2, y2, x3, y3, ...))	線を描画する
create_oval(x1, y1, x2, y2, ...)	楕円を描画する
create_arc(x1, y1, x2, y2, [start, extend], ...)	円弧（扇型）を描画する
create_image(x1, y1, image, ...)	画像を描画する
create_bitmap(x1, y1, bitmap, ...)	情報アイコンなど用意された画像を描画する

そして、それぞれの描画メソッドで塗り色（fill）や枠線の色（outline）、枠線の幅（width）、破線の指定（dash）を指定できます。

色の指定は「red（赤色）」「blue（青色）」「black（黒）」などの一般的な色名に加えて、HTMLのカラーコード形式「#RRGGBB」形式での指定も可能です。

画像などの扱いは、4章で詳しく解説します。

アナログ時計のプログラム

それでは、アナログ時計を完成させましょう。アナログ時計を作るポイントは、キャンバスをウィンドウに配置すること、そして時計の針を描画するために、三角関数(math.sin/math.cos)の計算を行うことです。

Python のソースリスト　src/ch2/clock_analog.py

```
mport math
import datetime
import PySimpleGUI as sg

# 時計の中心座標を指定 ―― (※1)
CENTER_X = 200
CENTER_Y = 200

# メイン関数の定義 ―― (※2)
def main():
    # ウィンドウのレイアウト ―― (※3)
    layout = [
        [sg.Canvas(
            key='-canvas-', # 識別キーを指定
            size=(CENTER_X*2, CENTER_Y*2), # キャンバスのサイズを指定
            background_color='white' # 背景色を指定
        )],
        [sg.Button('終了')]]
    # ウィンドウの作成 ―― (※4)
    window = sg.Window('アナログ時計', layout)
    canvas = window['-canvas-'] # キャンバスを取得
    # イベントループ
    while True:
        # イベントを取得する ―― (※5)
        event, _ = window.read(timeout=100)
        # 閉じるボタンが押されたら終了
        if event in [sg.WINDOW_CLOSED, '終了']:
```

```
            break
        # 現在時刻を取得して時計を描画 ―― (※6)
        draw_clock(canvas.Widget, datetime.datetime.now())
        # 画面を更新 ―― (※7)
        window.refresh()
    window.close()

# 時計の針の座標を計算する関数 ―― (※8)
def calc_hand_coords(angle, rate):
    x = CENTER_X + CENTER_X * rate * math.cos(angle)
    y = CENTER_Y + CENTER_Y * rate * math.sin(angle)
    return x, y
# 時計の針を描画する関数 ―― (※9)
def draw_hand(widget, angle, rate, width, color):
    x, y = calc_hand_coords(angle, rate)
    widget.create_line(
        CENTER_X, CENTER_Y, x, y, width=width, fill=color)

# 時計を描画する関数 ―― (※10)
def draw_clock(widget, draw_time):
    # 時分秒を得る ―― (※11)
    h, m, s = draw_time.hour, draw_time.minute, draw_time.second
    h = h % 12 # 12時間表示にする
    # キャンバスをクリアして時計の外枠を描画 ―― (※12)
    widget.delete('all')
    widget.create_oval(10, 10, CENTER_X*2-10, CENTER_Y*2-10, width=2)
    # 時計の目盛りを描画 ―― (※13)
    for i in range(12):
        angle = math.radians(i * 30 - 90)
        x1, y1 = calc_hand_coords(angle, 0.8)
        x2, y2 = calc_hand_coords(angle, 0.95)
        widget.create_line(x1, y1, x2, y2, width=1, fill='silver')
    # 各針を描画 ―― (※14)
    h_angle = math.radians((h / 12 + m / 60 / 12) * 360 - 90) # 時の針
    draw_hand(widget, h_angle, 0.5, 20, 'black')
    min_angle = math.radians((m / 60) * 360 - 90) # 分の針
    draw_hand(widget, min_angle, 0.7, 15, 'black')
    sec_angle = math.radians((s / 60) * 360 - 90) # 秒の針
    draw_hand(widget, sec_angle, 0.9, 2, 'red')
```

```
# メイン関数を呼び出す —— (※15)
if __name__ == '__main__':
    main()
```


このプログラムも、IDLEから実行できます。プログラムを実行すると現在時刻が描画され、秒針がしっかりと動いていくのを確認しましょう。

画面 2-48 アナログ時計を実行したところ

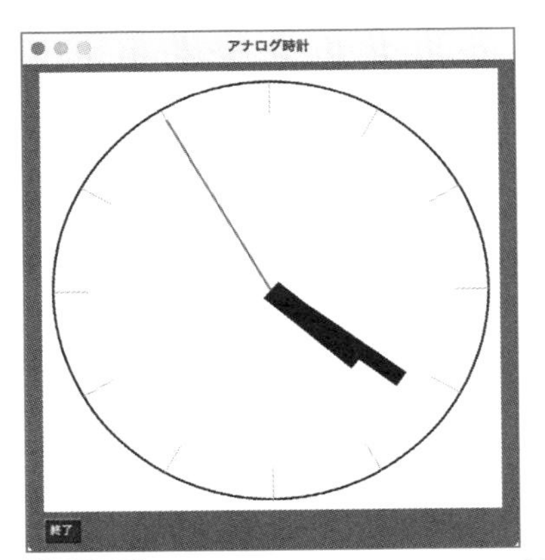

画面 2-49 現在時刻が毎秒描画されているのを確認しよう

プログラムを確認しましょう。(※1)では時計の中心座標を指定します。キャンバスのサイズや時計の針のサイズはこの値を元に計算します。

(※2)ではメイン関数を定義します。これまでのプログラムは、単に上から下に見ていけば良い物になっていましたが、アナログ時計は少し規模が大きいので、いくつかの関数に分割してみました。メイン関数では、ウィンドウを作成し、イベントループを実行します。

(※3)ではウィンドウのレイアウトを指定します。ここでは、画面の大部分を占めるキャンバス(sg.Canvas)と、時計を終了するための「終了」ボタンの2行からなるレイアウトを用意しました。なお、キャンバスのサイズは、時計の中心座標を表す、(CENTER_X, CENTER_Y)の2倍のサイズとなるようにしました。

(※4)ではウィンドウを作成してイベントループを記述します。(※5)ではイベントループの中で、イベントを取得します。timeout引数を指定することで、定期的にイベントループが実行されるようにしています。

(※6)では、現在時刻を取得して、時計を描画する関数draw_clockを呼び出します。そして、(※7)では画面を更新します。

(※8)では三角関数を用いて時計の針の座標を計算します。X座標を計算するにはmath.

cos関数を、Y座標を計算するにはmath.sin関数を利用します。

(※9)は、時計の針を描画するための関数draw_handを定義します。widgetには図形の描画を行うオブジェクトのWidgetを指定し、angleにはラジアン単位で針の角度を指定し、width引数には針の太さ、colorには針を何色で描画するかを指定します。

(※10)は、時計の全体を描画する関数draw_clockを定義します。(※11)では指定されたdatetimeオブジェクトから時分秒を取り出します。

(※12)はキャンバスをクリアして、時計の外枠を描画します。(※13)では時計の目盛りを1時間ごと12個を描画します。

(※14)で時分秒の各針を描画します。現在時刻から角度を計算します。なお、math.radians関数を利用して、360度で一周する角度から、ラジアン単位に変換してからdraw_handに渡します。

(※15)では、最後にメイン関数を呼び出します。この部分で指定しているように「if __name__ == '__main__'」という記述方法をよく見かけることでしょう。

これは、一般的な方法で、Pythonを実行すると、特殊変数の__name__に、「__main__」という文字列が代入されることを利用した記述方法です。もしも、モジュールとしてこのプログラムが実行された場合、__name__にはモジュール名が指定されます。

今回は、このプログラム「clock_analog.py」をモジュールとして使うことはありませんが、Pythonのこの記述に慣れるように、メイン関数を呼び出すのに、敢えてこの書き方を紹介しました。

大規模言語モデル(LLM)をどう活用する？
- アナログ時計のブラッシュアップについて

アナログ時計を作ってみて、時計のデザインが微妙と感じた方も多いのではないでしょうか。どうせなら、もっとカッコイイ時計を作ってみたいですよね？その際、画像生成AIを活用することができます。

ChatGPTの有料版のユーザーなら、ChatGPTに画像生成を依頼することができますし、Bingの「Bing Image Creator」を使えば無料で画像生成AIの機能を利用できます。また、オープンソースの「Stable Diffusion」を使うこともできます。

それら画像生成AIに、アナログ時計の背景を作ってもらうことができるでしょう。以下は、ChatGPTに描いてもらった海辺の画像を時計の背景に描くように改良したものです。

画面 2-50 アナログ時計の背景に画像を描画するようにしたもの

背景画像付きのアナログ時計のプログラムは、本書サンプルの「src/ch2/clock_analog_image.py」に収録しています。背景に画像を描画するために、キャンバス（sg.Canvas）ではなく、グラフ（sg.Graph）を利用するように書き換えています。背景画像付きのアナログ時計の開発に興味があれば、ソースコードを確認してみてください。

まとめ

1. 定期的に画面を更新するには、イベントループのwindow.readメソッドで、timeout引数を指定する
2. 音声を再生するには、ゲーム開発に便利なpygameパッケージを使うことができる。pygameを使うからと言って、ゲームを作らなくても良い
3. 図形を描画するには、キャンバス（sg.Canvas）を使う
4. アナログ時計の針を描画するには、三角関数（math.sin、math.cos）を利用する

chapter 2

05

クリップボード履歴管理ツール

Windows、macOS、Linuxなどの主要なデスクトップOSには、クリップボードが備わっています。これはアプリ間で手軽に使えるデータ共有のためのツールであり、この操作を自動化できるなら、業務効率を上げることができるでしょう。

ここで学ぶこと

- クリップボードの操作
- パスワード生成
- テンプレート管理

クリップボード履歴管理ツールを作ろう

本節では、クリップボードに関連したプログラム（パスワード生成アプリ、テンプレート管理ツールなど）をいくつか作ります。そして、最終的には、クリップボード履歴管理ツールを作ってみましょう。

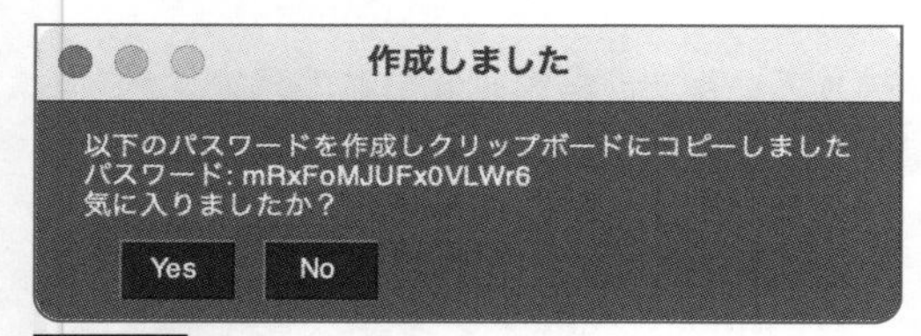

画面 2-51 パスワード生成アプリ

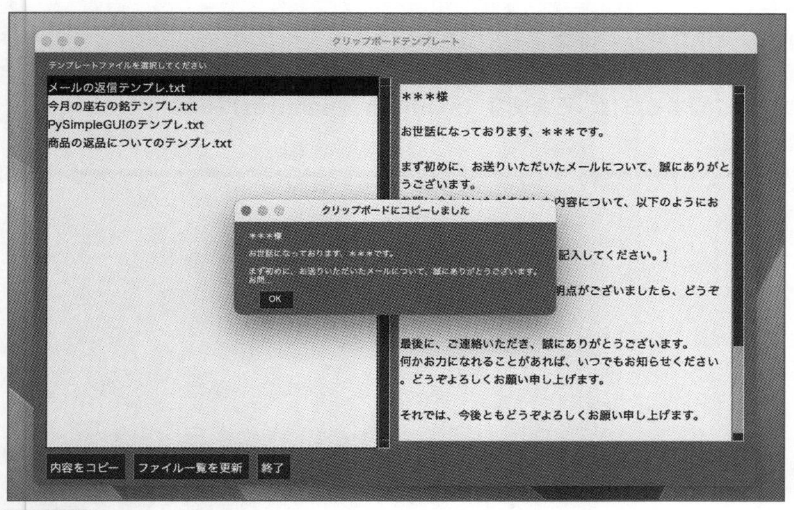

画面 2-52 テンプレート管理ツール

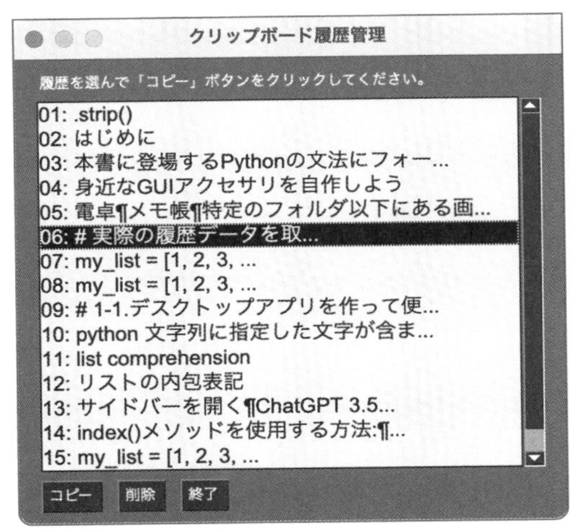

画面 2-53 クリップボードの履歴管理ツールを作ろう

そもそもクリップボードとは？

クリップボード（clipboard）とは何でしょうか。クリップボードは、アプリを利用するユーザーにとって便利なデータ共有ツールです。クリップボードは一時的にテキストや画像などのデータを保存するための仕組みです。コピー操作（copy）を行ったデータを保持し、貼り付け操作（ペースト/paste）を行った場所にそれを挿入します。

クリップボードを操作するpyperclipをインストールしよう

デフォルトのPythonにはクリップボードを操作するライブラリーは入っていません。そのため、ターミナルを起動して、pipコマンドを実行して、パッケージをインストールする必要があります。下記のコマンドを実行して、pyperclipをインストールしましょう。

```sh
$ python -m pip install pyperclip
```

クリップボードにテキストをコピーしよう

それでは、pyperclipを利用して、クリップボードに文字列をコピーするプログラムを作ってみましょう。次のようなプログラムになります。

Python のソースリスト　src/ch2/clipboard_copy_test.py

```
import pyperclip
import PySimpleGUI as sg
# import TkEasyGUI as sg

# 文字列をコピーする —— (※1)
pyperclip.copy("言葉は刃物なんだ。使い方を間違えると、やっかいな凶器になる。")

# コピーした文字列を取得して画面に表示する —— (※2)
text = pyperclip.paste()
sg.popup(text, title="クリップボードから取得しました")
```

このプログラムをIDLEで実行してみましょう。すると、クリップボードを書き換えた後、クリップボードの値を取得して、次のようなポップアップを表示します。

クリップボードから取得しました
言葉は刃物なんだ。使い方を間違えると、やっかいな凶器になる。
OK

画面 2-54　クリップボードの書き換えと、取得の例を実行したところ

(※1)では、pyperclip.copy関数を使って、任意の文字列をクリップボードに書き込みます。copy関数はクリップボードへのコピーの動作を行うものです。

そして、(※2)で、pyperclip.paste関数を使って、クリップボードに書き込まれているテキストを取得します。paste関数は、クリップボードからの貼り付け(ペースト)の動作を行います。

パスワード生成アプリを作ってみよう

では、クリップボード操作を利用した簡単なプログラムを作ってみましょう。

ここで作るのは、ランダムなパスワードを生成してクリップボードにコピーするというものです。次の画面のようなものにしてみます。

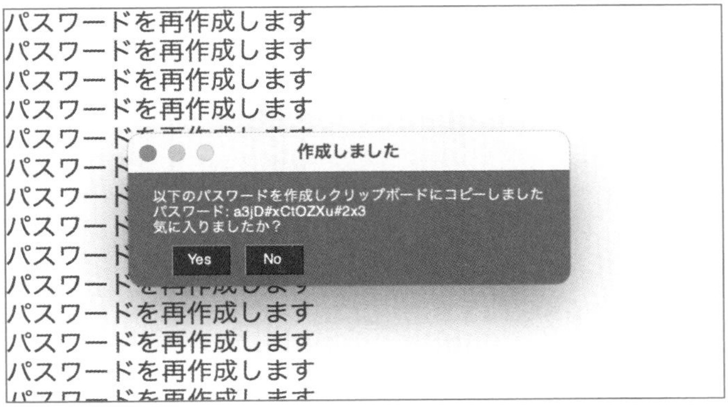

パスワードを再作成します
パスワードを再作成します
パスワードを再作成します
パスワードを再作成します

作成しました

以下のパスワードを作成しクリップボードにコピーしました
パスワード: a3jD#xCtOZXu#2x3
気に入りましたか?

Yes No

パスワードを再作成します
パスワードを再作成します
パスワードを再作成します

画面 2-55 気に入ったパスワードができるまで、繰り返し実行できる

次のようなプログラムになります。セキュリティに配慮して、randomモジュールではなく、secretsモジュールを使っている点に注目しながら確認しましょう。

Python のソースリスト　src/ch2/clipboard_mkpassword.py

```
mport secrets
import pyperclip
import PySimpleGUI as sg
# import TkEasyGUI as sg

# パスワードの候補となる文字列を指定 —— (※1)
upper_str = "ABCDEFGHIJKLMNOPQRSTUVWXYZ"
lower_str = "abcdefghijklmnopqrstuvwxyz"
number_str = "0123456789"
flag_str = "#!@_-"
password_chars = upper_str + lower_str + number_str + flag_str
# 作成する文字数を指定 —— (※2)
password_length = 16
# パスワード文字列を繰り返し生成する —— (※3)
while True:
    p = [secrets.choice(password_chars) for _ in range(password_length)]
    password = "".join(p)
    # パスワードをコピーする —— (※4)
    pyperclip.copy(password)
    # 情報を画面に表示 —— (※5)
    yesno = sg.popup_yes_no(
        "以下のパスワードを作成しクリップボードにコピーしました\n" + \
        f"パスワード: {password}\n気に入りましたか？",
```

```
        title="作成しました")
    if yesno == "Yes":
        break
    print("パスワードを再作成します")
```

このプログラムを実行するには、IDLEから実行します。プログラムを確認してみましょう。

プログラムの(※1)ではパスワードの候補となる文字列を指定します。大抵のパスワードは、大文字・小文字・数字・記号を組み合わせたものとなるでしょう。利用したい組合せを変数password_charsに指定します。そして、(※2)でパスワードの文字数を指定します。

(※3)で繰り返しパスワードを作成して、クリップボードにコピーします。

ここで、実際にパスワードを作成する処理に、secrets.choice関数を使っています。この関数を使って、候補となる文字列からランダムな文字を1つ抽出します。

random.choice関数でも同じようなプログラムになります。しかし、random.choiceで選ぶランダムな値は、セキュリティ的にはそれほど安全ではありません。

そこで、動作速度が必要な場合には、random.choiceを利用して、安全性が必要な場合には、secrets.choiceを使うようにと、使い分けると良いでしょう。

(※4)では、パスワードをクリップボードにコピーします。

そして、(※5)ではパスワードを表示した後、Yes/Noのボタンを持つポップアップダイアログを使って、ユーザーがそれを気に入ったかを尋ねます。ユーザーが[Yes]を押したならプログラムを終了しますが、[No]を押した場合には、改めてパスワードを生成して、気に入ったかどうかを尋ねるというプログラムにしました。

日々増え続けるパスワードを安全に運用するためには、ランダムで十分な文字数を持ったパスワードを利用することが推奨されています。そして、パスワードは自分で覚えるのではなく、パスワードの管理アプリに記録しておくのが良いでしょう。

一覧からテンプレートをコピーするテンプレ管理アプリを作ろう

次に、リストの中にあるテンプレートを選択できる、テンプレ管理アプリを作ってみましょう。

テンプレートのファイル一覧を保存するフォルダーを作ろう

ここでは、「template-files」というフォルダーを作成し、その中に、日々の趣味やメール、プログラミングで利用するテンプレートをテキスト形式で保存しましょう。

例えば、以下のようなフォルダー構成でテンプレートを管理します。

```
template-files
  ├── PySimpleGUIのテンプレ.txt
  ├── メールの返信テンプレ.txt
  ├── 今月の座右の銘テンプレ.txt
  └── 商品の返品についてのテンプレ.txt
```


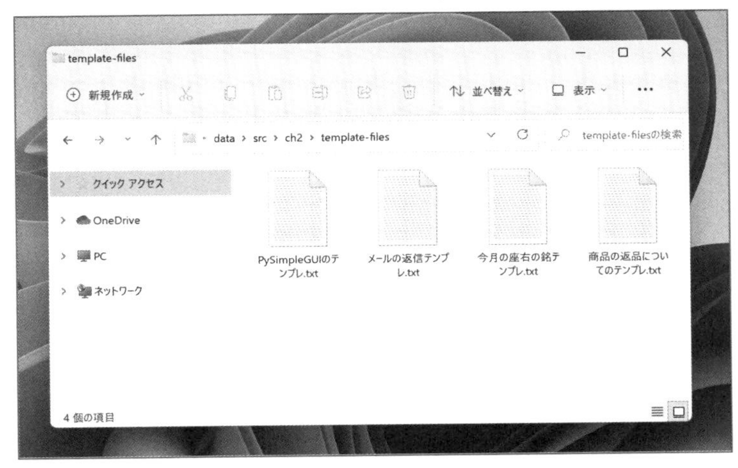

画面 2-56 tepmlate-files というフォルダーを作ってその中にテキストファイルを入れておく

テンプレート管理プログラムを作ろう

このように保存したテキストファイルを手軽に選んで、クリップボードにコピーする次の画面のようなプログラムを作ってみましょう。

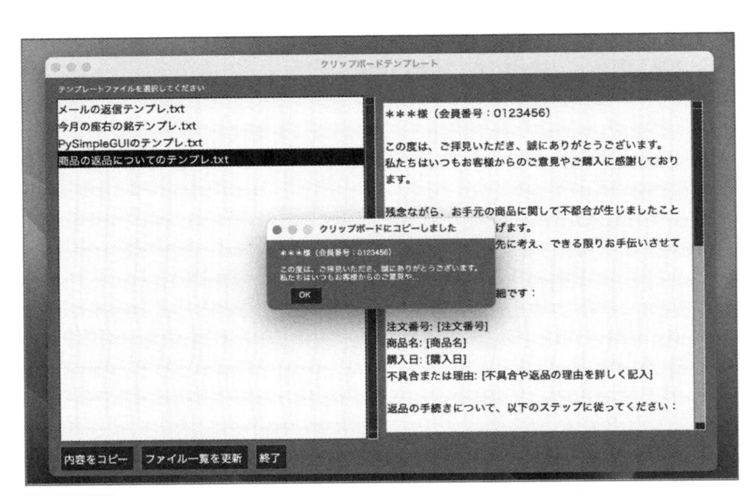

画面 2-57 テンプレートを選択してコピーできるアプリ - macOS の場合

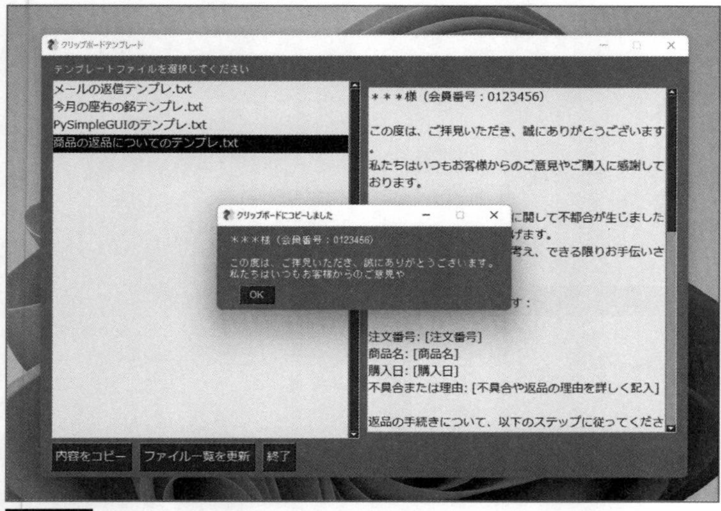

画面 2-58 テンプレートを選択してコピーできるアプリ - Windows の場合

それでは、実際のプログラムを確認してみましょう。以下のプログラムがテンプレートをコピーするプログラムです。

Python のソースリスト src/ch2/clipboard_template.py

```
import os
import sys
import pyperclip
import PySimpleGUI as sg
# import TkEasyGUI as sg

# テンプレートファイルのパスを指定 ―― (※1)
ROOT_DIR = os.path.dirname(os.path.abspath(__file__))
TEMPLATE_DIR = os.path.join(ROOT_DIR, 'template-files')

# システムフォントを選択 ―― (※2)
fonts = {"win32": ("メイリオ", 12), "darwin": ("Hiragino Sans", 14)}
font = fonts[sys.platform] if sys.platform in fonts else ("Arial", 16)

# テンプレートファイルの一覧を取得する ―― (※3)
def get_template_files():
    files = os.listdir(TEMPLATE_DIR)
    files = [f for f in files if f.endswith('.txt')]
    return files

```

```
# レイアウトを指定 ── (※4)
layout = [
    [sg.Text("テンプレートファイルを選択してください")],
    [
        sg.Listbox( # 画面左側のファイル一覧のリストボックス ── (※4a)
            values=get_template_files(),
            size=(40, 20),
            key="-files-",
            enable_events=True,
            font=font
        ),
        # 画面右側のテンプレートの内容を表示するテキストボックス ── (※4b)
        sg.Multiline(size=(40, 20), key="-body-", font=font)
    ],
    [
        sg.Button("内容をコピー", font=font), # 各種ボタン ── (※4c)
        sg.Button("ファイル一覧を更新", font=font),
        sg.Button("終了", font=font)
    ],
]
# ウィンドウを作成する ── (※5)
window = sg.Window("クリップボードテンプレート", layout)
# イベントループ
while True:
    # イベントを取得する
    event, values = window.read()
    # 閉じるボタンが押されたら終了
    if event in [sg.WINDOW_CLOSED, "終了"]:
        break
    # ファイルを選択したら内容を読み込む ── (※6)
    if event == "-files-":
        filename = values["-files-"][0]
        filepath = os.path.join(TEMPLATE_DIR, filename)
        with open(filepath, "r", encoding="utf-8") as f:
            text = f.read()
            window["-body-"].update(text)
    # コピーボタンを押したらクリップボードにコピー ── (※7)
    if event == "内容をコピー":
        body = values["-body-"] # 内容を取得
        pyperclip.copy(body) # クリップボードにコピー
```

```
        # 長すぎる場合は省略して表示
        body = body if len(body) < 64 else body[0:64] + "..."
        sg.popup(body, title="クリップボードにコピーしました")
    # ファイル更新ボタンを押したらリストボックスを更新 ――(※8)
    if event == "ファイル一覧更新":
        files = get_template_files()
        window["-files-"].update(files)
window.close()
```

プログラムを実行するには、IDLEからファイルを選んで実行できます。

プログラムを確認してみましょう。(※1)では、テンプレートのファイル一覧を保存するフォルダーのパスを特定します。ここでは、プログラムと同じフォルダーにある「template-files」を保存先に指定します。

(※2)では、システムフォントを選択しています。と言うのも、Windowsでプログラムを実行した時に、あまりにも日本語フォントがギザギザで見苦しかったのです。これでは、モチベーションが下がってしまうので、日本語フォントを美しく表示できるように、Windowsでは「メイリオ」を選ぶようにしました。macOSでは「ヒラギノ角ゴシック」を選択します。ほかに、そのシステムでどんなフォントが使えるのか手軽に確認する方法を、この後のコラムで紹介しています。

(※3)で、テンプレートフォルダーにあるテキストファイルを列挙する関数get_template_filesを定義します。os.listdir関数を使うことで任意のフォルダーにあるファイル一覧を列挙できます。

(※4)では、画面レイアウトを作成します。今回、少し複雑なレイアウトとなっています。1行目には、説明ラベルを配置し、2行目の左側(※4a)ではファイル一覧のリストボックス（sg.ListBox）を作成します。そして、2行目の右側(※4b)ではテキスト本文をプレビュー表示するテキストボックス（sg.Multiline）を作成します。なお、それぞれのGUIパーツにfont引数を指定しているので、日本語が美しく表示されます。

リストボックス（sg.ListBox）を作成する部分(※4a)に注目してみましょう。リストボックスの初期値を指定するには、values引数を指定します。ここでは、テンプレートとなるファイルの一覧を取得し、それを指定しています。

また、引数で「enable_events=True」を指定しています。この引数を指定しないと、リストボックスのアイテムをクリックしても、イベントループで何のイベントも取得できません。今回、リストボックスをクリックすることでファイルの内容をプレビュー表示したいので、この引数の指定が必要になります。

(※5)では、ウィンドウを作成して、イベントループを記述します。

(※6)では、ファイルを選択した時の処理を記述します。リストボックスのどのアイテムが選択されたかは、イベントの値変数values["-files-"]を参照することで分かります。複数のアイテムを選択できるように指定できるため、この値はリスト型となっています。

それから、実際のファイルパスを確認して、テキストファイルを読み込んだら、画面右側のテキストボックス（sg. Multiline）の内容を更新します。

(※7)では、コピーボタンを押した時の処理を記述します。ここでは、画面右側のテキストボックスの内容(キーが「-body-」のもの)を取得し、それをクリップボードにコピーします。そして、ポップアップを利用して、テキストをコピーした旨をユーザーに通知します。テンプレートのテキストは、とても長いものである可能性があるので、64文字以上であれば、省略して表示するように配慮します。

(※8)では、ファイル更新ボタンを押したら、改めて、ファイル一覧を取得して、画面右側のリストボックスの内容を更新します。

COLUMN

システムで使えるフォントの一覧を列挙する方法

テンプレートファイルの一覧を選んでコピーするプログラム（clipboard_template,py）では、WindowsのPySimpleGUIでも文字を美しく表示するために、フォントに「メイリオ」を選択する方法を紹介しました。

ほかにも、いろいろなフォントを使いたい場面があるでしょう。そこで、システムにインストールされているフォントを調べて列挙するプログラムを紹介します。

Python のソースリスト　src/ch2/list_fontname.py

```
import tkinter as tk
import tkinter.font as font
_ = tk.Tk()
print("フォント名の一覧:")
print("\n".join(font.families()))
```

このプログラムをIDLEなどから実行してみましょう。すると、利用可能なフォント名の一覧を表示します。

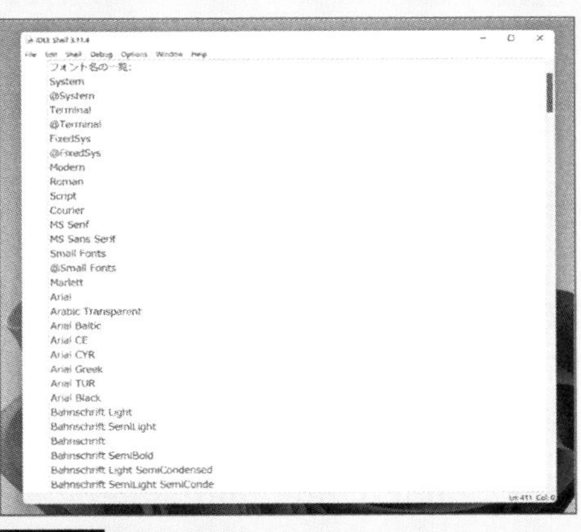

画面2-59　利用可能なフォントを列挙したところ

クリップボードの履歴管理ツールを作ろう

次に、クリップボードの履歴管理ツールを作りましょう。クリップボードは頻繁に更新されるものです。そんな時、さっきコピーした、あのテキストをもう一度利用したいという場面があります。そのため、クリップボードの履歴が見られると便利です。ここでは、クリップボードの履歴管理ツールを作ってみましょう。

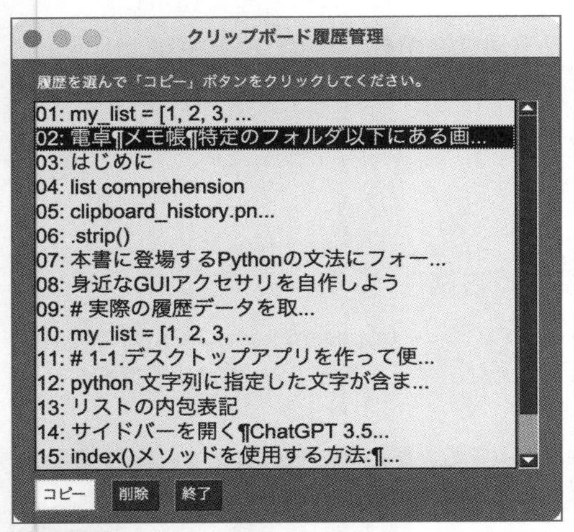

画面 2-60 クリップボードの履歴を記録してリストボックスに表示

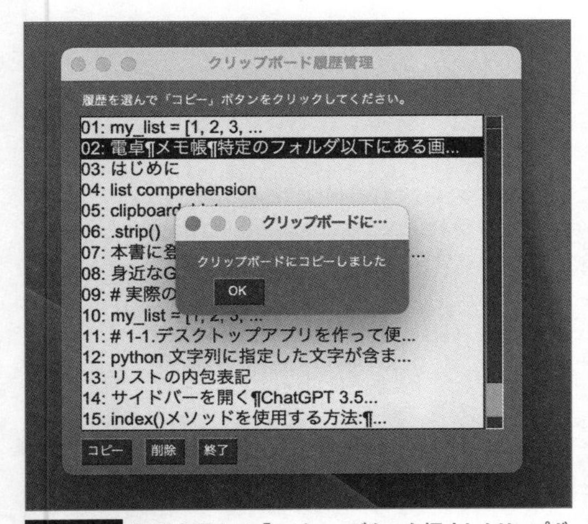

画面 2-61 履歴を選んで「コピー」ボタンを押すとクリップボードにコピーする

以下がクリップボードの履歴管理ツールのプログラムです。

Python のソースリスト　src/ch2/clipboard_history.py

```
import os
import json
import pyperclip
import PySimpleGUI as sg
# import TkEasyGUI as sg

# クリップボードの履歴を保存するファイルパス ―― (※1)
ROOT_DIR = os.path.dirname(os.path.abspath(__file__))
SAVE_FILE = os.path.join(ROOT_DIR, 'clipboard-history.json')
# 保存する履歴の最大数
MAX_HISTORY = 20

# 既存の履歴を読み込む ―― (※2)
history = []
if os.path.exists(SAVE_FILE):
    with open(SAVE_FILE, "r", encoding="utf-8") as f:
        history = json.load(f)
# 履歴を保存する
def save_history():
    with open(SAVE_FILE, "w", encoding="utf-8") as f:
        json.dump(history, f, ensure_ascii=False, indent=2)
# 履歴を整形する ―― (※3)
def list_format(history):
    crlf = lambda v: v.strip().replace("\r", "").replace("\n", "¶")
    short = lambda v: v[:20] + "..." if len(v) > 20 else v
    return [f"{i+1:02}: {crlf(short(h))}" for i, h in enumerate(history)]
# レイアウトを指定 ―― (※4)
layout = [
    [sg.Text("履歴を選んで「コピー」ボタンをクリックしてください。")],
    [sg.Listbox( # クリップボードの履歴 ―― (※4a)
            values=list_format(history),
            size=(40, 15),
            font=("Arial", 14),
            key="-history-")
    ],
    [
        # 各種ボタン ―― (※4b)
```

```
        sg.Button("コピー"), sg.Button("削除"), sg.Button("終了")
    ],
]
# ウィンドウを作成する —— (※5)
window = sg.Window("クリップボード履歴管理", layout)
# イベントループ
while True:
    # イベントを取得する
    event, values = window.read(timeout=100)
    # 閉じるボタンが押されたら終了
    if event in [sg.WINDOW_CLOSED, "終了"]:
        break
    # コピーボタンを押した時 —— (※6)
    if event == "コピー":
        # 選択された履歴をクリップボードにコピー
        sel_text = values["-history-"][0]
        # 実際の履歴データを取り出す
        index = int(sel_text[0:2])
        text = history[index - 1]
        pyperclip.copy(text)
        sg.popup("クリップボードにコピーしました")
    # 削除ボタンを押したら履歴を削除 —— (※7)
    if event == "削除":
        sel_text = values["-history-"][0]
        # 実際の履歴データを取り出す
        index = int(sel_text[0:2])
        del history[index - 1]
        window["-history-"].update(list_format(history))
        save_history()
        pyperclip.copy("") # 重複登録しないようにクリップボードをクリア
        sg.popup("削除しました")
    # 定期的にクリップボードの内容をチェック —— (※8)
    text = pyperclip.paste()
    if text == "":
        continue # 空なら何もしない
    if text not in history: # 履歴に追加
        history.insert(0, text)
        if len(history) > MAX_HISTORY: # 履歴が多すぎる場合は削除
            history.pop()
        # リストボックスを更新
```

```
        window["-history-"].update(list_format(history))
        save_history()
        continue
    # 履歴の順番を入れ替え ―― (※9)
    index = history.index(text)
    if index > 0:
        del history[index] # 既存の履歴を削除
        history.insert(0, text) # 先頭に追加
        # リストボックスを更新
        window["-history-"].update(list_format(history))
        save_history()
window.close()
```

IDLEから読み込んで実行できます。プログラムを実行すると、定期的にクリップボードの内容を監視して、履歴をファイルに保存します。プログラムを終了すると、監視は行われませんので、ウィンドウを最小化させて常駐させて利用します。

リストボックスにクリップボードの履歴が最大20件記録されます。新しい内容が常にリストボックスの上位に来ます。履歴を選んで、「コピー」ボタンを押すと、クリップボードに内容がコピーされます。また、履歴を選んで「削除」ボタンを押すと履歴が削除されます。

それでは、プログラムを確認してみましょう。

(※1)は、クリップボードの履歴を保存するファイルのパスを指定します。ここでは、プログラムと同じフォルダーに「clipboard-history.json」という名前で保存するように指定します。

(※2)では変数hisotryに履歴データを読み込みます。そして、履歴データを保存する関数save_historyも定義します。ファイルは、JSON形式で保存されます。

(※3)では、履歴を整形します。というのも、クリップボードの履歴をそのままリストボックスに表示すると、うまく表示されない場合も多く、見栄えが悪くなってしまいます。そこで、履歴データは変数historyで管理しますが、リストボックスに表示する際には、番号を付けたり、改行コードを「¶」に置き換えたり、20文字以上ある長いテキストを省略したりするようにしました。

整形処理を簡単に行うため、lambda関数を利用しています。lambda関数というのは、関数を定義する方法です。「lambda 引数: 処理」の書式で記述するのですが、手軽に関数を作れるため、使い勝手が良いものとなっています。

(※4)では画面レイアウトを指定します。ここでは、3行構成のレイアウトを定義しており、1行目には説明テキスト、2行目の(※4a)にはリストボックス、3行目の(※4b)にはいろいろなボタンを配置します。そして、(※5)でウィンドウを作成し、その後イベントル

ープを記述します。

(※6)では「コピー」ボタンを押した時の処理を記述します。リストボックス（キーが-history-のもの）から選択中のアイテムを取り出します。今回、(※3)の整形処理により、リストボックスのアイテムは、必ず「01:xxx」「02:xxx」「03:xxx」のように連番が振られるようにしました。そのため、選択されたデータから冒頭の2文字を見れば、何番目の履歴データなのか選択中のインデックスが調べられます。

ListBoxの選択中のインデックスを取り出すには、上記のようにアイテム番号をリストに与える方法に加えて、get_indexesメソッドを使う方法もあります。下記のように、windowからリストボックスのキーを指定して、オブジェクトを取り出し、get_indexesメソッドを呼び出すことで、選択中のインデックス一覧を取得できます。なお、戻り値はタプル型であるため、1つしか選択できない場合には、[0]を指定して先頭の要素を取り出します。

コマンド

```
index = window["-history-"].get_indexes()[0]
```

(※7)では「削除」ボタンが押された時の処理を記述します。何番目のデータを削除するのかインデックスを取得した後、delを使ってリストの要素を削除します。そして、リストを更新した後、ファイルに保存します。また、先頭の要素を削除したい場合、履歴を削除した後で、現在のクリップボードの値を記録してしまいます。そのため、クリップボードの値を空にすることも忘れないようにします。

(※8)以降の部分で、定期的なクリップボードの監視処理を記述します。履歴を保持する変数historyを調べて、既存の履歴に同じ内容が無ければ、履歴にクリップボードの内容を記録します。変数historyの先頭に内容を追記します。そして、履歴が最大値を超えた場合は、最も古い履歴を削除します。

(※9)では、現在のクリップボードの値が履歴に存在した場合の処理を記述します。この場合、履歴からその値を削除した上で、最も新しい履歴（要素番号の0番）に値を追加します。この処理を行うことで、クリップボードを使った順に履歴が並ぶようになります。

大規模言語モデル（LLM）をどう活用する？ - テンプレートを作成しよう

本節では、大規模言語モデルを使って、文章のテンプレート管理ツールを作ってみました。大規模言語モデルは、文章の叩き台となる「メールの返信」や「商品の返品」など定型文書を自動生成するのが得意です。

あまりお客さんと会わない事務職やプログラマーでも、顧客対応が必要な場面があることでしょう。その際、慣れないビジネスメールを苦労して書くよりも、大規模言語モデルに作成してもらうというのも1つの手です。

txt

```
お客様に、丁寧な手紙を書く必要があります。
春/夏/秋/冬の時候の挨拶をいくつか考えてください。
```

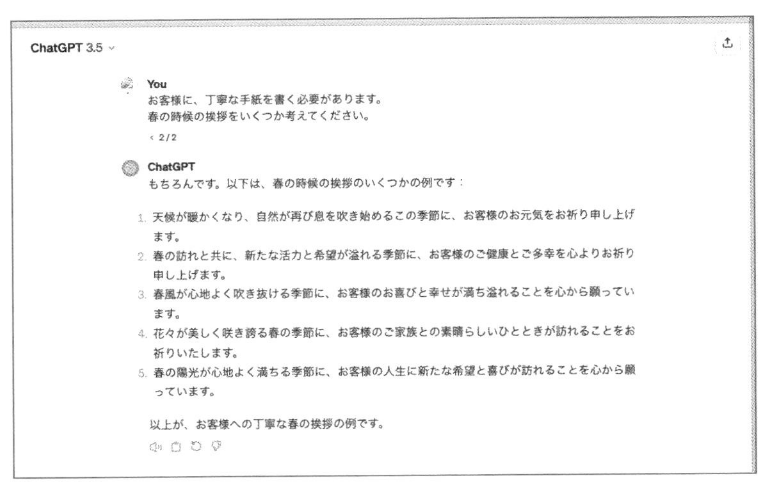

画面 2-62 春の時候の挨拶をいくつか考えてもらったところ

memo

AI搭載のテキストエディターを作ろう

上記のようなテンプレートを手軽に挿入できるテキストエディターがあると便利ですよね。5章4節で、大規模言語モデルのAPIを使ったメモ帳を作ります。お楽しみに。

　これと関連して、プログラムのテンプレートを作ってもらうのも得意です。以下のように、PySimpleGUIを使ったGUIアプリのひな形を作ってもらうことができます。その際、よく使うGUIパーツを指定することことができるでしょう。

生成 AI のプロンプト　src/ch2/llm_make_pysimplegui.prompt.txt

```
PySimpleGUIを使ってGUIアプリを作ります。
最も基本的なテンプレートとなるPythonのプログラムを作ってください。
基本的なラベル、入力ボックス、ボタンを持つものにしてください。
```

ChatGPTに上記のプロンプトを与えると、次の画面のような応答を返します。ここまで見てきて分かったように、PySimpleGUIでは、レイアウト・ウィンドウ作成・イベントループと、ある程度のプログラムの型が決まっているので、基本的なテンプレートを作ってもらうと便利です。

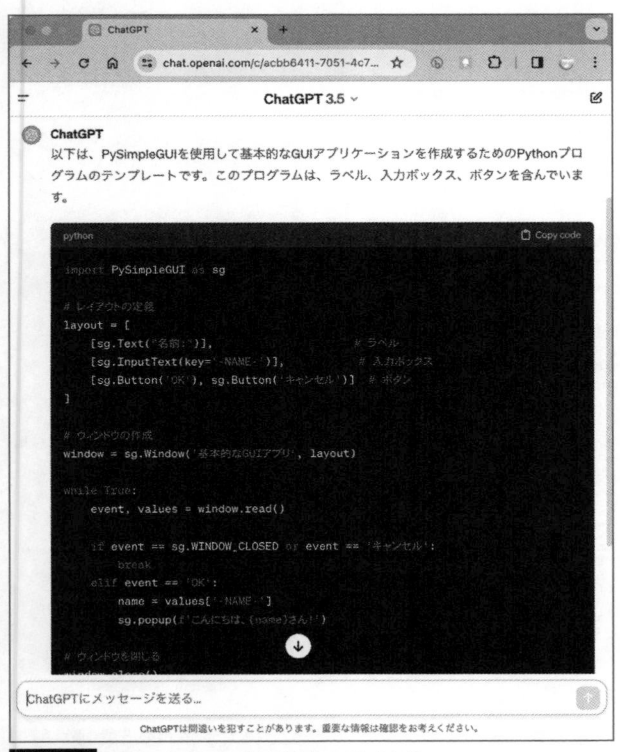

画面 2-63 PySimpleGUI のひな形を作ってもらおう

まとめ

1. クリップボードを読み書きするには、pyperclipパッケージをインストールして使う
2. ファイル一覧を表示したり、クリップボードの履歴を表示したりするのに、リストボックス（sg.ListBox）が便利
3. PySimpleGUIを使ったプログラムで、日本語がギザギザする場合、GUIパーツのfont引数に、日本語フォントを指定すると良い
4. OSや実行環境で利用できるフォントが異なるのでアプリを配付する時に注意しよう

chapter

3

Excel/CSV/PDF
― オフィスで役立つツールを作ろう

前章では、GUIツール作成の基本を学びました。この章では、オフィスで役立つようなツールにフォーカスして、Excelファイルの処理やCSV、PDFなど、より実践的ファイルを扱うツールの作成方法を解説します。

chapter 3

01

CSVファイルの結合ツールを作ろう

CSVファイルは汎用的なデータ形式です。表計算ソフト、住所録、各種データベースの入出力に利用されます。本節では、CSVファイル結合ツールを題材に、CSVやファイル選択ダイアログなどの扱いを学びましょう。

ここで学ぶこと

- CSVファイルについて
- ファイル選択ダイアログ
- テーブルについて

複数のCSVファイルを結合するツールを作ろう

銀行やクレジットカードなどの月々の明細を、CSVファイルでダウンロードできる場面があります。月々の明細だけでなく、これを1年分まとめたい場合もあります。もちろん、それぞれのデータを12回コピー＆ペーストすればいいのですが、けっこう大変です。そこで、次の画面のような複数のCSVファイルを結合するツールを作ってみましょう。

ここでは、OSのファイルダイアログを活用して、複数のCSVファイルを選択して、選んだ複数のファイルを結合して、テーブルに表示するというものを作ってみましょう。

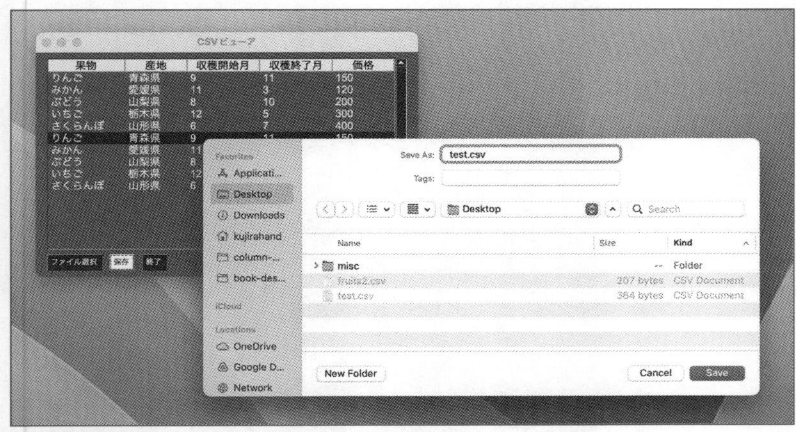

画面 3-01 複数の CSV ファイルを結合するツール - macOS

画面 3-02 Windows の場合

CSVファイルとは？

冒頭で述べたように、CSVファイルは汎用的なデータ形式です。テキストをベースとしており、データ形式も単純であることから、さまざまな業務アプリの間で、データ交換に使われてきました。

そのため、PythonにはCSVデータを読み書きする便利なライブラリーがあります。しかし、実際にどのようなデータ形式なのかを、しっかり確認することで、CSVにまつわるトラブルを解決できます。

汎用性があるがゆえに、いろいろなトラブルも多い形式です。CSVファイルほど扱いが簡単でありながら、トラブルの元となったデータ形式はないでしょう。CSVファイルの仕様はRFC4180にまとめられています。RFCとは、インターネットの標準仕様を定める文書であり、さまざまなデータ形式や通信規約などが仕様として文書化されています。

● RFC4180
[URL] https://datatracker.ietf.org/doc/html/rfc4180

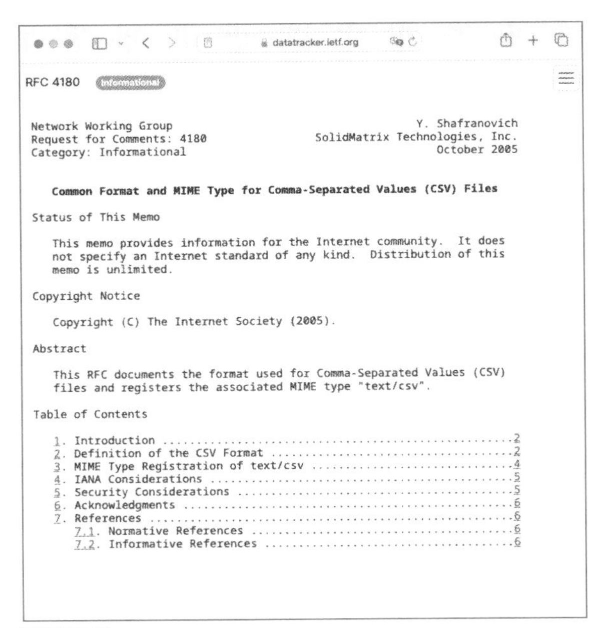
datatracker.ietf.org

RFC 4180 Informational

Network Working Group — Y. Shafranovich
Request for Comments: 4180 — SolidMatrix Technologies, Inc.
Category: Informational — October 2005

Common Format and MIME Type for Comma-Separated Values (CSV) Files

Status of This Memo

This memo provides information for the Internet community. It does not specify an Internet standard of any kind. Distribution of this memo is unlimited.

Copyright Notice

Copyright (C) The Internet Society (2005).

Abstract

This RFC documents the format used for Comma-Separated Values (CSV) files and registers the associated MIME type "text/csv".

Table of Contents

画面 3-03 CSV の仕様を定めた RFC4180

実は、この文章の登場以前からCSVは存在しており、その解釈はアプリごとに適当に処理されていました。E社の住所管理ツールで出力CSVファイルをF社の宛名印刷ツールで読み込むと、住所データが壊れてしまうということもありました。

CSVファイルの基本を確認しよう

CSVファイルの基本は、表形式のデータです。表データなので、Excelのような表計算ソフトをイメージしてください。

表は二次元のデータであり行と列の概念があります。1行がデータ1件を表し、複数の列（フィールド）を持っています。そして、CSVファイルでは、行を改行で区切り、複数の列をカンマ（,）で区切ります。列をカンマで区切るのが特徴であり、その名前のCSVは「Comma-Separated Values（カンマ区切りのデータ）」の略となっています。また、区切り記号にタブを使うものは、TSV（タブ区切りのデータ）と呼ばれます。

それでは、実際のCSVを確認してみましょう。以下のようにデータを記述します。以下のデータは、果物と産地、収穫時期、価格の表を記述したものです。

CSVデータのリスト　src/ch3/fruits.csv

```
果物,産地,収穫開始月,収穫終了月,価格
りんご,青森県,9,11,150
みかん,愛媛県,11,3,120
ぶどう,山梨県,8,10,200
いちご,栃木県,12,5,300
さくらんぼ,山形県,6,7,400
```

このデータを表計算ソフトでインポートすると次のように表示されます。

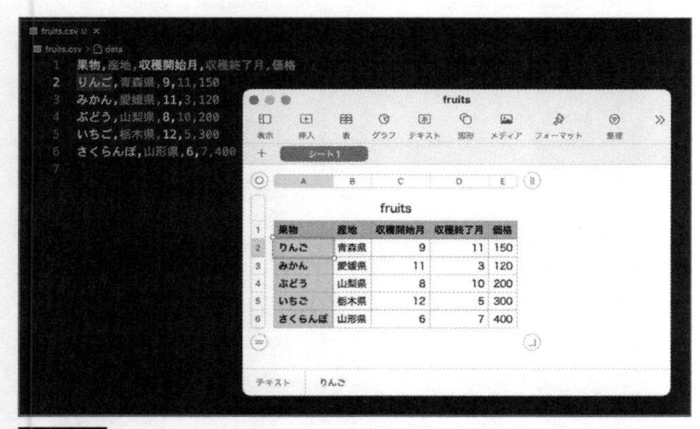

画面 3-04 CSVファイルを表計算ソフトにインポートしたところ

また、CSVファイルのエンコーディングですが、UTF-8でもShift_JISでもどちらも読み込めるように工夫してみましょう。

次のプログラムが、複数のCSVファイルを結合してテーブルに表示するものです。

Python のソースリスト　src/ch3/csv_table_append.py

```
import csv
import PySimpleGUI as sg
# import TkEasyGUI as sg

def main():
    while True:
        # CSVファイルを選ぶ —— (※1)
        files = sg.popup_get_file(
            "複数のCSVファイルを選択",
            multiple_files=True, # 複数のファイルを選ぶ
            no_window=True,
            file_types=(("CSVファイル", "*.csv"),)
        )
        if len(files) == 0 or files == "":
            break
        # 複数のCSVファイルをまとめる —— (※2)
        all_data = []
        for filename in files:
            data = read_csv(filename) # CSVファイルを読む
            if data is None:
                sg.popup_error(filename + "が読み込めません。")
                continue
            # もしヘッダー行が同じなら省略する —— (※3)
            if len(all_data) >= 2 and len(data) >= 2:
                if all_data[0] == data[0]:
                    data = data[1:]
            all_data += data
        # 結合したデータをテーブルに表示する —— (※4)
        if show_csv(all_data) == False:
            break

# CSVファイルを読む - UTF-8/Shift_JIS(CP932)対応版 —— (※5)
def read_csv(filename):
    encodings = ["UTF-8", "CP932", "EUC-JP"]
```

```
    for enc in encodings:
        try:
            with open(filename, "r", encoding=enc) as f:
                reader = csv.reader(f)
                data = [row for row in reader]
            return data
        except:
            pass
    return None

# CSVをテーブルに表示する ―― (※6)
def show_csv(data):
    if len(data) == 0:
        data = [["空"], ["空"]]
    # レイアウトを定義 ―― (※7)
    layout = [
        [sg.Table(
            key="-table-",
            values=data[1:], # データ
            headings=data[0], # ヘッダー
            expand_x=True, expand_y=True, # ウィンドウに合わせる
            justification='left', # セルを左揃えにする
            auto_size_columns=True, # 自動的にカラムを大きくする
            max_col_width=30, # 最大カラムサイズを指定
            font=("Arial", 14))],
        [sg.Button('ファイル選択'), sg.Button('保存'), sg.Button('終了')]
    ]
    # ウィンドウを作成 ―― (※8)
    window = sg.Window("CSVビューワー", layout,
                size=(500, 300), resizable=True, finalize=True)
    # イベントループ
    flag_continue = False
    while True:
        event, _ = window.read()
        if event in [sg.WIN_CLOSED, "終了"]:
            break
        # ファイル追加ボタンを押したとき
        if event == "ファイル選択":
            flag_continue = True
            break
```

プログラムを実行するには、プログラムを保存したのと同じディレクトリに、人口統計のExcelファイル「population_jp.xlsx」を配置してから、IDLEでプログラムを開き実行します。

プログラムを確認してみましょう。

(※1)では、人口統計のExcelブックを読み込みます。

(※2)では、ワークブックの中にあるシート「A」を取得します。この人口統計のExcelブックには「A」というシートしかないのですが、シート名を指定してシートのオブジェクトを取得できるということを示すために、敢えてこの書き方にしてみました。

(※3)以降の部分では、シートから実際に都道府県ごとの人口を取り出します。なお、実際に人口統計の表をExcelで開いて見ると分かるのですが、都道府県名は「I14」から「I60」までの間に書かれています。I14が北海道でI60に沖縄県が入っています。そして、L列に総人口が入っています。

(※4)では、セル名の列部分を表す列名を列番号に変換しています。と言うのも、セル名を指定して値を取得することもできますが、連続で値を読み取るには、数値で指定する方が便利だからです。それで、アルファベットの列名を列番号に変換するには「xl.utils.column_index_from_string（列名)」を使います。

(※5)ではfor文を使って連続で値を読み取ります。都道府県名（name)、総人口（pop)、男性人口（man)、女性人口（woman）に値を読み取ります。列番号と行番号を指定して値を取得するには、sheet.cellメソッドを使います。

そして、(※6)以降では読み取った二次元リストのデータを、テーブルに与えて表示します。この部分に関する詳しい解説は、2章5節の「クリップボード履歴管理ツール」の項を参考にしてください。

婚姻率と離婚率が高い都道府県はどこか調べよう

さて、人口統計のExcelファイルですが、よくよく見てみると、「婚姻率」や「離婚率」という興味深い項目があります。婚姻率とは一定人口に対し婚姻した値を表します。ここでは、少子化問題に関する資料を作ることを想定して、Excelファイルから、都道府県別にこれらの項目を取り出してみましょう。

ただし、ただ取り出すだけでは、先ほどのプログラムとほとんど同じになってしまいます。そこで、ここでは、ランキング形式でトップ10を表示するようにしてみましょう。

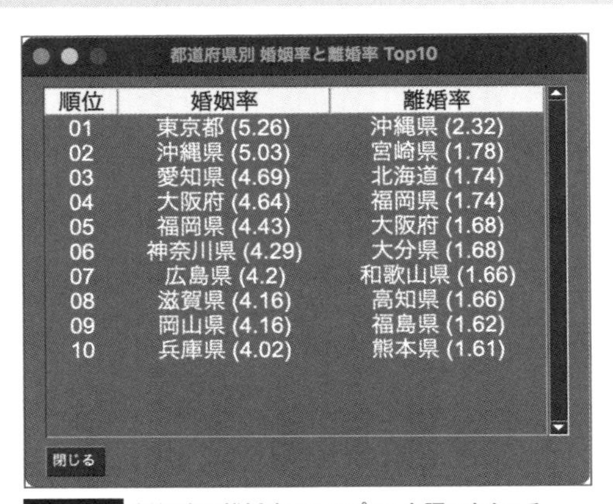

順位	婚姻率	離婚率
01	東京都 (5.26)	沖縄県 (2.32)
02	沖縄県 (5.03)	宮崎県 (1.78)
03	愛知県 (4.69)	北海道 (1.74)
04	大阪府 (4.64)	福岡県 (1.74)
05	福岡県 (4.43)	大阪府 (1.68)
06	神奈川県 (4.29)	大分県 (1.68)
07	広島県 (4.2)	和歌山県 (1.66)
08	滋賀県 (4.16)	高知県 (1.66)
09	岡山県 (4.16)	福島県 (1.62)
10	兵庫県 (4.02)	熊本県 (1.61)

画面 3-27 婚姻率と離婚率のトップ 10 を調べたところ

次のようなプログラムになります。

Python のソースリスト | src/ch3/excel_marriages_divorces.py

```
import PySimpleGUI as sg
# import TkEasyGUI as sg
import openpyxl as xl

# Excelファイルから婚姻率と離婚率を得る
def read_excelfile():
    # Excelファイルを読み込む —— (※1)
    EXCEL_FILE = "./population_jp.xlsx"
    workbook = xl.load_workbook(EXCEL_FILE)
    # ブックの中のシート「A」を取得 —— (※2)
    sheet = workbook["A"]
    # シート上の任意の情報を得るために列の情報を辞書型で指定 —— (※3)
    columns_info = {
        "都道府県": "I", # "情報" : "列名" の形式で指定
        "婚姻率": "CJ",
        "離婚率": "CL"}
    result = []
    # 連続でセルの値を取得する(14行から60行まで) —— (※4)
    for row_no in range(14, 60+1):
        line = []
        for _, col_name in columns_info.items():
            # セル名から列番号を得る —— (※5)
            col_no = xl.utils.column_index_from_string(col_name)
            # セルの値を得る —— (※5a)
            val = sheet.cell(row_no, col_no).value
            line.append(val)
        result.append(line)
    workbook.close()
    # 婚姻率と離婚率でソートする —— (※6)
    mar_list = list(sorted(result, key=lambda x: x[1], reverse=True))
    div_list = list(sorted(result, key=lambda x: x[2], reverse=True))
    # ソートした結果から上位10件を取り出す —— (※7)
    top10 = [
        [
            f"{(i+1):02}", # 順位
            f"{mar_list[i][0]} ({mar_list[i][1]})", # 婚姻率
            f"{div_list[i][0]} ({div_list[i][2]})" # 離婚率
```

で結合するものです。そもそも、なぜこの関数が用意されているのかというと、OSごとにパス記号が異なるからです。パスの区切り記号は、OSごとに下記のような記号が利用されます。それで、os.path.joinを使うと、自動的にOSごとの区切り記号を用いてパスを表現できます。

パスの区切り記号

OS	パスの区切り記号	利用例（デスクトップのパス）
Windows	「\\」	（環境によって「￥」と表示されます） c:\Users\username\Desktop
macOS	「/」	/Users/username/Desktop
Linux	「/」	/home/username/Desktop

(※2)では、売上を集計する関数make_reportを定義します。関数の引数ですが、引数target_dirに集計対象の部署ごとのExcelブックのディレクトリを指定し、引数save_fileに売上報告書の保存先を指定します。

(※3)では、会社全体の売上報告書のひな形となるExcelブックを読み込みます。そして、(※4)では、ひな形に集計日を書き込みます。

(※5)では、集計対象となるディレクトリにあるファイル一覧を取得します。そして、念のため(※6)では、Excelブック以外のファイルを除外します。

(※7)では、部署のExcelブックを読み込みます。なお、load_workbookでExcelファイルを読むとき、data_only=Trueを指定すると、数式ではなく、数式を計算した結果を得ることができます。今回は計算結果が必要なので、data_only引数をTrueにする必要があります。

(※8)では、部署名や日付、部署の合計金額を読み取ります。そして、(※9)では読み取った値をテンプレートに書き込みます。

そして、最後(※10)で集計結果を保存して、合計金額を画面に出力します。

GUIから使えるように工夫しよう

上記のプログラム「report_aggregation.py」を実際に業務で使おうとする場合、困ったことがいくつかあります。

まず、プログラムを実行する前に、テキストエディターでプログラムを開く必要があります。と言うのも、部署ごとのExcelブックを保存したディレクトリのパスを書き換えなければなりません。そして、IDLEを起動して、プログラムを読み込んで実行する必要があります。

これだと、必ずプログラムの作成者がプログラムを実行しなければなりません。しかし、できれば、自分が担当を外れた後や、忙しくて別の仕事をしている時に、誰か別の人が実行できるようにしておくと、何かと便利です。そこで、下記の点を実現しましょう。

(1) 処理対象となる部署ごとのExcelブックのディレクトリをGUIで選べるようにする
(2) Pythonのプログラムをダブルクリックで実行できるようにする

まずは、(1) の点、処理対象のディレクトリをGUIの画面で選べるようにしましょう。ここでは、先ほど作ったプログラム「report_aggregation.py」を書き換えるのではなく、これをモジュールとして利用してみます。

つまり、GUIでディレクトリを選択できるようにして、モジュールreport_aggregationの関数make_reportだけを呼び出すプログラムを作ります。以下のようにディレクトリ選択ダイアログが表示されるようにします。

画面 3-34 GUI でディレクトリの選択画面を出すようにした

次のプログラムがGUIでディレクトリ選択を行うプログラムです。

Python のソースリスト | src/ch3/report_aggregation_gui.py

```
import os
import PySimpleGUI as sg
# import TkEasyGUI as sg
import report_aggregation

while True:
    # 処理対象のディレクトリを選択 ―― (※1)
    target_dir = sg.popup_get_folder(
        "処理対象のディレクトリを選択してください",
        title="部署ごとのExcelブックのフォルダーを選択",
        default_path=os.path.dirname(__file__), # 初期ディレクトリ
        no_window=False # パスの入力ダイアログを表示する
    )
```

```
    # キャンセルが押されたらプログラムを終了 ―― (※2)
    if target_dir == "" or target_dir is None:
        quit()
    # 集計した売上報告書の保存ファイル名を自動的に決める ―― (※3)
    dir_name = os.path.basename(target_dir)
    save_file = os.path.join(os.path.dirname(target_dir), f"{dir_name}-all.xlsx")
    # パスを表示する ―― (※4)
    yesno = sg.popup_yes_no(
        "以下のパスで良いですか？\n" +
        f"処理対象ディレクトリ: {target_dir}\n" +
        f"売上報告書の保存先: {save_file}", title="確認")
    if yesno != "Yes":
        continue
    # 集計処理を実行 ―― (※5)
    report_aggregation.make_report(target_dir, save_file)
    break
```

プログラムを確認してみましょう。

(※1)では、OSのディレクトリ選択ダイアログを表示します。ここでは、選択が容易になるように初期ディレクトリを指定しています。

(※2)では、ディレクトリ選択画面で「キャンセル」ボタンを押した時に、プログラムを終了するようにします。quit関数を呼び出すと、即時Pythonのプログラムが終了します。

(※3)では、集計した売上報告書の保存先を動的に決定します。ここでは、選択したディレクトリ名に「-all.xlsx」を追加したものを保存先とします。ここで、改めて、保存先をユーザーに選択してもらっても良いのですが、ユーザーの手間を最小限に留めるために、自動で保存先を決めています。より親切にするなら、自動的に保存先が指定されるものの、確認画面において自分で保存先を変更できるようにすると良いでしょう。

(※4)では念のため、Yes/Noのボタンを持つポップアップを表示して、処理内容を確認します。なお、Noを選択すると、(※1)に戻ってディレクトリを選択し直すことができます。そして、最後(※5)で集計処理を実行します。

バッチファイルを作ってダブルクリックでプログラムを実行しよう

考えるべき問題は、ダブルクリックでPythonを実行できるようにするということです。Appendixで関連付けを使って実行する方法を紹介していますが、ここではバッチファイルを作る方法を紹介します。WindowsとmacOSで手順が異なります。

【Windowsの場合】

Windowsの場合は、「make_report.bat」という名前のバッチファイルを作成し、そこにPythonのインストールパスと、プログラムのパスを記述します。ただし、バッチファイルは、文字エンコーディングをShift_JIS(CP932)、改行コードをCRLFで保存する必要があります。

バッチファイルのリスト src/ch3/make_report.bat

```
REM バッチファイルのディレクトリを取得
set SCRIPT_DIR=%~dp0
REM Pythonのプログラムを起動
python %SCRIPT_DIR%report_aggregation_gui.py
pause
```

注意すべき点ですが、今回のプログラムでは、次のファイルが必要になりますので、これらのファイルを同じディレクトリに配置しておく必要があります。

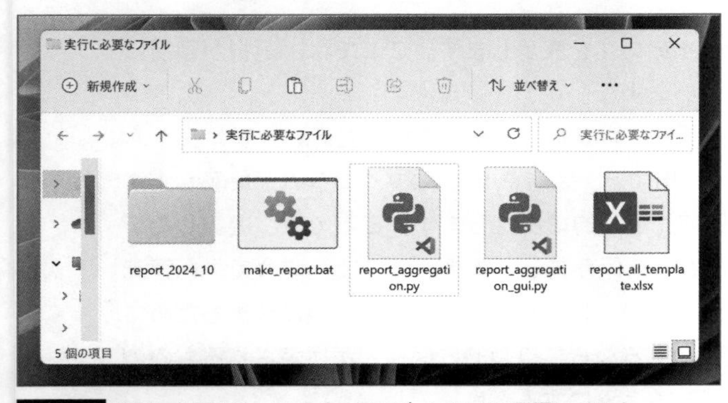

画面 3-35 実行に必要なファイルを全て同じディレクトリに配置しておこう

Pythonをインストールした時に、本書の手順通り「「Add Python 3.x to PATH」にチェックしておく必要があります。これにより、環境変数PathにPythonの実行ファイルのパスが追加されます。もし、チェックしていない場合には、「python」と書いている部分を、Pythonの実行ファイルのフルパスに書き換えます。

Windowsのバッチファイルは、セキュリティの関係で、異なるドライブにあるプログラムを実行できません。プログラム一式をデスクトップなどにコピーしてから実行してください。

【macOSの場合】

macOSでは、下記のようなシェルスクリプトを作成し、ターミナル.appで開くように設定します。まずは、以下のシェルスクリプトを作成しましょう。文字エンコーディングは、UTF-8で保存します。

シェルスクリプトのリスト src/ch3/csv_write.py

```
#!/bin/zsh

# スクリプトのディレクトリを取得
SCRIPT_DIR=$( cd $( dirname "$0" ) && pwd)
# プログラムを実行
python3 $SCRIPT_DIR/report_aggregation_gui.py
```

次に、Finder上でこのファイルを選択して、右クリック（あるいは、[control]ボタンを押しながらクリック）してポップアップしたメニューから「情報を見る」を選択します。

すると、下記のような情報ウィンドウが開くので、真ん中にある「このアプリケーションで開く」の中から「ターミナル.app」を選択します。

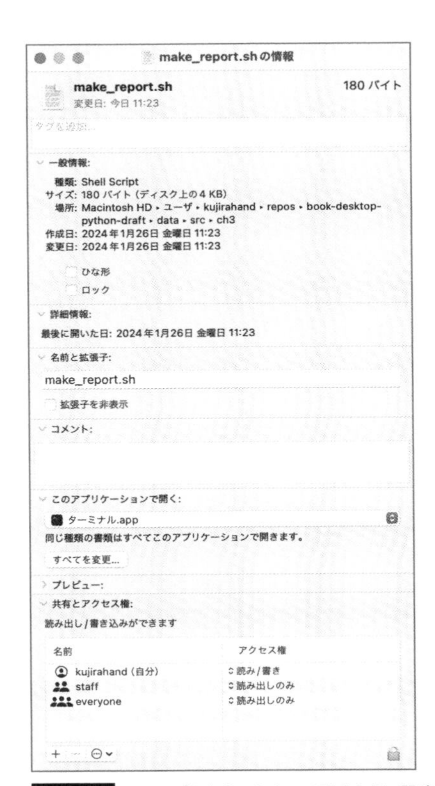

画面 3-36 スクリプトをターミナルで開くように設定

ただし、一般的には、手軽に選べる一覧の中にターミナルはないので、「その他 > ユーティリティ」の中から選択します。その際、「選択対象」を「推奨アプリケーション」から「すべてのアプリケーション」に変更してから選択します。

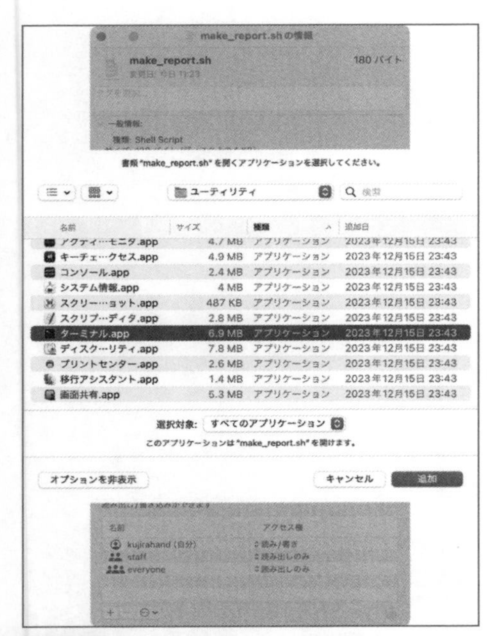

画面 3-37 ターミナルを選択するには「すべてのアプリケーション」を選択

Windowsのバッチファイルで紹介したように、実行に必要なファイル一式を同じディレクトリにコピーしておく必要があります。

COLUMN

業務自動化の明確なシナリオを作ることが大切

本節で紹介したように、作業の流れを明確なシナリオにすることが自動化に役立ちます。それで、自動化のシナリオを作成したら、それに沿って周りの人に動いてもらうように、お願いしないといけません。本節の例で言えば、最初に売上報告を行うためのExcelブックを用意して、部署ごとにそのブックに必要事項を記入してもらうようにお願いする必要があるでしょう。

それでも、中にはどうしても従来のやり方を変えたくないという人もいます。結局のところ、業務を自動化しようと思った場合、仕事の何割かは自動化の仕組みやプログラムを作ったりすることではなく、人にお願いすることだったり、根回しすることだったりするのは仕方のないことでしょう。作業自動化の明確なシナリオを示し、自動化に大きなメリットがあることを示すなら理解を得やすいことでしょう。

大規模言語モデル(LLM)をどう活用する？ ～バッチの活用

大規模言語モデルは、Pythonについて詳しいだけでなく、バッチファイルやシェルスクリプトについても多くの知識を持っています。そのため、起動用のバッチファイルを、自動で作ってもらうこともできます。

その際、手元の環境の情報を指定するか、バッチファイルをプログラムと同じディレクトリに配置している事を示すことによりトラブルの少ないバッチファイルを作成できるでしょう。

生成 AI のプロンプト　src/ch3/llm_make_batfile.prompt.txt

```
### 指示:
ダブルクリックでPythonのプログラムを起動するバッチファイルを作成してください。

### 情報:
- 起動したいプログラム: report_aggregation_gui.py
- プログラムは、バッチファイルと同じディレクトリに配置します。
- Pythonのパスはインストール時にパスを通してあります。
- トラブルを減らすために、変数%SCRIPT_PATH%を定義して、利用してください。
```

もちろん、Pythonプログラムを起動するだけのバッチファイルなら、本書のサンプルを少し書き換えるだけで良いでしょう。しかし、大規模言語モデルを利用することで、少し手の込んだ処理を加えることができます。ただし、バッチファイルは非常に強力であり、複数ファイルを削除したり、フォルダーを移動したりと、さまざまなファイル処理も簡単に記述できてしまいます。実際に実行する際は、十分内容を理解した上で使う必要があるでしょう。

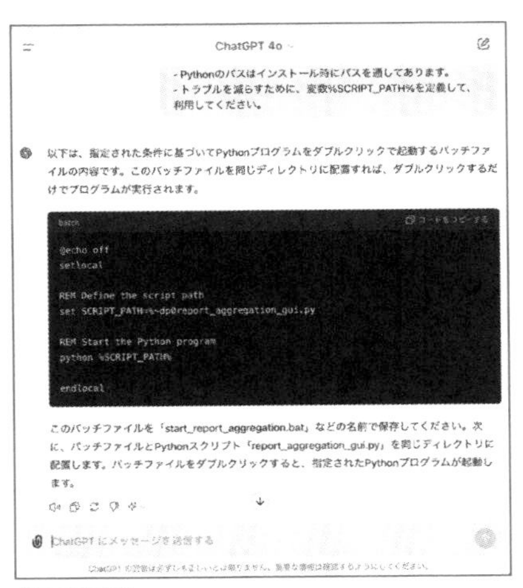

画面 3-38 ChatGPT にバッチファイルを作ってもらったところ

まとめ

1. openpyxlパッケージを使えば複数Excelファイルの読み書きも可能
2. OSごとにパスの区切り記号が違うので注意
3. バッチファイルやシェルスクリプトを作れば、ダブルクリックでPythonのプログラムを起動することができる

chapter 3

04 PDF生成ツールを作ろう

Pythonを使うとゼロからPDFを生成できます。ここでは、PDF生成ライブラリーとその使い方について紹介します。驚くほど簡単にPDFを作成する方法を紹介します。reportlabを使って領収証を作成するプログラムを作ってみましょう。

ここで学ぶこと

- PDF生成ライブラリーについて
- reportlab
- 日本語フォントの埋め込み
- ひな形に合わせた領収証PDFの作成

PDFの領収書に名前や金額を書き込もう

PythonのPDFライブラリーのreportlabを使うと、ゼロからPDFを作成できます。また、既存のひな形に対して、任意の位置にテキストを出力します。本節では、最初にいろいろなPDFライブラリーについて紹介をし、その後、reportlabの使い方を紹介します。ここでは、名前や金額を記入すると、領収書のPDFを作成するツールを作ってみましょう。

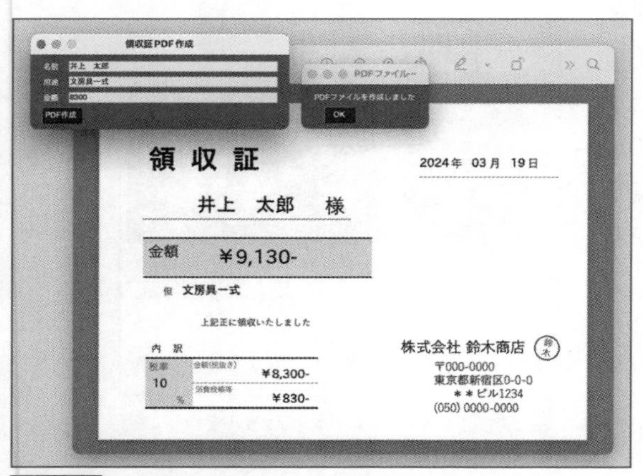

画面 3-39 PDF の領収書に宛名や金額を書き込むツールを作ろう

PDFとは？

PDFとは電子文書のファイル形式で、いろいろな端末で同じように、文章や表、図などを美しく表示できるのが特徴です。文書を紙に印刷したときと同じレイアウトで、PC、タブレット、モバイル端末と、どの端末でも、同じように文書を表示できます。契約書や領収書をはじめ、パンフレットなどの資料、電子書籍など、さまざまな文書がPDFで配付されています。

もともとは、PhotoshopやIllustratorで有名なAdobeがPostScriptという言語をベースにして開発したファイル形式です。Adobeは1993年にPDFの仕様を無償で公開し、2008年に国際標準化機構によりISO 32000-1として標準化されました。そのため、こうした資料を基にして、オープンソースのPDF関連のソフトウェアやライブラリーが多く存在しています。

●Adobeが公開しているPDFの仕様書

[URL] **https://opensource.adobe.com/dc-acrobat-sdk-docs/pdfstandards/PDF32000_2008.pdf【URL】**

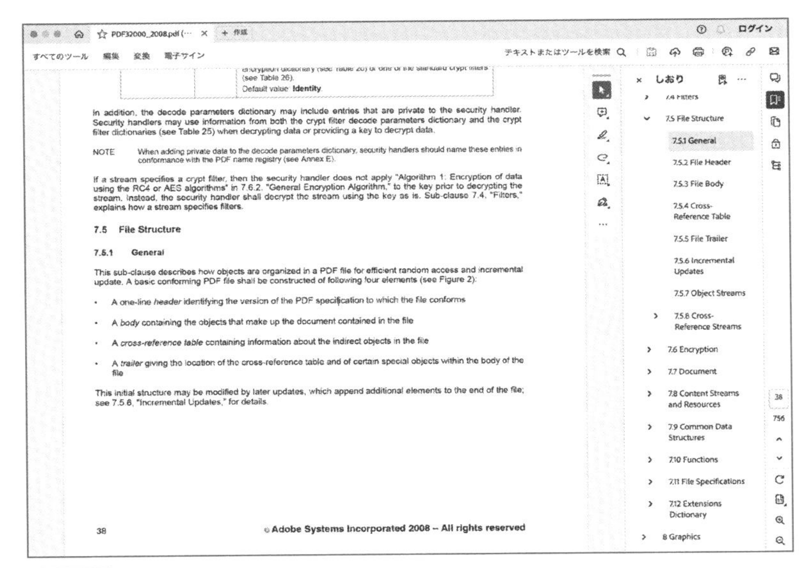

(see Table 26).
Default value: **Identity**

In addition, the decode parameters dictionary may include entries that are private to the security handler. Security handlers may use information from both the crypt filter decode parameters dictionary and the crypt filter dictionaries (see Table 25) when decrypting data or providing a key to decrypt data.

NOTE When adding private data to the decode parameters dictionary, security handlers should name these entries in conformance with the PDF name registry (see Annex E).

If a stream specifies a crypt filter, then the security handler does not apply "Algorithm 1: Encryption of data using the RC4 or AES algorithms" in 7.6.2, "General Encryption Algorithm," to the key prior to decrypting the stream. Instead, the security handler shall decrypt the stream using the key as is. Sub-clause 7.4, "Filters," explains how a stream specifies filters.

7.5 File Structure

7.5.1 General

This sub-clause describes how objects are organized in a PDF file for efficient random access and incremental update. A basic conforming PDF file shall be constructed of following four elements (see Figure 2):

- A one-line *header* identifying the version of the PDF specification to which the file conforms
- A *body* containing the objects that make up the document contained in the file
- A *cross-reference table* containing information about the indirect objects in the file
- A *trailer* giving the location of the cross-reference table and of certain special objects within the body of the file

This initial structure may be modified by later updates, which append additional elements to the end of the file; see 7.5.6, "Incremental Updates," for details.

38 © Adobe Systems Incorporated 2008 – All rights reserved

画面 3-40 Adobe が公開指している PDF の仕様書

PDF生成ライブラリーについて

Adobeからは PDFの仕様書が公開されていますが、PDFの仕様はかなり複雑なものです。ゼロから PDFの仕様を理解して使いこなすのは、相当な労力が必要となります。そのため、Pythonから PDFを利用するためのライブラリーが有志によって公開されています。本書では、素直にライブラリーを使う事にします。

ただし、Pythonで PDFを作成する場合、大きく分けて3つの選択肢が考えられます。

1つ目の選択肢は、Pythonのプログラムを用いて座標を指定して図形やテキストを描画

できる純粋なPDFライブラリーを利用する方法です
2つ目の選択肢は、記述が容易なHTMLを用意して、HTMLをPDFに変換するという方法です
3つ目の選択肢ですが、PDFの結合や回転などページ操作や、テキストの抽出など特定用途に特化したライブラリーを使う方法です

それでは、具体的にどんなライブラリーがあるのか確認してみましょう。

選択肢1 - 座標を指定してPDFを描画するライブラリー

PythonでPDFを作成する次のようなライブラリーがあります。

reportlab --- 使いやすいPDF生成ライブラリー。オープンソース版と商用版の両方がある
PyMuPDF --- 多機能なライブラリーで、テキストや画像の抽出、テキストの書き込み、PDFからPNGへのエクスポートなど幅広い機能を提供している。オープンソースと商用版の両方がある

選択肢2 - 手軽にHTMLからPDFを生成するライブラリー

HTMLからPDFを作成する次のようなライブラリーがあります。別途HTMLからPDFへの変換ツールをインストールする必要がある場合もあります。

xhtml2pdf --- 上記のreportlabを利用してHTMLからPDFを生成するライブラリー
WeasyPrint - HTMLからPDFを生成する実績あるライブラリー

選択肢3 - 特定用途に応じたPDFユーティリティライブラリー

特定用途に応じたPDFライブラリーを以下に紹介します。必要に応じて上記のライブラリーと組み合わせることもできます。

pypdf --- Pythonで実装されたライブラリー。PDFのページ操作が得意で、結合・分割・回転操作が簡単に実現できる
PDFMiner --- PDFからテキストを抽出するライブラリー
pdfrw --- ページの結合や回転やメタデータの編集などが可能なライブラリー

どれを使ったら良いか？

上記で紹介しているように、Python用のPDFライブラリーは豊富に用意されています。この事実は、それだけ業務でPDFを利用する機会が多いことの表れと言えます。どのように使い分けたら良いでしょうか。

選択肢1のPythonのプログラムでPDFを生成する方法だと、座標計算など面倒な処理が必要になりますが、意図した座標に指定の図形やテキストをぴったり配置したPDFを作成できます。

これに対して、選択肢2のHTMLから変換する方法だと面倒な座標計算が必要ない分、手軽にPDFを作成できますが、座標ぴったりに図形を描画するのは、ちょっと面倒かもしれません。

例えば、領収書や請求書を作成しなければならないという場面で考えてみましょう。既存のフォーマットが用意されており、そのフォーマットにぴったり重ねて金額や表を出力しなくてはならないという場合があります。その場合には、選択肢1のライブラリーを利用する必要があるでしょう。

それほど出力フォーマットに縛りがなく、だいたい指定の書式に似ていれば良い場合、また、比較的自由な書式でPDFを生成できる場合には、選択肢2のHTMLからPDFを生成する方法が良いでしょう。座標を合わせる手間がなく、あまり多くを考えることなく、領収書や見積書、資料などPDFを生成できます。

本節では、選択肢1からreportlabを使う方法、選択肢2からxhtml2pdfを使う方法を紹介します。

reportlabで一番簡単なプログラム

それでは、reportlabを利用した簡単な例として、テキストを書き込むだけのサンプルを作成してみましょう。

最初に、reportlabをインストールしましょう。ターミナルを起動して、下記のコマンドを実行しましょう。

コマンド

```
$ python -m pip install reportlab==4.0.9
```

それでは、PDFに「Hello!」と書き込んでみましょう。以下のプログラムは、A4サイズのPDFの左上に「Hello!」と書き込むものです。

Python のソースリスト　src/ch3/pdf_hello.py

```
from reportlab.pdfgen import canvas
from reportlab.lib.pagesizes import A4, portrait

# 作成するファイル名を指定
pdf_file = "hello.pdf"
```

```
# A4サイズのPDFを作成 —— (※1)
page = canvas.Canvas(pdf_file, pagesize=portrait(A4))
# ページに文字を描画 —— (※2)
page.setFontSize(80)
page.drawString(20, 700, "Hello!")
# PDFを保存 —— (※3)
page.save()
```

IDLEでプログラムを実行してみましょう。「hello.pdf」というPDFファイルが生成されます。生成されたPDFを開くと次のように表示されます。

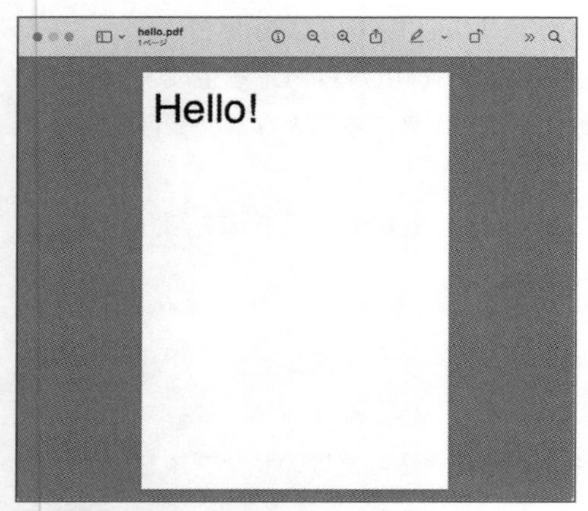

画面 3-41 生成された PDF ファイルを開いたところ

プログラムを確認してみましょう。(※1)ではA4サイズのPDFを作成します。そして、(※2)ではページに文字を描画します。setFontSizeでフォントサイズを指定して、drawStringで座標を指定してテキストを描画します。なお、PDFの座標系は、左下が(0, 0)で右上に向かって座標が大きくなります。(※3)ではPDFを保存します。

上記(※2)で、PDFの座標系は左下が(0, 0)となることを紹介しました。それで、右上の座標がいくつになるかですが、reportlab.lib.pagesizesで定義されており、下記のようなプログラムでページサイズを確認できます。

Python のソースリスト　src/ch3/pdf_size.py

```
from reportlab.lib.pagesizes import A4, portrait, landscape
# A4のサイズを確認
print("A4縦サイズ", portrait(A4))
print("A4横サイズ", landscape(A4))
```

プログラムを実行すると、次のようにA4サイズのページサイズが表示されます。つまり、A4縦長(portrait)の場合、左下が(0, 0)で右上が(595.2755905511812, 841.8897637795277)となります。

PDFの用紙サイズA4

```
A4縦サイズ (595.2755905511812, 841.8897637795277)
A4横サイズ (841.8897637795277, 595.2755905511812)
```

PDFの座標系について

PDFを扱うreportlabで描画を行う場合、図形やテキストを描画する場合も左下が基点となるので、覚えておきましょう。座標系は次の図のようになります。また、用紙の設定で縦長にしたい場合にはportrait、横長にしたい場合にはlandscapeを指定することも覚えておきましょう。

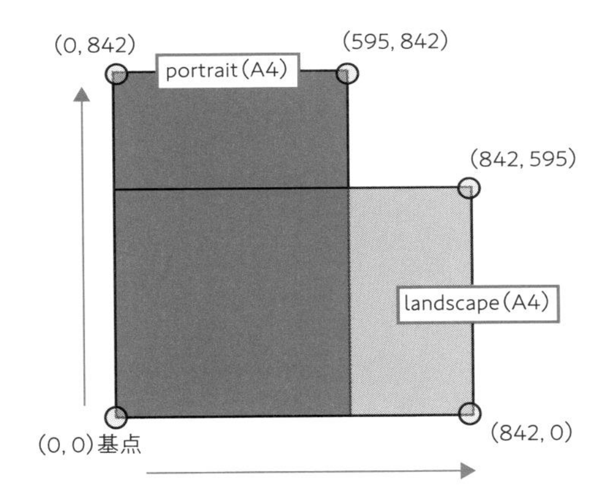

画面 3-42 PDFでは左下が基点となり右上に向かって値が大きくなる

図形の描画 - 方眼紙を描いて文字を描画しよう

次に図形を描画してみましょう。ここでは次の図のように方眼紙を描画し、そこにアルファベットを書き込むプログラムを作ってみましょう。

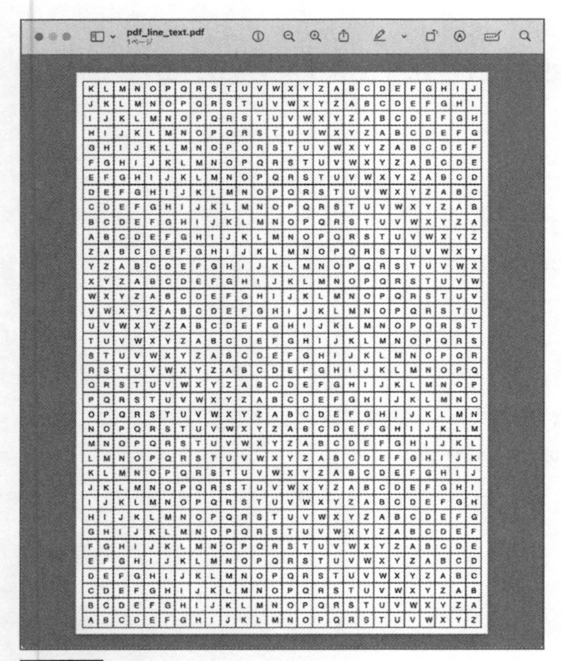

画面 3-43 方眼紙とアルファベットを描画したところ

このようなPDFを作成するプログラムは、下記の通りです。

Python のソースリスト　src/ch3/pdf_line_text.py

```
from reportlab.pdfgen import canvas
from reportlab.lib.pagesizes import A4, portrait
from reportlab.lib.units import inch, mm, cm

# A4サイズを準備 —— (※1)
page = canvas.Canvas('pdf_line_text.pdf', pagesize=portrait(A4))

# 方眼紙とテキストを描画 —— (※2)
cols = 26
margin = 10
tile = (A4[0] - margin*2) / cols
rows = int((A4[1] - margin*2) / tile)
page.setFontSize(tile * 0.5) # フォントサイズを指定 —— (※3)
for y in range(rows):
    for x in range(cols):
        i = (x + y) % 26
        # 座標を計算 —— (※4)
```

```
        xx, yy = (x * tile + margin, y * tile + margin)
        # 方眼紙を描画 —— (※5)
        page.rect(xx, yy, tile, tile, stroke=1, fill=0)
        # アルファベットを描画 —— (※6)
        page.drawString(xx + 8, yy + 7, chr(ord('A') + i))

# ファイルに保存 —— (※7)
page.save()
```

プログラムを実行するには、IDLEなどを利用します。実行すると「pdf_line_text.pdf」というPDFファイルが生成されます。ブラウザーやAcrobatなどのPDFビューワーでファイルを開くと方眼紙いっぱいにアルファベットが描画されているのを確認できるでしょう。

プログラムを確認してみましょう。(※1)ではPDFの用紙サイズとしてA4を指定しつつ、PDFを描画するCanvasオブジェクトを生成します。

(※2)以降では方眼紙とテキストを描画します。(※3)でフォントサイズを指定します。(※4)では座標を計算し、(※5)で方眼紙のための長方形を描画、(※6)ではアルファベットを描画します。

そして、最後の(※7)でファイルに保存します。

日本語の表示とフォントについて

PDFを作成する際、フォントの指定が重要になってきます。と言うのも、reportlabのデフォルトフォントでは、日本語が正しく描画できません。日本語を表示しようとすると、豆腐のような四角が表示されるだけです。日本語を表示するためには、フォントの埋め込みを利用します。

まずは、日本語フォントを用意しましょう。ここでは、ライセンスの制限が少ない、IPAフォントを利用してみましょう。IPAフォントをダウンロードするには、IPAexフォントのページから取得します。

●IPAexフォント

[URL] **https://moji.or.jp/ipafont/ipaex00401/**

PDFに日本語フォントの埋め込みを行うことで文字化けを防ぐことができます。ここでは、次のように、用紙いっぱいに格言を書き込むというプログラムを作ってみましょう。

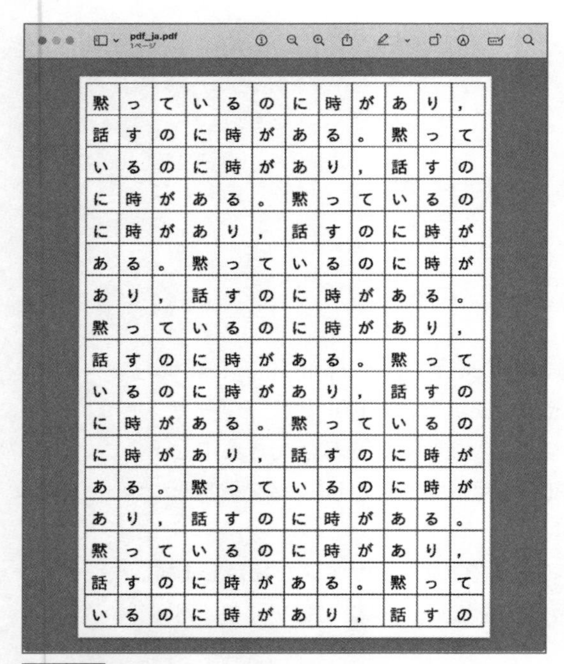

画面 3-44 日本語フォントを埋め込むことでPDFに日本語を表示できる

PDFに日本語フォントを埋め込むプログラムは、次のようになります。

Python のソースリスト | src/ch3/pdf_ja.py

```
import os
from reportlab.pdfgen import canvas
from reportlab.lib.pagesizes import A4, portrait
from reportlab.pdfbase import pdfmetrics
from reportlab.pdfbase.ttfonts import TTFont
from reportlab.lib.units import inch, mm, cm

# フォントの埋め込み ―― (※1)
script_dir = os.path.dirname(__file__)
font_path = os.path.join(script_dir, "ipaexg00401", "ipaexg.ttf")
pdfmetrics.registerFont(TTFont("IPAexGothic", font_path))
# 表示したい格言を指定 ―― (※2)
text = "黙っているのに時があり，話すのに時がある。"
# A4サイズを準備 ―― (※3)
page = canvas.Canvas("pdf_ja.pdf", pagesize=portrait(A4))
cols = 12
margin = 10
```

```
tile = (A4[0] - margin*2) / cols
rows = int((A4[1] - margin*2) / tile)
page.setFont("IPAexGothic", tile * 0.5) # フォントを指定 —— (※4)
for y in range(rows):
    for x in range(cols):
        # どの文字を描画するか計算 —— (※5)
        i = (x + y * cols)
        c = text[i % len(text)]
        # 座標を計算 —— (※6)
        xx = (x * tile + margin)
        yy = A4[1] - ((y + 1) * tile + margin)
        # 方眼紙を描画 —— (※7)
        page.rect(xx, yy, tile, tile, stroke=1, fill=0)
        # アルファベットを描画 —— (※8)
        page.drawString(xx + 9, yy + 9, c)
# ファイルに保存 —— (※9)
page.save()
```

プログラムを実行するには、プログラムと同じディレクトリの「ipaexg00401/ipaexg.ttf」にフォントファイルを配置します。これは、IPAexフォントのアーカイブ（ZIPファイル）をWebサイトからダウンロードして解凍した場合のパスを想定しています。そして、IDLEなどからプログラムを実行してください。すると「pdf_ja.pdf」という名前でPDFファイルが作成されます。

プログラムを確認しましょう。(※1)以降の部分でPDFのフォントの埋め込み処理を行います。フォントファイル「ipaexg00401/ipaexg.ttf」を読み込み「IPAexGothic」という名前で利用できるように登録します。このフォントを後で使用して日本語の文字を描画します。

(※2)では、PDF内に表示したい格言を指定します。(※3)では、A4サイズのPDFを準備します。

(※4)では、描画する文字のフォントを上記(※1)で埋め込んだ「IPAexGothic」に設定します。フォントサイズは、tileの半分のサイズを指定しています。

(※5)では描画する文字を選びます。(※6)では文字の描画位置を計算します。(※7)では方眼紙を描画します。(※8)では文字を描画します。drawStringメソッドを使って、指定した位置に文字を描画します。そして、最後(※9)でファイルに保存します。

領収証に宛名や金額などを書き込もう

次に、すでにひな形となるPDFがあり、そのひな形に書き込みを行う必要があるという場合のプログラムを作ってみましょう。

最初に、領収証のテンプレートを用意しましょう。ここでは、次のようなPNGファイル（receipt.png）を利用します。

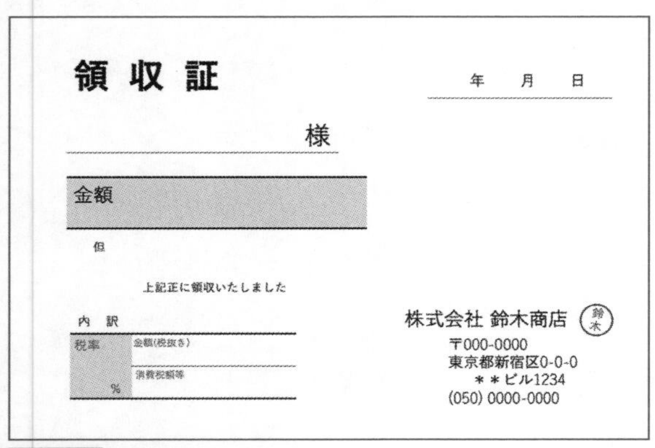

画面 3-45 領収書のひな形

このひな形に宛名や金額を書き込んで、次のような完全なPDFの領収証を生成するようにします。領収証のサイズは（B6横向き）で作ってみましょう。

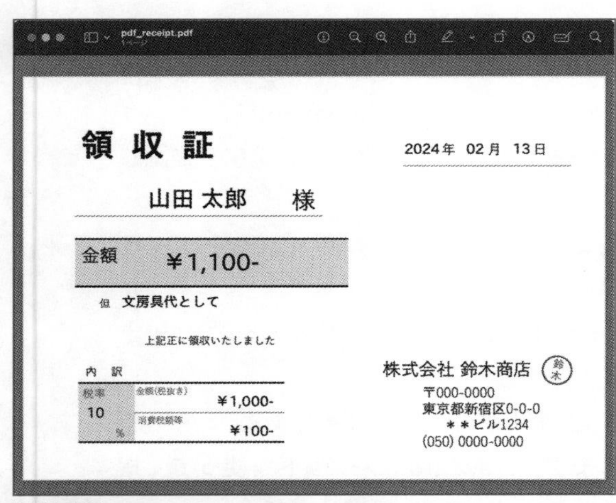

画面 3-46 宛名や金額・日付などを書き込んだところ

次のプログラムが領収証を作成するプログラムです。

Python のソースリスト src/ch3/pdf_receipt.py

```
import os
import datetime
import math
from PIL import Image
from reportlab.pdfgen import canvas
from reportlab.lib.pagesizes import B6, landscape
from reportlab.pdfbase import pdfmetrics
from reportlab.pdfbase.ttfonts import TTFont
from reportlab.lib.units import inch, mm, cm

# ひな形ファイルなどの指定 ―― (※1)
script_dir = os.path.dirname(__file__)
template_file =  os.path.join(script_dir, "receipt.png")
font_file = os.path.join(script_dir, "ipaexg00401", "ipaexg.ttf")
tax_rate = 0.1 # 税率の指定

# 領収証を作成する関数 ―― (※2)
def make_receipt(output_file, name, memo, price):
    # 税込み金額を計算
    tax = math.ceil(price * tax_rate)
    price_n_tax = price + tax
    # 日付を取得
    date_a = datetime.datetime.now().strftime("%Y-%m-%d").split("-")
    # フォントの埋め込み ―― (※3)
    pdfmetrics.registerFont(TTFont("IPAexGothic", font_file))
    # 用紙サイズを指定してキャンバスを作成 ―― (※4)
    page = canvas.Canvas(output_file, pagesize=landscape(B6))
    # キャンバスに合わせて画像を描画 ―― (※5)
    w, h = Image.open(template_file).size # 画像サイズを得る
    r = B6[1] / w
    pdf_h, pdf_w = int(h * r), int(w * r)
    page.drawImage(template_file, 0, 0, width=pdf_w, height=pdf_h)
    # 領収証に書き込みを行う ―― (※6)
    page.setFont("IPAexGothic", 20)
    page.drawCentredString(150, 240, name) # 宛名を描画
    page.drawString(120, 185, f"¥{price_n_tax:,}-") # 金額を桁で区切って描画
    page.setFont("IPAexGothic", 12)
    page.drawString(85, 153, f"{memo}") # 但し書きを描画
    page.drawRightString(215, 65, f"¥{price:,}-") # 税抜き金額を桁で区切って描画
```

```
    page.drawRightString(215, 39, f"¥{tax:,}-") # 消費税を桁で区切って描画
    page.drawString(55, 55, f"{int(tax_rate*100)}") # 税率を描画
    page.drawString(327, 287, f"{date_a[0]}") # 日付(年)を描画
    page.drawString(380, 287, f"{date_a[1]}") # 日付(月)を描画
    page.drawString(420, 287, f"{date_a[2]}") # 日付(日)を描画
    # ファイルに保存 —— (※7)
    page.save()

if __name__ == "__main__":
    # 書き込む内容を指定 —— (※8)
    output_file = os.path.join(script_dir, "pdf_receipt.pdf")
    make_receipt(
        output_file,
        name="山田 太郎",
        memo="文房具代として",
        price=1000)
```

プログラムを実行するには、日本語フォントを利用するため、先ほどのプログラムと同じように「ipaexg00401/ipaexg.ttf」にフォントを配置します。そして、領収書のひな形となる「receipt.png」をプログラムと同じディレクトリに配置してからIDLEなどで実行してください。実行すると「pdf_receipt.pdf」というPDFファイルが出力されます。

プログラムを確認してみましょう。プログラムの(※1)では、領収書のひな形ファイルのパスを指定します。__file__はプログラム自体のファイルパスを指しており、変数script_dirにはプログラム自身のあるディレクトリを指します。また、それほど変更の必要の無い税率（変数tax_rate）もここで指定しています。

(※2)以降では領収証を作成する関数make_receiptを定義します。この関数は、出力ファイルのパス、名前、メモ、価格を引数に取ります。

(※3)では日本語フォントを埋め込み、(※4)では用紙サイズを指定してキャンバスのオブジェクトを作成します。 landscape（B6）という指定は、B6サイズの用紙を横向きに指定します。

(※5)では、領収証のひな形となる画像をキャンバスに描画します。最初に画像サイズを取得し、それに基づいて用紙サイズいっぱいに描画できるようサイズを計算してから、drawImageメソッドで描画します。

(※6)では、キャンバスに宛名や金額、但し書きや日付など、必要となる情報を書き込んでいきます。そして、(※7)では、saveメソッドでファイルへ保存します。

(※8)では関数make_receiptを呼び出してPDFファイルを作成します。

GUIで気軽に作成できるようにしてみよう

ここまでの部分で、PDFで領収証を作成するプログラムを作ってみました。次に、GUIの画面を表示して、必要事項をユーザーに入力してもらって、PDFの領収証を発行するアプリを作成してみましょう。

先ほど作成したpdf_receipt.pyはモジュールとしても使えるようにしていますので、それをそのまま使ってみましょう。次のようなプログラムになるでしょう。

Python のソースリスト　src/ch3/pdf_receipt_gui.py

```
import PySimpleGUI as sg
# import TkEasyGUI as sg
import pdf_receipt

# ウィンドウを作成 ―― (※1)
window = sg.Window("領収証PDF作成", layout=[
    [sg.Text("名前"), sg.InputText(key="name")],
    [sg.Text("用途"), sg.InputText(key="memo")],
    [sg.Text("金額"), sg.InputText(key="price")],
    [sg.Button("PDF作成")]
])
# インベントループ ―― (※2)
while True:
    event, val = window.read()
    if event == sg.WINDOW_CLOSED:
        break
    if event == "PDF作成":
        # 保存先を選択するダイアログを表示 ―― (※3)
        save_file = sg.popup_get_file(
            "保存先を選択してください",
            save_as=True,
            no_window=True)
        if save_file is None or save_file == "":
            continue
        # PDFを作成 ―― (※4)
        pdf_receipt.make_receipt(
            save_file,
            val["name"],
            val["memo"],
            int(val["price"]))
```

```
        sg.popup("PDFファイルを作成しました")
window.close()
```

このプログラムでは、モジュールとしてpdf_receipt.pyと、日本語フォント「ipaexg00401/ipaexg.ttf」と、ひな形画像「receipt.png」が必要なので、それらのファイルをプログラムと同じディレクトリにコピーしましょう。

そして、IDLEなどでプログラムを実行すると、次のようなGUI画面が表示されるので、領収証に指定したい項目を記入して「PDF作成」ボタンを押します。すると、保存先を指定するダイアログが出ます。保存先を指定するとPDFが出力されます。

画面 3-47 項目を記入して「PDF 作成」ボタンを押そう

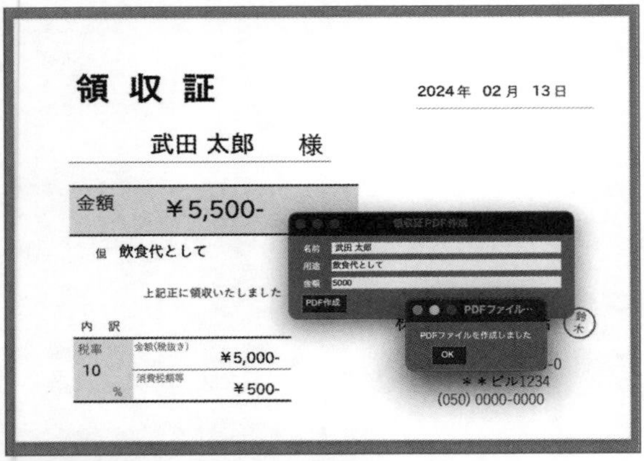

画面 3-48 保存先を指定すると領収証が出力される

プログラムを確認してみましょう。

(※1)では、PySimpleGUIを利用して入力画面を作成します。このウィンドウには、名前、用途、金額の入力フィールドと、PDF作成ボタンを用意しました。

(※2)では、インベントループを開始します。このループでは、ウィンドウのイベントを待ち続け、イベントが発生するのを待ちます。

(※3)は「PDF作成」ボタンが押された時に実行する処理です。sg. popup_get_fileメソッドを利用して、ファイルの保存ダイアログを開いて、保存先をユーザーに尋ねます。

そして、(※4)では、pdf_receiptモジュールのmake_receipt関数を呼び出して、PDFを作成します。

入力フォームを持った簡単なウィンドウですが、こうした簡単なGUIツールを用意することで、アプリの使い勝手は大幅に向上します。

まとめ

1. PDFの作成は業務でもよく利用されるためPythonのライブラリーが充実している
2. 利用用途に合わせてライブラリーを選んで使おう
3. reportlabを使ってひな形に書き込みをしてPDFを作成するプログラムを作った

chapter 3

05 Excel住所録を読み込んでPDF招待状を作成しよう

Excelで作った住所録を基にして招待状を作成したり、販売情報を基に請求書を作成したり、とデータを連続処理したい場合があります。前節ではreportlabでPDFを作成しましたが、今回はより手軽にxhtml2pdfを利用して生成してみましょう。

ここで学ぶこと

- Excelファイルを基にPDFを作成
- HTMLからPDFを作成
- xhtml2pdf

HTMLからPDFを作成しよう

Webブラウザーで表示するページは、HTMLで記述されています。HTMLは文章に簡単なタグを付けて、タイトルやリスト、段落などの意味づけを行ったものです。HTMLはとても分かりやすく、ただの文字列であるため、編集がしやすいというメリットがあります。本節では、xhtml2pdfというHTMLからPDFを生成するライブラリーを使ってみましょう。

xhtml2pdfをインストールしよう

HTMLからPDFを作成するために、パッケージ「xhtml2pdf」をインストールしましょう。ターミナル（WindowsならPowerShell、macOSならターミナル.app）を起動して、以下のコマンドを実行しましょう。

コマンド

```
$ python -m pip install xhtml2pdf
```

xhtml2pdfを使ってみよう

xhtml2pdfを使って、一番簡単なPDFを作成してみましょう。以下は、簡単な英語の格言をPDFに表示するだけのプログラムです。

Python のソースリスト　src/ch3/xhtml2pdf_hello.py

```
from xhtml2pdf import pisa

# PDFを生成するHTML ―― (※1)

```

```
html = """
<html><body>
    <h1 style="font-size: 8em">
        Keep on asking, and it will be given you.
    </h1>
</body></html>
"""

# ファイルを開く —— (※2)
with open('xhtml2pdf_hello.pdf', 'wb') as pdf_file:
    # PDFを生成 —— (※3)
    pisa.CreatePDF(html, dest=pdf_file)
```

上記のプログラムをIDLEなどで実行すると、「xhtml2pdf_hello.pdf」というPDFファイルを生成します。PDFビューワーで確認すると次のように表示されます。

画面 3-49 HTMLからPDFを生成したところ

プログラムを確認しましょう。(※1)ではHTMLを定義します。そして(※2)ではPDFを保存するファイルを"wb"(書き込み+バイナリーモード)で開き、(※3)でファイルにPDFを書き込みます。このように、xhtml2pdfの使い方はとても簡単です。

(※1)を見てわかるとおり、<h1>タグの利用やstyle属性の指定で、フォントサイズを指定することもできます。

xhtml2pdfで日本語フォントを指定しよう

上記で見たように、xhtml2pdfの使い方は簡単なのですが、注意が必要な点もあります。デフォルトでは、日本語が表示できないのです。豆腐のような記号「■■■」が表示されてしまいます。

画面3-50 残念 - デフォルトでは日本語が表示されない

実は、xhtml2pdfは内部でreportlabを利用しているため、reportlabと同じように日本語フォントを登録するという手間が必要になります。それで、xhtml2pdfで日本語フォントを利用するには、HTMLの中で日本語フォントを定義します。

前節でIPAからダウンロードした日本語フォントを指定することで日本語を表示したものが以下になります。

画面3-51 日本語フォントを登録すれば日本語も綺麗に表示できる

日本語を埋め込んでPDFに表示するプログラムを確認してみましょう。

Pythonのソースリスト src/ch3/xhtml2pdf_ja.py

```
from xhtml2pdf import pisa
# PDFを生成するHTML ―― (※1)
html = """
<html><head>
<title>日本語を表示しよう</title>
<style>
    /* 日本語フォントの定義 */ ―― (※2)
    @font-face {
        font-family: "ipaexg";
        src: url("./ipaexg00401/ipaexg.ttf");
    }
```

```
    body { font-family: "ipaexg"; }
</style>
<body>
    <h1 style="font-size: 8em">
    Hello!<br>
    こんにちは!<br>
    </h1>
</body></html>
"""
# ファイルを開いてPDFを生成 ―― (※3)
with open('xhtml2pdf_ja.pdf', 'wb') as pdf_file:
    pisa.CreatePDF(html, dest=pdf_file)
```

このプログラムを実行する前に、日本語フォントを「ipaexg00401/ipaexg.ttf」に配置します。そして、IDLEなどからプログラムを読み込んで実行します。すると、「xhtml2pdf_ja.pdf」というPDFファイルを生成します。

プログラムを確認してみましょう。(※1) でHTMLを定義します。このHTMLのポイントは(※2) です。<style>タグの「@font-face{ ... }」で日本語フォントを指定している部分です。(※3) でファイルを開いてPDFを生成します。

用紙サイズやヘッダーを指定しよう

日本語フォントを指定するのと同じように、用紙サイズやヘッダー領域の指定も、<style>要素の中で記述することになっています。ここでは、A4サイズのPDFに、長文の小説を描画してみましょう。次の画面のようなPDFを作成します。

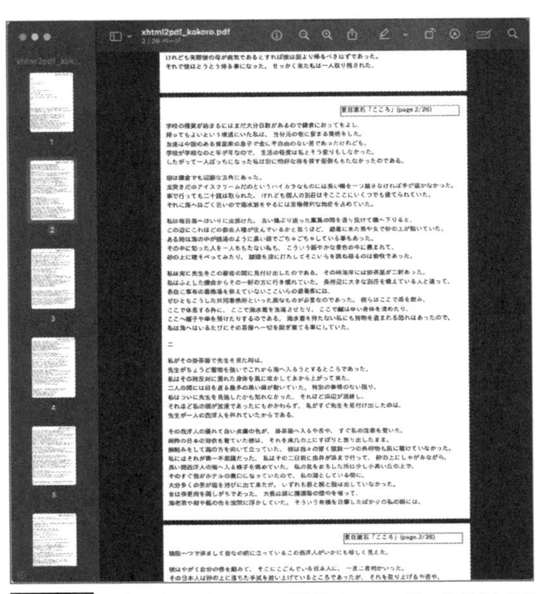

画面 3-52 長文テキストを PDF に差し込み、ヘッダーを指定したところ

プログラムに先だって、青空文庫で公開されている著作権の切れた作品を用意しましょう。ここでは、夏目漱石の小説「こころ」を使っています。以下のURLからダウンロードできます。「テキストファイル(ルビあり)/Shift_JIS」のZIPファイルをダウンロードして利用します。ZIPファイルを解凍して「kokoro.txt」をプログラムと同じディレクトリに配置しましょう。

●青空文庫 > 夏目漱石 > こころ

[URL] **https://www.aozora.gr.jp/cards/000148/card773.html**

このPDFを作成するプログラムは下記の通りです。

Python のソースリスト | src/ch3/xhtml2pdf_kokoro.py

```
import html
import re
from xhtml2pdf import pisa

# テキストファイルを読み込む ―― (※1)
with open("kokoro.txt", "r", encoding="sjis") as f:
    text = f.read()
    text = text[0:30000] # 冒頭3万字だけを利用
    text = re.sub(r"\《.+?\》", "", text) # ルビを削除
    text = re.sub(r"\［\＃.+?\］", "", text) # 注釈を削除
    text = re.sub(r"([。、])", r"\1 ", text) # 明示的な空白を入れる
    text = html.escape(text, quote=True) # HTML変換
    text = "".join([f'<p>{s}</p>\n' for s in text.split("\n")])

# PDFを生成するHTML ―― (※2)
html = f"""
<html><head><meta charset="UTF-8">
<title>複数ページにヘッダーを配置</title>
<style>
    /* 日本語フォントの定義 */ ―― (※3)
    @font-face {{
        font-family: "ipaexg";
        src: url("./ipaexg00401/ipaexg.ttf");
    }}
    body {{
        font-family: "ipaexg";
        font-size: 12pt;
```

```
    }}
    /* 用紙サイズやヘッダーを指定 */ —— (※4)
    @page {{
        size: a4 portrait;
        margin: 50pt 10pt 10pt 10pt;
        @frame header_frame {{
            -pdf-frame-content: page-header;
            -pdf-frame-border: 1;  /*ヘッダーに枠をつける*/
            left: 350pt; width: 230pt; top: 20pt; height: 20pt;
        }}
    }}
</style>
<body>
    <div id="page-header">
        夏目漱石「こころ」(page.<pdf:pagenumber>/<pdf:pagecount>)
    </div>
    <div id="body_content">{text}</div>
</body></html>
"""
# ファイルを開いてPDFを生成 —— (※5)
with open('xhtml2pdf_kokoro.pdf', 'wb') as pdf_file:
    pisa.CreatePDF(html, dest=pdf_file)
```

先ほどと同じように日本語フォントを配置し、Shift_JISで記述されたテキストファイル「kokoro.txt」を用意します。そして、IDLEなどで上記プログラムを読み込んで実行しましょう。

すると「xhtml2pdf_kokoro.pdf」というPDFを出力します。PDFビューワーで見ると、夏目漱石の小説がPDFに差し込まれているのを確認できます。

PDFを詳しく確認すると分かりますが、xhtml2pdfは日本語を描画する処理があまり上手ではありません。特にページの右端で日本語がうまく折り返しません。そこで、プログラムの(※1)の部分でわざと句読点の後ろにスペースを挿入する処理を行っています。

HTMLの中の<style>要素内にある@pageにて用紙サイズの指定、ヘッダーの指定を行っているという部分に注目してプログラムを確認しましょう。

プログラムの(※1)では、青空文庫から取得した夏目漱石の小説ファイル「kokoro.txt」を読み込みます。読んだ後、テキスト内のルビや注釈を削除し、句読点の後ろにスペースを入れて折り返しが行われるように配慮します。そして、HTMLに変換します。

(※2)ではPDFを生成するためのHTMLを指定します。Pythonの変数を手軽に文字列に埋め込むことのできる、f-stringを利用してHTMLを記述しています。f-stringでの中で波カッコを記述したい場合には、波カッコを2つ記述する必要があります。そのため、CSSで波カッコを記述すべき部分をエスケープして、@font-face {{ ... }} のように記述しています。

(※3) では日本語フォントを指定し、(※4) で用紙サイズを指定します。「@frame header_frame { ... }」で指定する部分が、各ページの用紙の上部にあるヘッダーの位置を指定するものです。このプログラムでは、ヘッダーの位置が分かりやすいように「-pdf-frame-border: 1;」を指定しています。これにより、ヘッダーが枠で囲まれます。

最後の (※5) ではファイルを開いてPDFを生成します。

Excel住所録を読んで招待状PDFを作成しよう

次に、Excelで作った名簿を元にして複数の招待状を作成するプログラムを作ってみましょう。ここでは、ある企業の顧客リストから、顧客ごとに異なったイベントの招待状を作成してみましょう。この招待状には、顧客の名前とメールアドレス、またイベントの座席の番号を記入することにします。

Excelの名簿を用意しよう

下記のようなExcelで作成した顧客名簿を用意しました。これを「meibo.xlsx」というファイル名にしておきます。

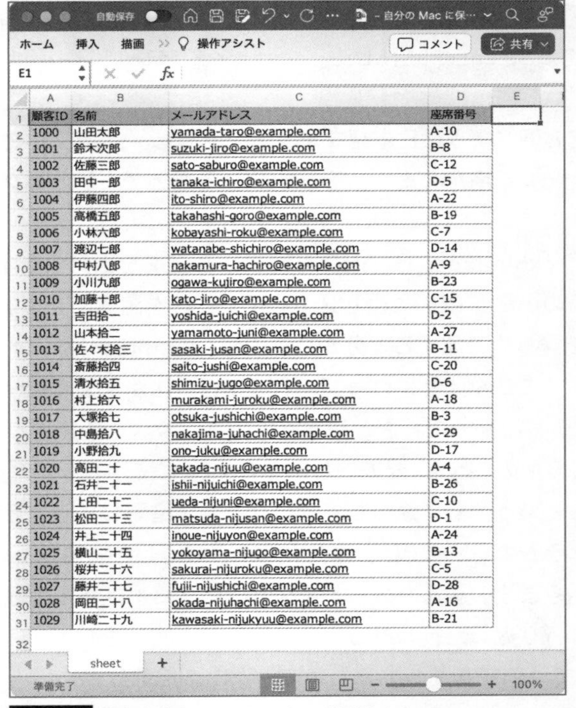

顧客ID	名前	メールアドレス	座席番号
1000	山田太郎	yamada-taro@example.com	A-10
1001	鈴木次郎	suzuki-jiro@example.com	B-8
1002	佐藤三郎	sato-saburo@example.com	C-12
1003	田中一郎	tanaka-ichiro@example.com	D-5
1004	伊藤四郎	ito-shiro@example.com	A-22
1005	高橋五郎	takahashi-goro@example.com	B-19
1006	小林六郎	kobayashi-roku@example.com	C-7
1007	渡辺七郎	watanabe-shichiro@example.com	D-14
1008	中村八郎	nakamura-hachiro@example.com	A-9
1009	小川九郎	ogawa-kujiro@example.com	B-23
1010	加藤十郎	kato-jiro@example.com	C-15
1011	吉田拾一	yoshida-juichi@example.com	D-2
1012	山本拾二	yamamoto-juni@example.com	A-27
1013	佐々木拾三	sasaki-jusan@example.com	B-11
1014	斎藤拾四	saito-jushi@example.com	C-20
1015	清水拾五	shimizu-jugo@example.com	D-6
1016	村上拾六	murakami-juroku@example.com	A-18
1017	大塚拾七	otsuka-jushichi@example.com	B-3
1018	中島拾八	nakajima-juhachi@example.com	C-29
1019	小野拾九	ono-juku@example.com	D-17
1020	高田二十	takada-nijuu@example.com	A-4
1021	石井二十一	ishii-nijuichi@example.com	B-26
1022	上田二十二	ueda-nijuni@example.com	C-10
1023	松田二十三	matsuda-nijusan@example.com	D-1
1024	井上二十四	inoue-nijuyon@example.com	A-24
1025	横山二十五	yokoyama-nijugo@example.com	B-13
1026	桜井二十六	sakurai-nijuroku@example.com	C-5
1027	藤井二十七	fujii-nijushichi@example.com	D-28
1028	岡田二十八	okada-nijuhachi@example.com	A-16
1029	川崎二十九	kawasaki-nijukyuu@example.com	B-21

画面 3-53 顧客名簿を Excel ファイルで準備したもの

招待状のひな形をHTMLで用意しよう

次に、招待状のひな形を用意しましょう。ここでは、簡単なお知らせが記された次のようなひな形を用意しました。これは、xhtml2pdfを使ってひな形のHTMLをPDFに変換したものです。

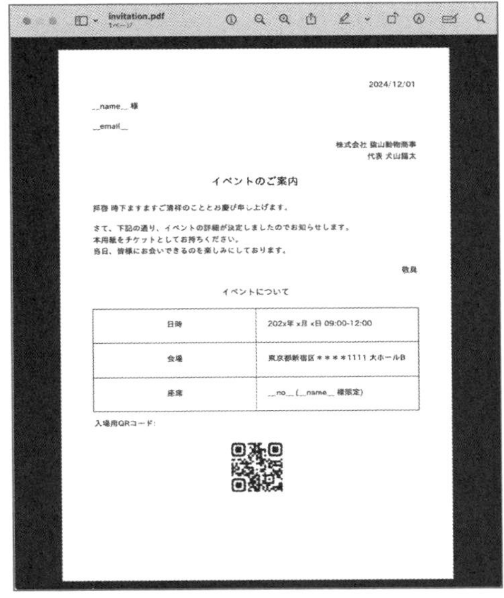

invitation.pdf

2024/12/01

__name__ 様

__email__

株式会社 猫山動物商事
代表 犬山猫太

イベントのご案内

拝啓 時下ますますご清祥のこととお慶び申し上げます。

さて、下記の通り、イベントの詳細が決定しましたのでお知らせします。
本用紙をチケットとしてお持ちください。
当日、皆様にお会いできるのを楽しみにしております。

敬具

イベントについて

日時	202x年 x月 x日 09:00-12:00
会場	東京都新宿区＊＊＊＊1111 大ホールB
座席	__no__ (__name__ 様限定)

入場用QRコード:

画面 3-54 招待状のひな形

1001.pdf

2024/12/01

鈴木次郎 様

suzuki-jiro@example.com

株式会社 猫山動物商事
代表 犬山猫太

イベントのご案内

拝啓 時下ますますご清祥のこととお慶び申し上げます。

さて、下記の通り、イベントの詳細が決定しましたのでお知らせします。
本用紙をチケットとしてお持ちください。
当日、皆様にお会いできるのを楽しみにしております。

敬具

イベントについて

日時	202x年 x月 x日 09:00-12:00
会場	東京都新宿区＊＊＊＊1111 大ホールB
座席	8-8 (鈴木次郎 様限定)

入場用QRコード:

画面 3-55 ひな形に名前や席番号を差し込んだもの

気軽に扱えることがメリットのxhtml2pdfですが、その分レンダリング能力は必要最低限です。Webブラウザーほどの表現力はありません。しかし、<img>タグで画像を差し込んだり、<table>タグで表を作ったり、CSSでテキストを右寄せしたりと、基本的なHTMLは有効です。上記のような招待状を作成できます。

HTMLの全体は冗長なので、サンプルプログラムで確認してください。以下、主要な部分のみ抜粋したものです。

src/ch3/invitation.html の抜粋

```
<html>
～省略～
    <style>
    /* 用紙サイズを定義 */
    @page {
        size: A4 portrait;
        margin: 50pt;
```

```
    }
    .r { text-align: right; }
    .c { text-align: center; }
～省略～
<body>
    <p class="r">2024/12/01</p>
    <p>__name__ 様</p>
    <p>__email__</p>
～省略～
    <table>～</table>
～省略～
    <p>入場用QRコード:</p>
    <p class="c"><img src="qrcode.png" width="120pt"></p>
</body>
</html>
```

Excelの名簿を元にしてPDFを生成するプログラム

それでは、Excelの名簿使って招待状のPDFを作成するプログラムを作ってみましょう。次のようなプログラムになります。

Python のソースリスト | src/ch3/xhtml2pdf_excel.py

```python
import os
from xhtml2pdf import pisa
import openpyxl as xl
# 顧客名簿(Excelファイル)を読み込む ―― (※1)
workbook = xl.load_workbook("./meibo.xlsx")
sheet = workbook.active
# 招待状ひな形となるHTMLファイルを読む ―― (※2)
with open("invitation.html", "r", encoding="utf-8") as f:
    template = f.read()
# セルの内容を連続で読む ―― (※3)
for i in range(2, 9999):
    # i行目の情報を得る ―― (※4)
    id = sheet.cell(row=i, column=1).value
    name = sheet.cell(row=i, column=2).value
    email = sheet.cell(row=i, column=3).value
    no = sheet.cell(row=i, column=4).value
    if id is None:
```

```
            break
        # 招待状のHTMLを生成 ―― (※5)
        html = template.replace('__name__', name)
        html = html.replace('__no__', str(no))
        html = html.replace('__email__', email)
        # PDFを出力 ―― (※6)
        if os.path.exists("./invitation") == False:
            os.mkdir("./invitation")
        with open(f"./invitation/{id}.pdf", "wb") as pdf_file:
            pisa.CreatePDF(html, dest=pdf_file)
        print(f"{id}:{name}さんの招待状を作成しました")
```

プログラムを実行するには、プログラムと同じディレクトリに次のようなファイルを用意します。

meibo.xlsx --- Excelで作った名簿ファイル
invitation.html --- 招待状のひな形となるHTMLファイル
ipaexg00401/ipaexg.ttf --- 日本語フォント
qrcode.png --- 招待状に描画するQRコード

できたら、IDLEからプログラムを読み込んで実行してみましょう。すると、invitationというディレクトリが作成され、そのフォルダー以下に、名簿に書かれた人数分の招待状PDFが作成されます。

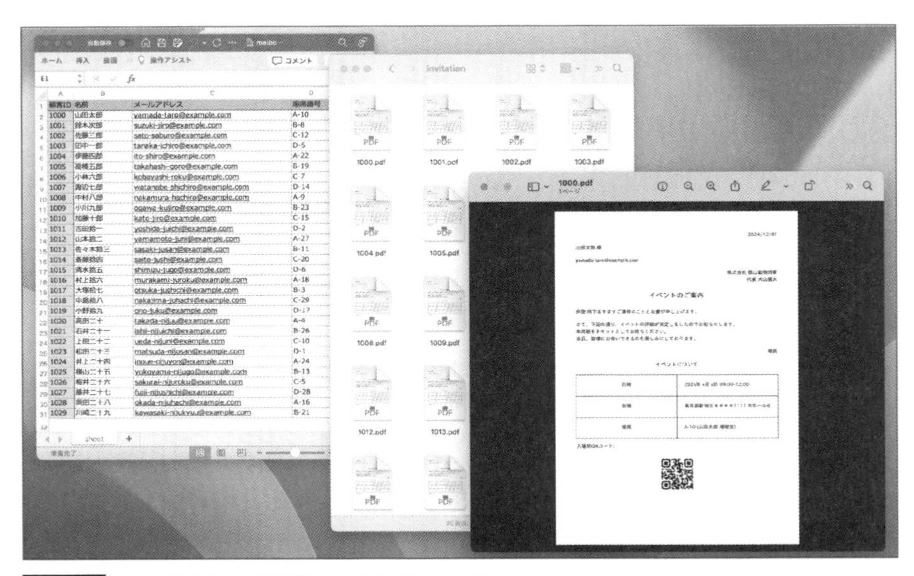

画面3-56 Excel名簿を元に招待状PDFを作成したところ

プログラムを確認してみましょう。(※1)では、名簿ファイルのExcelファイルを読み込みます。

(※2)では招待状のひな形となるHTMLファイルを読み込みます。

(※3)以降の部分では、名簿が書かれたシートを一行ずつ読み込み、ひな形に差し込み、PDFで保存します。

(※4)でi行目のデータを取り出し、(※5)ではひな形となるHTMLの「__name_\」や「__email__」「__no__」と書かれている部分を文字列置換します。

そして、(※6)でinvitationディレクトリを作成して、そのフォルダー以下にPDFを保存します。

大規模言語モデル(LLM)をどう活用する? ~ダミーの必要性

本節のプログラムでは、Excelで顧客名簿を利用しました。その際、名簿データを作るのに、大規模言語モデルを活用しました。大規模言語モデルは、ダミーデータを作成するのも得意です。今回は、下記のようなプロンプトを利用しました。

生成AIのプロンプト　src/ch3/llm_make_dummy_csv.prompt.txt

````
###指示:
アプリのテストのためにダミーデータを30件作成してください。
###出力形式:
次のようなCSVで出力してください。
```csv
顧客ID, 名前, メールアドレス, 座席番号
1000, 山田太郎, yamada-taro@example.com, A-10
1001, 鈴木次郎, suzuki-jiro@example.com, B-8
1002, 佐藤三郎, sabu-sato@example.com, A-31
```
````

まとめ

1. xhtml2pdfを使うと手軽にHTMLからPDFを作成できる
2. xhtml2pdfではHTML内にページサイズや日本語フォントの指定を行う
3. xhtml2pdfを使えば、簡単な文字列置換でひな形に好きなデータを埋め込んでPDFが作成できる

chapter

4

画像/動画/音声を扱うツールを作ろう

昨今では、画像、音声、動画といったデータを扱う機会が増えています。そこで、本章ではそうしたメディアを処理する方法を紹介します。Pythonの画像ライブラリー「Pillow」や、音声ライブラリー「pydub」などを扱います。また、動画編集で必須となる「FFmpeg」の使い方も紹介します。無音部分を見つけて動画を分割したり、TTS（音声合成）やOCR、動画生成などの興味深いトピックを扱います。

chapter 4

01

写真を加工するツールを作ろう

Pythonを使えば、画像の加工も簡単です。そこで画像の加工を行うツールを作ってみましょう。ここでは、Pillowパッケージを利用して、ネガポジ変換やぼかし処理などの画像フィルターを利用する方法を紹介します。

ここで学ぶこと

- PySimpleGUIのカスタムイベント
- 画像の表示
- Pillowパッケージ
- 画像の加工（ネガポジ変換、ぼかし、線画抽出）

画像の加工ツールを作ろう

画像の加工を行うツールは、いろいろなものがあります。スマートフォンで手軽に写真が撮影できるので、そうした画像を編集したいという要望も多いでしょう。自作の画像加工ツールが作成できれば、特定作業に特化したオリジナルの加工ツールで作業を効率化することも可能になります。

Pythonの画像処理ライブラリーの「Pillow」を利用して簡単なフィルター処理を行うツールを作ります。

画面4-01 画像を手軽に加工できるエディターを作ろう

最初に、お絵かきツールを作ってみましょう。マウスイベントや簡単な描画について解説します。

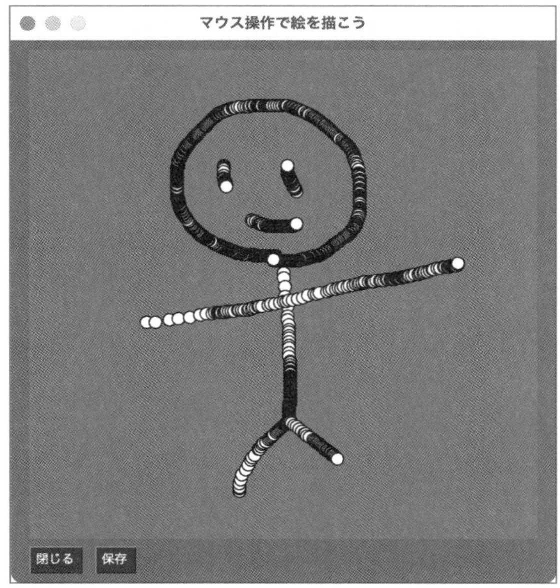

画面 4-02 マウス操作でお絵かきできるペイントツールを作ろう

このツールを作るために、まずはウィンドウに画像を表示する方法を学び、その後で画像加工の方法を解説します。

お絵かきツールを作ってみよう

最初に、PySimpleGUI（TkEasyGUI）で簡単なペイントツールを作ってみましょう。ペイントツールを作るには、マウス操作するたびにイベントが発生していると認識するような設定にしなければなりません。

Python のソースリスト　src/ch4/paint.py

```
import PySimpleGUI as sg
# import TkEasyGUI as sg
from PIL import ImageGrab

# 描画を行うキャンバスを定義 ―― (※1)
canvas = sg.Canvas(size=(400, 400), key="-canvas-", background_color="red")
# ウィンドウを作成 ―― (※2)
window = sg.Window("マウス操作で絵を描こう", layout=[
    [canvas],
```

```
    [sg.Button("閉じる"), sg.Button("保存")],
], finalize=True)
# マウスイベントが発生するように指定 —— (※3)
canvas.bind("<ButtonPress>", "b_press")
canvas.bind("<ButtonRelease>", "b_release")
canvas.bind("<Motion>", "motion")
flag_on = False
# イベントループ —— (※4)
while True:
    event, values = window.read()
    print("#event=", event, values)
    if event in (sg.WINDOW_CLOSED, "閉じる"):
        break
    # キャンバス上でのマウスイベントを処理 ——(※5)
    if event == "-canvas-b_press": # ボタン押した時
        flag_on = True
    elif event == "-canvas-b_release": # ボタン離した時
        flag_on = False
    elif event == "-canvas-motion": # マウス移動した時
        if not flag_on:
            continue
        # マウスイベントを取得 —— (※6)
        e = canvas.user_bind_event
        x, y = e.x, e.y # マウスの位置を取り出す
        # 円を描く ——(※7)
        canvas.tk_canvas.create_oval(x, y, x+10, y+10, fill="white")
    # 画像を保存 —— (※8)
    elif event == "保存":
        x1 = canvas.tk_canvas.winfo_rootx()
        y1 = canvas.tk_canvas.winfo_rooty()
        x2 = x1 + canvas.tk_canvas.winfo_width()
        y2 = y1 + canvas.tk_canvas.winfo_height()
        image = ImageGrab.grab((x1, y1, x2, y2))
        image.save("paint.png")
        sg.popup("保存しました")
window.close()
```

プログラムを実行するには、上記プログラムをIDLEで実行します。あるいは、イベントの様子を確認するために、ターミナル上で下記のコマンドを実行して試すこともできるでしょう。

コマンド

```
$ python paint.py
```

マウスを動かすたびに、イベントが発生しているのを確認できます。

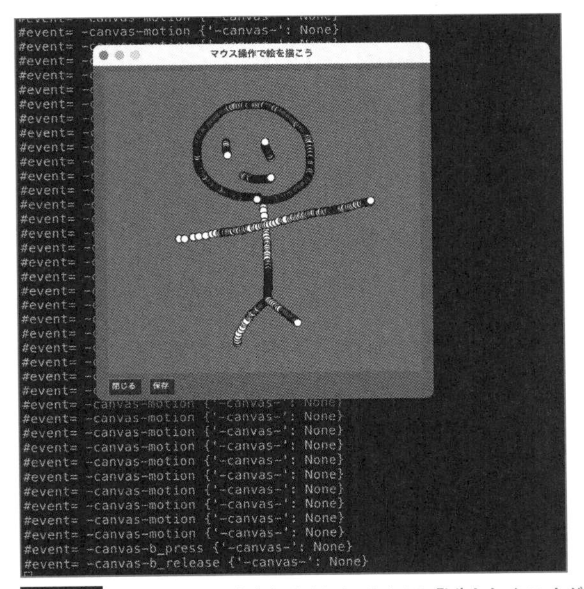

画面4-03 お絵かきツールを実行するとターミナルに発生したイベントが表示される

プログラムを確認してみましょう。(※1)では描画を行うキャンバスを生成します。keyを「-canvas-」としている点に注目しましょう。(※2)ではウィンドウを作成します。

(※3)ではマウスイベントが発生するように指定します。bindメソッドを指定して、任意のイベントが発生するように指定できます。bindメソッドの第1引数には、イベントの種類を指定し、第2引数にはイベントループで発生するイベントの末尾につける識別子（サフィックス）を指定します。例えば、「-canvas-」がキーの時、第2引数を「motion」にすると、(※4)のイベントループで「-canvas-motion」というイベントが発生するようになります。

(※5)以降の部分は、実際に(※3)のbindメソッドで指定したマウスイベントを捕らえて処理する部分です。ボタンを押した時（-canvas-b_press）には、マウスボタンの状態を管理する変数flag_onをTrueに変更し、ボタンを離した時（-canvas-b_release）には、

Falseに変更します。

そして、マウスが移動した時（-canvas-motion）には、変数flag_onの値を調べて、マウスボタンが押されている時だけ(※6)以降の描画処理を行います。なお、マウスの座標情報を得るには、キャンバスのuser_bind_eventの値を参照します。そして、(※7)では、実際に円を描画します。

(※8)ではキャンバスの座標を取得して画像を取り出して、画像を保存します。

PySimpleGUIのカスタムイベントについて

PySimpleGUIのカスタムイベントについて確認してみましょう。まず、カスタムイベントを設定するには、bindメソッドで捕捉したいイベントを指定します。

```
# (1) GUI部品を生成する
canvas = sg.Canvas(size=(400, 400), key="-canvas-")
```

次に、Windowを作成します。この時、Finalize=Trueを指定する必要があります。

```
# (2) ウィンドウを作成する
window = sg.Window("マウス操作で絵を描こう", layout=[[canvas]], finalize=True)
```

そして、bindでカスタムイベントが発生するようにします。すると、イベントループで「{キー名}{識別子}」のイベントが発生します。

```
# (3) カスタムイベントを指定
canvas.bind("<ButtonPress>", "b_press")
canvas.bind("<ButtonRelease>", "b_release")
canvas.bind("<Motion>", "motion")
```

イベント名は、PySimpleGUIのベースとなっている、Tk(Tkinter)によって定められている名称なので、少しわかりにくいかもしれません。しかし、幸いなことに、Tkは歴史あるGUIツールキットであるため、多くの資料があります。

何かイベントが必要な場合には、大規模言語モデルに「tkinterのマウスイベントを教えて」などと尋ねてみると良いでしょう。そして、イベント名が分かったら、プログラム中の(※3)のように、bindメソッドを記述します。

PNG画像を表示してみよう

次に、PySimpleGUIで画像を表示するプログラムを作ってみましょう。ここでは、PNG画像ファイル「image.png」を画面に表示するだけのものを作ってみましょう。画像を表示するには、sg.Imageオブジェクトを利用します。次のようなプログラムを作ります。

Python のソースリスト　src/ch4 /image_show.py

```
import os
import PySimpleGUI as sg

# 画像ファイルのパスを指定 —— (※1)
script_dir = os.path.dirname(__file__)
image_path = os.path.join(script_dir, 'image.png')
# レイアウトを定義 —— (※2)
layout = [
    [sg.Image(image_path)],
    [sg.Button('閉じる')]
]
# ウィンドウを作成 —— (※3)
window = sg.Window('画像の表示', layout)
# イベントループ —— (※4)
while True:
    # イベントの読み込み
    event, values = window.read()
    if event == sg.WIN_CLOSED or event == "閉じる":
        break
window.close()
```

プログラムを実行するには、「image.png」という画像ファイルをプログラムと同じディレクトリに配置してください。そして、IDLEなどでプログラムを読み込んで実行しましょう。次のように、画像「image.png」が読み込まれてウィンドウに画像が表示されます。

画面 4-04　画像を表示するには sg.Image を使う

プログラムを確認してみましょう。(※1) では画像ファイルのパスを指定します。Pythonプログラムを配置したパスを変数script_dirに代入し、そのパスを元にして画像ファイルを特定します。

(※2) では画面レイアウトを定義します。PNG画像を表示するには、sg.Imageを使います。引数にPNG画像ファイルのパスを指定します。

(※3) ではレイアウトを指定して、ウィンドウを作成します。そして、(※4) ではイベントループを記述して、「閉じる」ボタンが押されたらイベントループを抜けてプログラムが終了するようにします。

JPEG画像を表示しよう

標準のPySimpleGUI（内部でtkinterを内部で利用している）のsg.Imageオブジェクトで、画像ファイルとして指定できるのは、PNG/GIF/PGM/PPMの画像形式です。なんと、JPEG画像はサポートされていません。そのため、JPEG画像を扱いたい場合には、Pythonの画像処理ライブラリーのPillowなどを利用して、JPEG画像をPNG画像に変換して使うことになります。

多くの環境には最初からPillowがインストールされていますが、念のため、Pillowの最新版をインストールしましょう。ターミナル（WindowsならPowerShell、macOSならターミナル.app）を開いて実行しましょう。

コマンド

```
$ python -m pip install -U pillow
```

次のプログラムは、Pythonの画像処理パッケージPillowを利用して、JPEG画像「fuji.jpeg」を読み込み、PNG画像に変換した後でsg.Imageに画像を表示するプログラムです。

Python のソースリスト　src/ch4/image_show_jpeg.py

```
import os
import io
from PIL import Image
import PySimpleGUI as sg

# JPEG画像のパスを指定 ―― (※1)
script_dir = os.path.dirname(__file__)
image_path = os.path.join(script_dir, 'fuji.jpeg')
# 画像をPNG形式に変換する関数を定義 ―― (※2)
def convert_png(image_path, size=(600, 600)):
```

```
    # 画像を開く
    img = Image.open(image_path)
    img.thumbnail(size=size) # 画像サイズをリサイズ
    # 画像をPNG形式に変換
    png = io.BytesIO()
    img.save(png, format="PNG")
    return png.getvalue()
# ウィンドウを作成 —— (※3)
window = sg.Window(
    'JPEG画像の表示',
    layout=[
        [sg.Image(convert_png(image_path))],
        [sg.Button('閉じる')]
    ])
# イベントループ —— (※4)
while True:
    event, values = window.read()
    if event == sg.WIN_CLOSED or event == "閉じる":
        break
window.close()
```

このプログラムでは、JPEG画像「fuji.jpeg」を読み込んで表示します。そのため、この画像ファイルを用意してプログラムと同じディレクトリに配置してください。そして、IDLEなどでプログラムを読み込んで実行してみてください。

画面 4-05 JPEG 画像を読み込んで sg.Image に表示するプログラム

プログラムを確認してみましょう。(※1)では、JPEG画像のパスを指定します。今回は「fuji.jpeg」という画像ファイルを指定します。

(※2)では画像をPNG画像に変換する関数convert_pngを定義します。この関数で利用している、ImageオブジェクトはPythonの画像処理パッケージPillowの機能です。

Image.openメソッドで画像ファイルをメモリに読み込みます。img.thumbnailメソッドで画像をリサイズします。そして、img.saveメソッドで画像を任意の形式で保存します。画像を保存する際、io.BytesIOオブジェクトを引数に指定することで、コンピューターのメモリにデータを書き込みます。

(※3)では、画像を表示するsg.Imageに画像オブジェクトをして、ウィンドウを作成します。(※4)でイベントループを記述します。

Pillowで画像の読み込みと保存について

さて、ここで改めて、Pillowパッケージを使って、画像の読み込みと保存の方法を確認してみましょう。以下のプログラムは、「image.png」というPNGファイルを読み込んで、300ピクセルにリサイズして、JPEG画像ファイル「image_thumb.jpg」へ保存するプログラムです。

Python のソースリスト　src/ch4/image_open_save.py

```
from PIL import Image
# 画像の読み込み —— (※1)
img = Image.open("image.png")
# 画像のサムネイルを作成 —— (※2)
img.thumbnail((300, 300))
img = img.convert("RGB") # RGB形式に変換
# 色空間をRGBに変換 —— (※3)
img = img.convert("RGB")
# 任意の形式で保存 —— (※4)
img.save("image_thumb.jpg", format="JPEG")
print("保存しました")
```

プログラムの(※1)で画像ファイルを読み込みます。(※2)で縦横の最大幅が300x300ピクセルになるようにリサイズします。Pillowには画像を指定のサイズにリサイズするresizeメソッドも用意されています。thumbnailメソッドは、アスペクト比（縦横比）を維持しながら、指定したサイズ以下に縮小するようなリサイズを行います。

(※3)では、convertメソッドで画像の色空間をRGB形式に変換します。これは、PNG画像をJPEG画像で保存するのに必要な処理です。と言うのも、PNG画像では色空間RGBAをサポートしているため、色空間をRGBに変換する必要があるのです。

色空間のRGB形式とは、画像をRed/Green/Blue（赤/緑/青）の3色で表現するものです。そして、RGBA形式は、RGBにAlpha（アルファチャンネル）を加えたものです。アルファチャンネルは、透明度を表すデータであり、画像を重ね合わせたとき、手前の画像の一部を半透明にすることができるというものです。

(※4)で、画像を保存します。ファイル名に拡張子を含む時は、引数formatは省略できます。例えば「image.png」という名前をファイル名に指定すれば、拡張子で画像形式を判別して、PNG形式で保存します。同じように「image.jpg」や「image.jpeg」というファイル名にすれば、JPEG形式で保存します。

Pillowで画像を加工しよう

Pillowパッケージは、単に画像を読み書きするだけのライブラリーではありません。簡単な画像の加工処理が可能です。

ネガポジ変換しよう

最初に、画像のネガポジ反転を行うプログラムを作ってみます。ネガポジ変換とは次のような処理のことです。

画面4-06 対象の画像 - 冨嶽三十六景・神奈川沖浪裏より

画面4-07 ネガポジ変換した画像

このようなネガポジ変換は、ImageOps.invertを使うことで実現できます。プログラムを確認してみましょう。

Python のソースリスト　src/ch4/image_invert.py

```
from PIL import Image, ImageOps
# 画像の読み込み —— (※1)
img = Image.open("nami.jpg")
# ネガポジ変換 —— (※2)
img = ImageOps.invert(img)
# 任意の形式で保存 —— (※3)
img.save("nami_invert.jpg")
print("保存しました")
```

「nami.jpg」というJPEGファイルを用意したら、IDLEなどでプログラムを読み込んで実行してみましょう。すると、「nami_invert.jpg」というファイルを出力します。プログラムを確認してみましょう。(※1)では画像ファイルをメモリに読み込みます。(※2)ではImageOps.invert関数を利用してネガポジ変換を行います。(※3)では画像ファイルに保存します。

ぼかし処理・ブラー処理で加工しよう

次に、画像をぼかすブラー処理を見てみましょう。ブラー処理とは、、画像がぶれたようになる次のような加工処理を言います。

画面 4-08　元画像

画面 4-09　ぼかし処理をした画像

ここでは、ぼかし具合を指定できるガウシアンブラー(GaussianBlur)を利用してみましょう。以下が画像「nami.jpg」をぼかして「nami_blur.jpg」を作成するプログラムです。

Python のソースリスト　src/ch4/image_blur.py

```
from PIL import Image, ImageFilter
# 画像の読み込み ―― (※1)
img = Image.open("nami.jpg")
# ぼかし処理 ―― (※2)
img = img.filter(ImageFilter.GaussianBlur(radius=3))
# 任意の形式で保存 ―― (※3)
img.save("nami_blur.jpg")
print("保存しました")
```

プログラムを確認してみましょう (※1) で画像を読み込み、(※2) でガウシアンブラーを適用して、(※3) で画像を保存します。

線画抽出をしよう

続いて、画像を線画に変換してみましょう。線画抽出とは次のような処理を言います。

画面 4-10 元画像

画面 4-11 線画抽出の処理を行った画像

線画抽出は、一つのメソッドで可能ではなく、複数のフィルター処理を組み合わせることで実現できます。

Python のソースリスト src/ch4/image_line.py

```
from PIL import Image, ImageFilter, ImageChops, ImageOps, ImageEnhance
# 画像の読み込み ―― (※1)
img = Image.open("nami.jpg")
# コントラストを強調 ―― (※2)
img = ImageEnhance.Contrast(img).enhance(2.0)
# 線画抽出 ―― (※3)
gray1 = img.convert("L") # グレイスケールに変換
gray2 = gray1.filter(ImageFilter.MaxFilter(5)) # 最大フィルター
line_img = ImageChops.difference(gray1, gray2) # 差異を検出
line_img = ImageOps.invert(line_img) # 反転
# PNG形式で保存 ―― (※4)
```

```
line_img.save("nami_line.png")
print("保存しました")
```

プログラムを確認してみましょう。(※1)では画像を読み込みます。(※2)ではコントラストを強調します。そして(※3)で線画抽出を行います。手順は、グレイスケールに変換したものをgray1、それに最大フィルターを適用したものをgray2とします。そして、gray1とgray2の差異を検出し、ネガポジ反転すると線画になります。最後(※4)でPNG画像で保存します。

画像加工アプリを作ろう

それでは、ここまで学んだことを活かして、画像加工アプリを作ってみましょう。画像を読み込んで、各種フィルター処理を行うツールを作ってみましょう。

Python のソースリスト　src/ch4/image_editor.py

```
import io
from PIL import Image, ImageEnhance, ImageFilter
import PySimpleGUI as sg

# メイン関数を定義 ―― (※1)
def main():
    # 対象画像ファイルの選択
    fname = sg.popup_get_file("画像ファイルを選択してください", no_window=True)
    if not fname: exit()
    # 画像を表示してフィルター処理を開始
    show_image_editor(fname)

# 画像エディターを表示する関数を定義 ―― (※2)
def show_image_editor(image_path):
    # 画像を読み込む
    raw_img = Image.open(image_path)
    def_image = raw_img.resize((400, 400))
    # レイアウト左側を定義(画像表示) ―― (※3)
    col_left = [
        [sg.Image(convert_png(def_image), key="image")]]
    # レイアウト右側を定義(複数のスライダーを表示) ―― (※4)
    col_right = [
        [sg.Text("コントラスト")],
        [sg.Slider(key="contrast",
```

```
        range=(0, 2), resolution=0.1, default_value=1,
        orientation="h", enable_events=True)
    ],
    [sg.Text("明るさ")],
    [sg.Slider(key="brightness",
        range=(0, 10), resolution=0.1, default_value=1,
        orientation="h", enable_events=True)
    ],
    [sg.Text("ぼかし")],
    [sg.Slider(key="blur",
        range=(0, 10), resolution=1, default_value=0,
        orientation="h", enable_events=True)
    ]]
# ウィンドウを作成 —— (※5)
window = sg.Window("画像の表示", layout=[
    [
        sg.Column(col_left),
        sg.Column(col_right, vertical_alignment="top")
    ],
    [sg.Button("保存"), sg.Button("閉じる")]
])
# イベントループ —— (※6)
while True:
    # イベントの読み込み
    event, values = window.read()
    if event == sg.WIN_CLOSED or event == "閉じる":
        break
    # スライダーを動かした時の処理 —— (※7)
    if event == "contrast" or \
        event == "brightness" or \
        event == "blur":
        # 現在の設定でフィルターをかける —— (※8)
        f_img = filter_png(raw_img, values)
        bin = convert_png(f_img)
        # 画像を更新
        window["image"].update(data=bin)
    if event == "保存":
        # ファイル選択 —— (※9)
        fname = sg.popup_get_file(
            "保存するファイル名を入力してください",
```

```
                save_as=True, no_window=True)
            if not fname: continue
            # 画像を保存 —— (※10)
            img2 = filter_png(raw_img, values, False)
            img2.save(fname)
            sg.popup("保存しました")
    window.close()

# 画像にフィルターをかける関数を定義 —— (※11)
def filter_png(image, values, is_resize=True):
    # パラメーターから値を取り出す
    contrast = values["contrast"]
    brightness = values["brightness"]
    blur = values["blur"]
    # フィルター処理を行う
    if blur > 0:
        # ぼかし処理
        image = image.filter(ImageFilter.GaussianBlur(radius=blur))
    if is_resize:
        image = image.resize((400, 400)) # 画像サイズを変更
    # コントラストと明るさを変更
    image = ImageEnhance.Contrast(image).enhance(contrast)
    image =  ImageEnhance.Brightness(image).enhance(brightness)
    return image

# 画像をPNG形式に変換 —— (※12)
def convert_png(image):
    bin = io.BytesIO()
    image.save(bin, format="PNG")
    return bin.getvalue()

if __name__ == "__main__":
    main()
```

プログラムを実行するには、IDLEなどでプログラムを読み込んで実行します。プログラムを実行すると編集対象となるファイルを選択するダイアログがでます。そこで、画像ファイルを選択します。すると、次のような編集画面が出るので、画面右側のスライダーを操作してコントラストや明るさ、ぼかし具合を指定できます。そして「保存」ボタンを押すと保存ファイルの選択ダイアログが出て画像を保存できます。

画面 4-12　スライダーで画像にフィルターをかけることができる

プログラムを確認してみましょう。(※1) では、プログラムのメイン関数を定義します。Python では敢えて、メイン処理を main 関数にまとめる必要はないのですが、プログラムの最初に手順をまとめることで、どのような処理が行われるのか見通しをよくできます。ここでは、ファイルダイアログを表示して編集対象となる画像を選択し、正しくファイルが選ばれたら、(※2) で画像エディターを表示する処理を実行します。

(※2) の関数 show_image_editor では、画像編集アプリの画面を構築してウィンドウを表示します。(※3) では画像を表示するレイアウトの左側に sg.Image を配置します。そして、(※4) ではレイアウトの右側の複数のスライダーとラベルを配置します。

(※5) ではウィンドウを作成します。先ほどレイアウトの左側カラムと右側カラムの UI を定義したので、それを sg.Column に指定して左右に配置します。この (※5) で行う処理を図にしてみると、次のようになります。

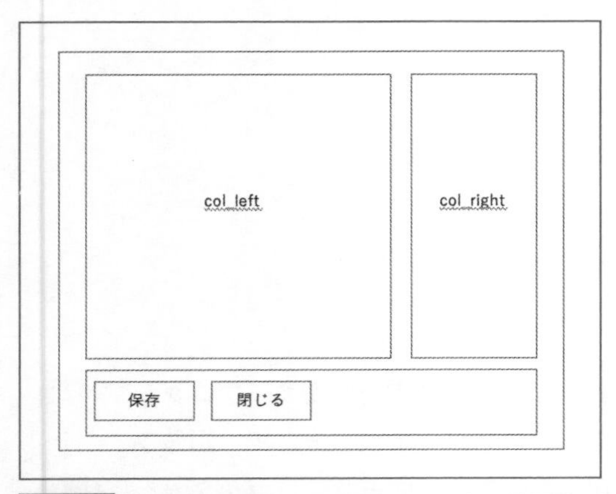

画面 4-13　sg.Column を使うことでそれぞれのパーツを配置できる

sg.Columnの引数に指定したcol_leftと、col_rightには、それぞれ(※3)と(※4)の部分で、いろいろなパーツを配置しています。

このように、sg.Columnを使えば、部品配置レイアウトを入れ子にすることができます。この仕組みにより、かなり複雑なレイアウトのウィンドウであっても簡易なプログラムで組み立てることができます。

(※6)以降では、イベントループを記述します。(※7)ではスライダーを動かした時の処理を記述します。(※8)ではスライダーを移動した時の処理を記述します。ここでは(※11)で定義している関数filter_pngを呼び出して、画像のフィルター処理を行います。画像にフィルターをかけたら、updateメソッドで表示中の画像を差し替えます。

(※9)では保存ボタンが押された時の処理を記述します。保存ファイルの選択ダイアログを表示して、ファイルを選択したら(※10)で画像フィルターをかけて、実際に画像を保存します。

(※11)では画像にフィルターをかける関数filter_pngを定義します。この関数では、イベントループで得られる、各GUIパーツのパラメーターを元にして、画像にブラー処理、コントラスト変更処理、明るさ変更処理を行います。

(※12)では画像をPNG画像に変換しバイナリーデータ（bytes型）に変換します。画像からbytes型に変換するために、バイナリーストリームのBytesIOを利用します。

大規模言語モデル(LLM)をどう活用する？ ～画像フィルター

大規模言語モデルは、画像処理についても詳しく知っているので、下記のように「＊＊を使ってこんな処理のプログラムを作ってください。」と書けば作ってくれます。また、自分のプログラムに埋め込みやすいように、関数にまとめてもらうと良いでしょう。

以下のプロンプトは、画像をセピア色に加工するsepia_filterという関数を作るように指示するものです。

生成AIのプロンプト src/ch4/llm_image_filter.prompt.txt

```
PythonのPillowを使って、画像のセピア加工を実現したいです。
どのようなプログラムを作れば良いですか？
関数sepia_filter(image, value)を定義してください。
なお、テスト画像`in.png`を読んで`out.png`に保存する処理も加えてください。
```

ChatGPT（モデル3.5）で試してみると、下記のようにプログラムを作ってくれました。

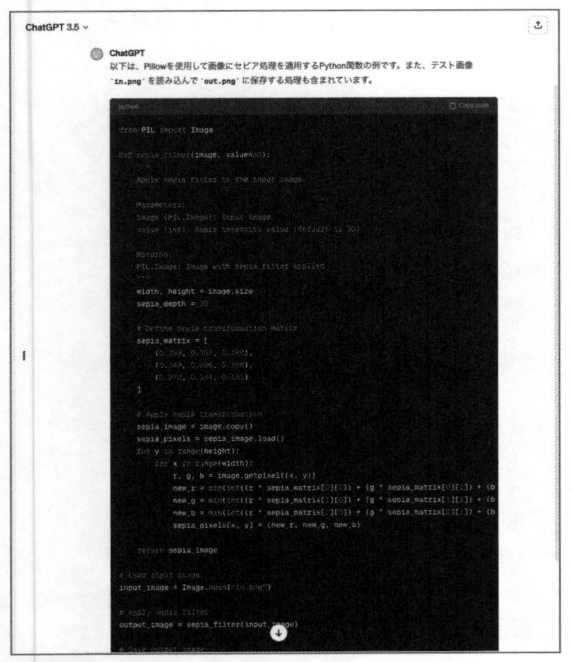

画面 4-14　セピア加工するプログラム

最初は完全ではなく3回作り直してもらって動作するものが完成しました。そのため、関数sepia_filterを作るだけではなく、テスト用の画像ファイルの名前「in.png」を指定して、正しくプログラムが動くかどうかを簡単にテストできるように工夫してみました。

有料のChatGPT（モデルGPT-4）のような高度なモデルを使えば、正しいプログラムを作成する確率が高くなります。また、続く会話で、テスト用の画像「in.png」と「正しく動くかどうか検証してください。」というメッセージを送信すると、正しく動くかどうかを、その場で検証して、出力結果を確認できます。

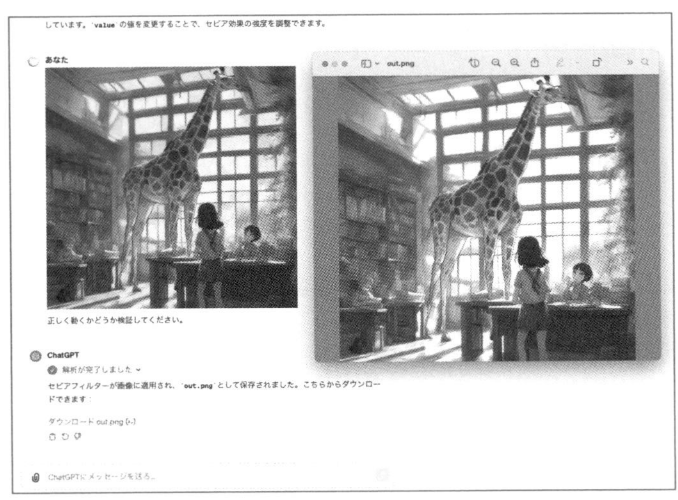

画面 4-15 ChatGPT(モデル GPT-4) にテスト画像をアップしてプログラムを実行してもらったところ

なお、紙面では分かりづらいのですが、右の図がアップロードしたテスト画像で、左の画像がChatGPTが作成したプログラムによって出力した画像です。モデルGPT-4を使うと、ChatGPTのサーバー上で簡単なプログラムを実行して、その実行結果をブラウザー上に出力してくれます。

まとめ

1. PySimpleGUIのウィンドウにsg.Imageを配置すれば画像の表示ができる
2. sg.Imageで表示できるのはPNG画像であり、JPEG画像を表示したい時はPNGに変換する
3. 画像ライブラリーのPillowパッケージを使えば、簡単な画像のフィルター処理やリサイズ処理が実現できる

chapter 4

02 動画から音声やサムネイルを抽出する

画像と同じように、動画を扱う場面も多いものです。動画ファイルを操作できると便利でしょう。ここでは、オープンソースの「FFmpeg」というツールを利用して、動画から音声やサムネイルの抽出ツールを作ってみましょう。

ここで学ぶこと

- パス（Path）を通す（環境変数の利用）
- FFmpegの概要と利用方法
- 動画のサムネイル抽出と音声抽出
- ファイル選択イベント
- Subprocess

動画や音声の変換が可能なツールにFFmpegがあります。このツールは、オープンソースでとても便利なのですが、ターミナルからコマンドを入力して利用する、いわゆるCUIで操作する必要があります。

そこで、このツールをアプリの内部で利用することで、デスクトップアプリとして高度なツールに生まれ変わらせることができます。GUIの画面を用意することで、誰にでも使いやすいツールに仕上げることができるのです。

本節では、動画からサムネイルを抽出するツールと、音声を抽出するツールの2つのプログラムを作ってみましょう。

画面 4-16 動画からサムネイルを抽出するツールを作ろう

FFmpegとはどういうものか

FFmpegは、オープンソースの音声・動画の変換ライブラリーです。FFmpegを使うと、動画形式を変換するだけでなく、音声を取り出したり、動画の特定の部分を抽出したり、サムネイルを作成したりと、さまざまな処理が実現できます。

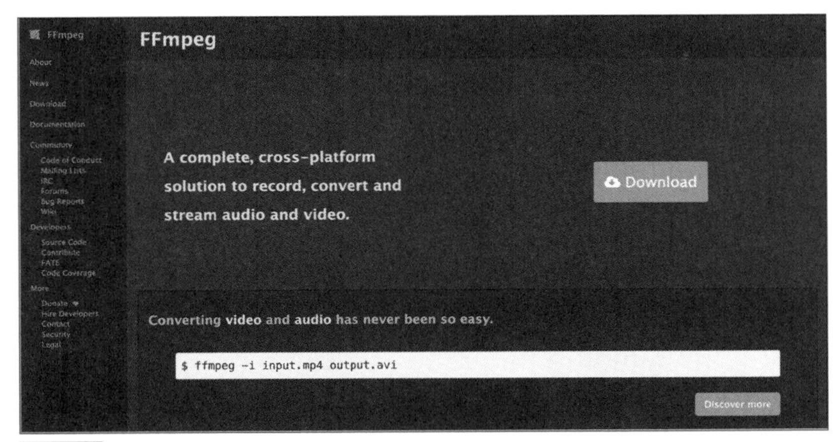

画面 4-17 高機能な動画処理ツール FFmpeg の Web サイト

FFmpegを使うと次のような処理が可能になります。

- **動画や音声の形式変換（avi→mp4やwav→mp3など）**
- **動画を複数枚の画像に変換**
- **複数枚の画像を動画に変換**
- **動画から音声を取り出す**
- **動画の音声を任意のものに差し替える**
- **動画の特定の部分を抽出する**
- **複数の動画を1つに結合する**
- **字幕を追加したり、抽出したりする**
- **動画形式の解析**

しかし、先にも述べたように、FFmpegはコマンドラインで使うツールです。利用するために、ターミナルを開き、コマンドを入力しなければなりません。一般ユーザーが使うにはなかなかハードルが高いと言えます。また、機能が豊富なので、オプションが多くて覚えきれず、いちいち調べないといけない点も面倒です。

PySimpleGUIなどでGUI画面を用意することで、こうした点を回避し誰でも使えるツールに仕上げることができます。

このように、コマンドラインベースのツールに、わかりやすいGUIを用意することを

「GUIフロントエンドの構築」と言います。

FFmpegをインストールしよう

OSごとにFFmpegのインストール方法を紹介します。

macOSでFFmpegをインストールする方法

macOSでは、「ターミナル.app」を起動して、Homebrewを利用してインストールできます。順番としては、最初にHomebrewをインストールし、その後で、FFmpegをインストールします。

Homebrewのインストール

```
# Homebrewのインストール
/bin/bash -c "$(curl -fsSL https://raw.githubusercontent.com/Homebrew/
install/HEAD/install.sh)"

# FFmpegのインストール
brew install ffmpeg
```

なお、Homebrewのインストールコマンドが長いと思った方は、Homebrewの公式Webサイト（https://brew.sh/ja/）にコマンドが書かれているので、これをコピー＆ペーストして実行すると入力が省けます。

WindowsでFFmpegをインストールする方法

Windowでのインストールは、FFmpegのWebサイトからリンクされているアーカイブの配布サイトからダウンロードして、インストールを行いましょう。

●**FFmpegの公式Webサイト**
[URL] **https://ffmpeg.org/**

●**公式Webサイトからリンクされているダウンロードサイト**
[URL] **https://github.com/BtbN/FFmpeg-Builds/releases**

いろいろな配布形式がありますが「ffmpeg-master-latest-win64-gpl.zip」を選んでダウンロードしましょう。

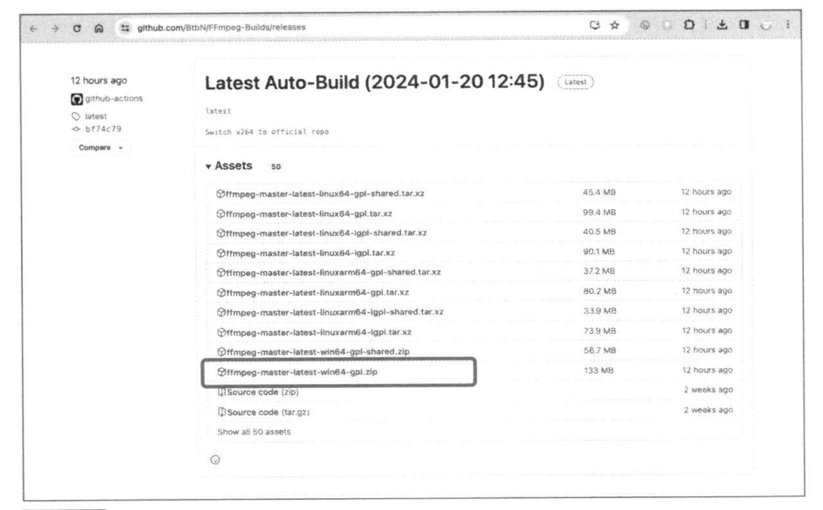

画面 4-18 FFmpeg をダウンロードしよう

ZIP形式のファイルを解凍したら、binフォルダーにパスを通しましょう。プログラミングの解説で「パスを通す」と書かれてあるのは、環境変数「PATH」にフォルダーのパスを追加するという意味です。具体的には以下のようにします。

まず、わかりやすいように、解凍したアーカイブの内容を「c:¥ffmpeg」にコピーしたとしましょう（ただし、Windowsセキュリティの問題で、コピーできなかった場合には、ホームディレクトリーなどにコピーして試してください）。

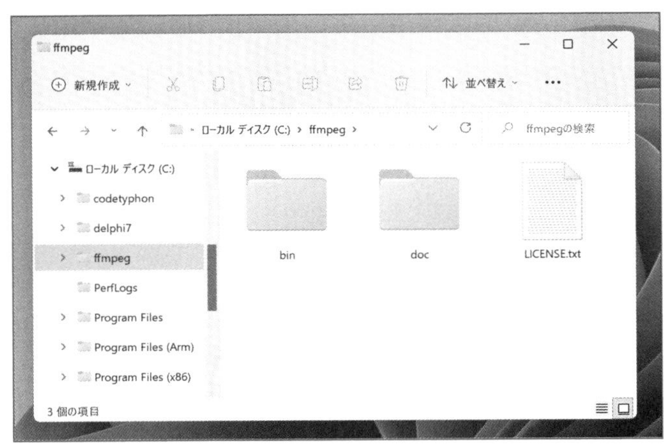

画面 4-19 解凍した FFmpeg の全ファイルを C ドライブにコピー

そして、[Windows]キーを押して「ここに入力して検索」の中に「環境変数」と打ち込み、検索します。「システム環境変数の編集」をクリックします。

画面 4-20　環境変数を検索したところ

コントロールパネルの「環境変数」の編集画面が表示されます。一覧から「Path」を探しましょう。そして[編集]ボタンを押します。パスの編集画面が表示されたら、一覧にFFmpegの実行ファイルを配置したパス「c:¥ffmpeg¥bin」を追加します。

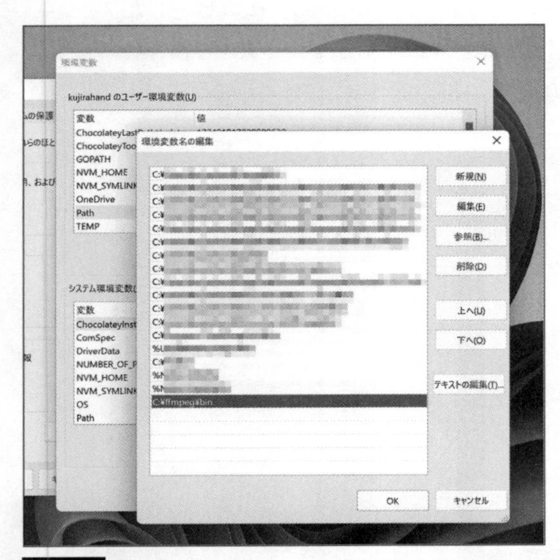

画面 4-21　環境変数 Path に ffmpeg の bin フォルダーを追加する

これで、FFmpegのインストールが完了です。PowerShellを起動して、「ffmpeg」と入力してみてください。次の画面のように、FFmpegの使い方が表示されるなら、うまくパスを通すことができています。ここでFFmpegの使い方が表示されない場合、環境変数の設定が正しく行われていません。改めて手順を確認してみてください。

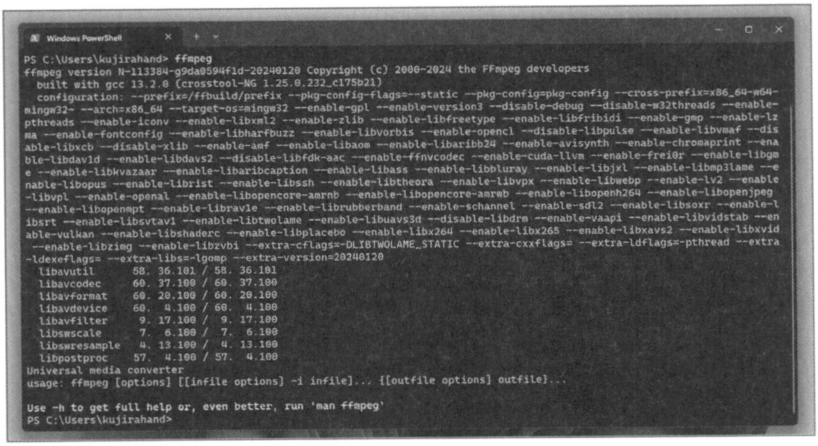

画面 4-22 PowerShell 上で ffmpeg コマンドが使えればインストール成功

動画から音声を抽出するツールを作ろう

インストールが完了したら、まずはじめに動画から音声を抽出するだけのツールを作ってみましょう。

機能を単純にすることで、より使い勝手の良いツールとなることでしょう。次の画像のように、入力元の動画（MP4形式のファイル）と出力先の音声ファイル（MP3形式のファイル）を指定するだけで、音声抽出するツールを作ってみましょう。

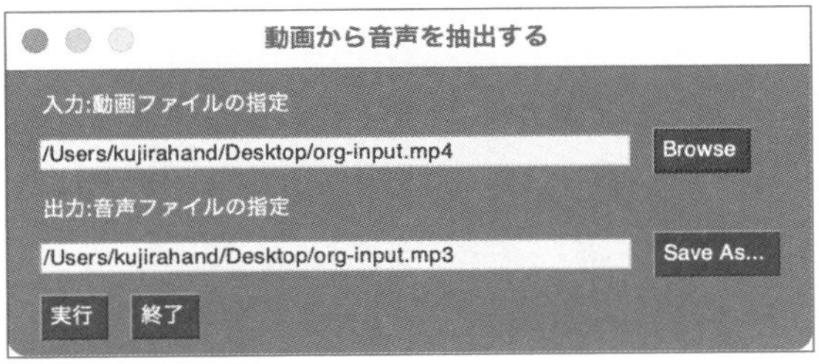

画面 4-23 動画から音声を抽出するツール

FFmpegで動画から音声を抽出する方法

FFmpegを使って、動画から音声を抽出するには、次のようなコマンドを実行します。これは、動画ファイル「input.mp4」を読み込んで、音声ファイル「output.mp3」へ出力する例です。

コマンド

```
$ffmpeg -i input.mp4 -vn -acodec libmp3lame -ab 320k output.mp3
```

ターミナル（WindowsではPowerShell、macOSならターミナル.app）を起動して、コマンドを実行します。本書のサンプルプログラムに「input.mp4」という動画を用意してあるので、これを利用して試してみましょう。

PythonからFFmpegを実行する

コマンドを実行して、うまく「output.mp3」というファイルが作成され、再生できたでしょうか。

コマンドが正しく実行できることを確認したら、次にこれをPythonのプログラムから実行してみましょう。

PythonからFFmpegを実行するには、Subprocessモジュールを利用します。以下はFFmpegのヘルプを表示するだけのプログラムです。

Python のソースリスト　src/ch4/subprocess_test.py

```python
import subprocess
# PythonからFFmpegを実行
subprocess.run(['ffmpeg', '-h'])
```

プログラムを実行するには、ターミナルから下記のコマンドを実行します。

コマンド

```
$ python subprocess_test.py
```

FFmpegがパスに登録してあれば、次の画面のように、FFmpegが実行され、コマンドのヘルプが表示されます。

画面 4-24　FFmpeg のヘルプが表示されたところ

コメントとimportを除けば、わずか1行のプログラムなので、使い方はすぐにわかると思います。「subprocess.run([コマンド, 引数1, 引数2, 引数3,…])」の書式で記述することで、任意のコマンドを実行できます。

動画からMP3オーディオを抽出するプログラム

それでは、GUIのプログラムを作ってみましょう。次のプログラムは、動画から音声を抽出してMP3形式で保存するものです。GUIからFFmpegを実行するので、FFmpegのコマンドを知らなくても、手軽に音声を抽出できます。

Python のソースリスト　src/ch4/video_mp3_extractor.py

```
import PySimpleGUI as sg
# import TkEasyGUI as sg
import subprocess
# FFmpegのパスを指定 —— (※1)
FFMPEG_PATH = "ffmpeg"
# GUI画面を表示する関数を定義 —— (※2)
def show_gui():
    # GUIのレイアウトを定義 —— (※3)
    layout = [
        [sg.Text("入力:動画ファイルの指定")],
        [
            # テキストが変更された時、イベントが発生するようにする —— (※3a)
            sg.Input(key="infile", enable_events=True),
            sg.FileBrowse()
        ],
        [sg.Text("出力:音声ファイルの指定")],
        [sg.Input(key="outfile"), sg.FileSaveAs()],
        [sg.Button("実行"), sg.Button("終了")]
    ]
    win = sg.Window("動画から音声を抽出する", layout)
    # イベントループ —— (※4)
    while True:
        event, values = win.read()
        if event in (None, "終了"):
            break
        if event == "infile":
            # 入力ファイルが指定されたら出力ファイル名を設定 —— (※5)
            if values["infile"]:
                f = values["infile"].replace(".mp4", "") + ".mp3"
```

```
                win["outfile"].update(f)
        if event == "実行":
            # MP3の抽出を実行 —— (※6)
            extract_mp3(values["infile"], values["outfile"])
            sg.popup("処理が完了しました")
    win.close()

# MP3の抽出を行う関数を定義 —— (※7)
def extract_mp3(input_file, output_file):
    subprocess.run([
        FFMPEG_PATH, "-y", "-i", input_file,
        "-vn", "-acodec", "libmp3lame", "-ab", "320k",
        output_file])

if __name__ == "__main__":
    show_gui()
```

プログラムを実行するには、ターミナルを起動して下記のコマンドを実行します。これによって、FFmpegの出力結果をターミナル上で確認できます。

コマンド

```
$ python video_mp3_extractor.py
```

プログラムを実行したら、動画ファイルを指定します。すると出力ファイルが自動的に設定されるのを確認できるでしょう。そして、「実行」ボタンを押すと、FFmpegのコマンドを実行します。

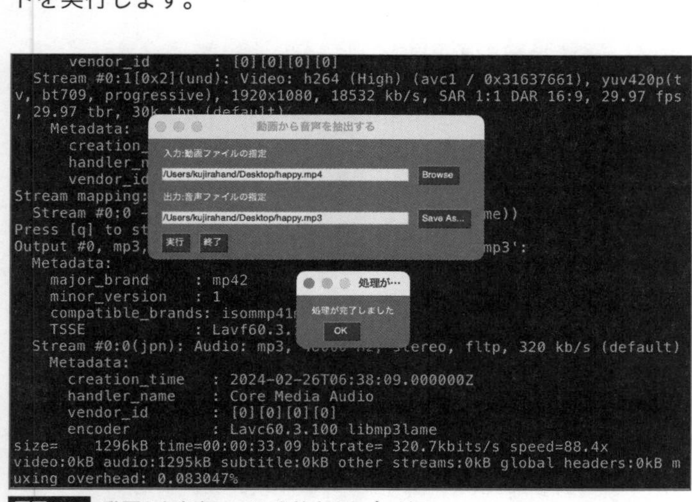

画面4-25 動画から音声ファイルを抽出するプログラム

なお、FFmpegはマルチプラットフォームに対応しているため、MacとWindowsのどちらでも同じプログラムで動かすことができます。

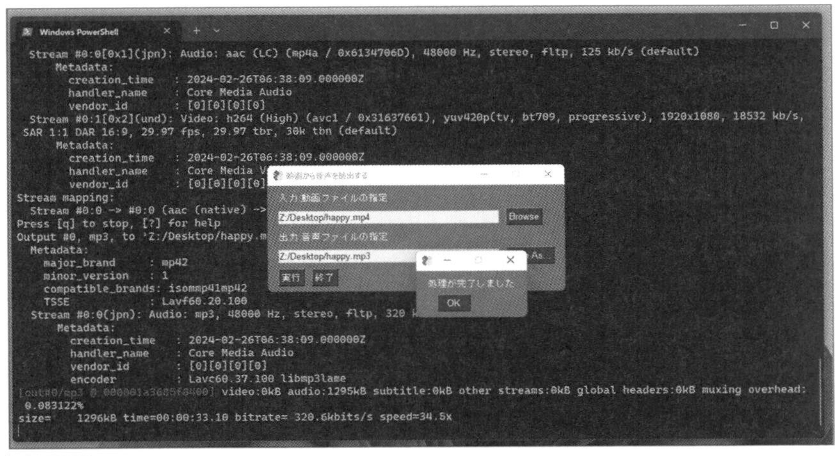

画面 4-26 Windows で実行したところ

プログラムを確認してみましょう。(※1)では、FFmpegのパスを指定します。環境変数PATHにFFmpegのパスを登録している場合、フルパスで指定せず、このままでも大丈夫です。

(※2)ではGUI画面を表示する関数show_guiを定義します。(※3)ではGUIのレイアウトを定義します。ここで注目したいのは(※3a)の部分です。

まず、sg.Input()とsg.FileBrowse()を配置すると、ファイルの選択ダイアログで、ファイルを選択した際、自動的にsg.Inputにファイルパスが設定されます。

そして、sg.Inputの引数を、enable_events=Trueに設定しておくと、入力エディターが変更される度にイベントが発生するようになります。つまり、内容が変更されるごとに、(※4)のイベントループが実行されます。

実際に(※5)の部分で、テキストボックス（keyがinfile）が変更された時の処理を記述します。ここでは、自動的に出力ファイル名を決めて、テキストボックス(keyがoutfile)にMP3のパスを設定します。入力ファイルを選択することで、出力ファイル名が自動的に設定されるなら、とても使い勝手の良いものとなります。(※6)で音声の抽出処理を行います。

(※7)の関数extract_mp3では、FFmpegを実行して、MP3の抽出コマンドを実行します。

動画のサムネイルを作成する

次に、動画からサムネイルを作成するプログラムを作ってみましょう。最初に、FFmpeg

でどのようなコマンドを記述したら良いのかを確認してみましょう。

ターミナルで下記のようなコマンドを入力します。これは、動画ファイル「input.mp4」から「00:00:03（00時00分03秒）」つまり3秒目の画像を「output.png」に保存します。

コマンド
```
$ffmpeg -i input.mp4 -ss 00:00:03 -vframes 1 output.png
```

動画のサムネイルを作成するプログラム

FFmpegのコマンドが正しく実行できることを確認したら、PySimpleGUIでUIを作成しましょう。

今回もFFmpegの出力が確認できるように、ターミナルからPythonのプログラムを実行してみましょう。以下のコマンドを実行します。

コマンド
```
$ python video_thumbnail.py
```

プログラムを実行すると、次の画面のようなウィンドウが起動します。それで、[Browse]ボタンを押して動画を選択しましょう。

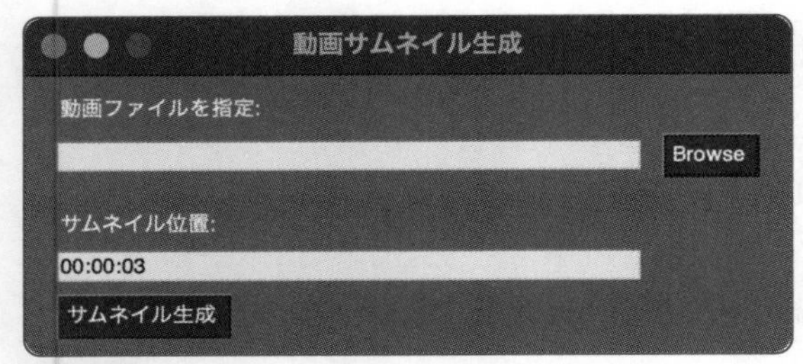

画面4-27 起動したところ - 動画ファイルを選択しよう

すると、次の画面のように、動画からサムネイルが抽出されて画面に表示されます。今回、サムネイル画像の出力ファイル名は「(元ファイル名) _thumb.png」と決め打ちにしてしまいました。

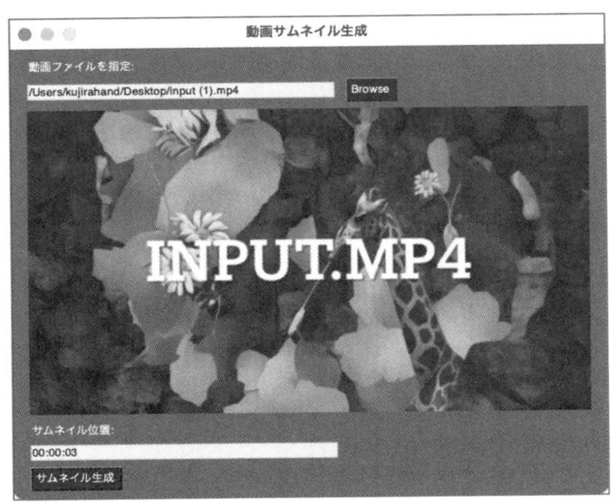

画面 4-28 動画を指定するとサムネイルが作成される

画面下部にある「サムネイル位置:」の入力ボックスに、「00:00:11」のような形式で時間（タイムコード）を入力し「サムネイル作成」ボタンを押すと、その位置でサムネイルを抽出できます。

画面 4-29 サムネイルを作成する位置を指定できる

それでは、プログラムを確認してみましょう。

Python のソースリスト　src/ch4/video_thumbnail.py

```
import PySimpleGUI as sg
# import TkEasyGUI as sg
import PIL.Image as Image
import io
import subprocess
```

```
# FFmpegのパスを指定 ―― (※1)
FFMPEG_PATH = "ffmpeg"

# ウィンドウを表示する関数を定義 ―― (※2)
def show_window():
    # 画面レイアウトを定義 ―― (※3)
    layout = [
        [sg.Text('動画ファイルを指定:')],
        [
            sg.InputText(key="infile", enable_events=True),
            sg.FileBrowse()
        ],
        [sg.Image(key="image")],
        [sg.Text('サムネイル位置:')],
        [sg.InputText(key="time", default_text="00:00:03")],
        [sg.Button('サムネイル生成')]
    ]
    win = sg.Window('動画サムネイル生成', layout)
    # イベントループを記述 ―― (※4)
    while True:
        event, values = win.read()
        if event == sg.WIN_CLOSED:
            break
        # 動画を選択したらサムネイルを抽出 ―― (※5)
        if event == "infile" or event == "サムネイル生成":
            if not values["infile"]:
                continue
            bin = extract_thumb(values["infile"], values["time"])
            win["image"].update(data=bin)
    win.close()

# 動画ファイルからサムネイルを抽出する関数を定義 ―― (※6)
def extract_thumb(video_path, time_str, size=(500, 500)):
    # サムネイルを生成 ―― (※7)
    thumb_path = video_path.replace(".mp4", "") + "_thumb.png"
    subprocess.run([
        FFMPEG_PATH, "-y", "-i", video_path,
        "-ss", time_str, "-vframes", "1", thumb_path
    ])
```

```python
    # プレビュー用に画像を開く ―― (※8)
    img = Image.open(thumb_path)
    img.thumbnail(size=size) # サムネイル作成
    png = io.BytesIO() # 画像をPNG形式に変換して返す
    img.save(png, format="PNG")
    return png.getvalue()

if __name__ == "__main__":
    show_window()
```

プログラムを確認してみましょう。(※1)ではFFmpegのパスを指定します。

(※2)の関数show_windowでは、PySimpleGUIでGUI画面を作成します。

(※3)ではGUI部品を配置してレイアウトを定義します。1つ前のプログラムと同じように、ファイルパスを指定するテキストボックスsg.Inputと、選択ダイアログを表示するボタンsg.FileBrowseを配置しました。そして、sg.InputTextでenable_eventsをTrueに指定することでエディターの内容が書き換わったタイミングでイベントが発生するように指定しました。

(※4)ではイベントループを記述します。(※5)ではファイルが選択したタイミング、あるいは、「サムネイル作成」ボタンを押したタイミングで、動画ファイルからサムネイルを抽出する関数extract_thumbを呼びます。この関数は(※6)で定義しているものです。サムネイルを抽出したら、それをsg.Image(key="image")に表示します。

(※6)では関数extract_thumbを定義します。これは、FFmpegを使って動画ファイルからサムネイルを抽出する関数です。(※7)ではFFmpegを実行してサムネイルを生成します。サムネイルを抽出したら(※8)でファイルに保存したPNG画像を読み出して、プレビュー用の画像を読み出します。

大規模言語モデル(LLM)を活用してFFmpegのコマンドを尋ねよう

ここまで見てきたように、FFmpegのコマンドは、ちょっと複雑です。しかし、大規模言語モデルは、FFmpegのコマンドについてよく知っています。大規模言語モデルにコマンドを作ってもらうことすらできます。

例えば、「input.mp4」から音声「output.wav」をWAV形式で抽出コマンドを作ってもらうプロンプトです。

生成 AI のプロンプト　src/ch4/llm_ffmpeg_command.prompt.txt

```
### 指示:
FFmpegで、動画からWAVファイルを抽出したいです。
FFmpegのコマンドを作成してください。
### 入力動画ファイル:
input.mp4
### 出力音声ファイル:
output.wav
### 備考:
比較的音質をよくしてください。
```

ChatGPT（モデルGPT-3.5）で実行すると下記のように表示されます。作ってもらったコマンドを実行すると、output.wavというWAVファイルが出力されます。

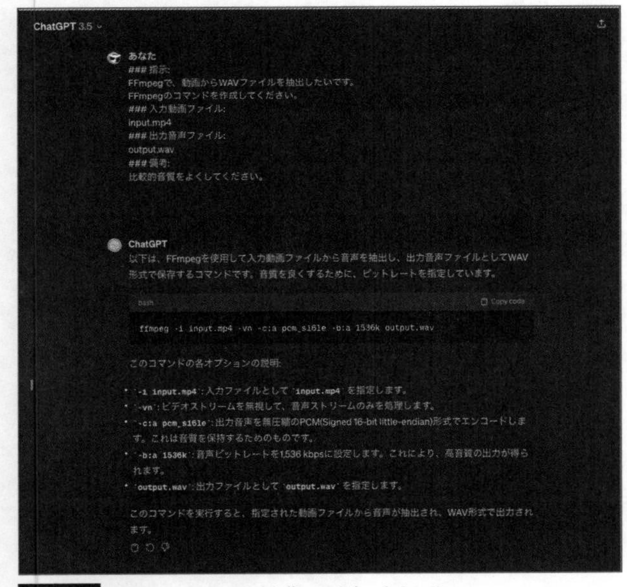

画面 4-30 FFmpeg のコマンドを作ってもらったところ

まとめ

1. FFmpegは豊富な機能を備えた動画・音声ツールだが、ターミナルから使う必要がある
2. PythonからFFmpegを実行できる
3. Subprocess.run関数を使ってPythonから任意のコマンドを実行できる
4. FFmpegを使うと、動画から音声を抽出したり、サムネイルを抽出したりできる

chapter 4

03

動画と音声を無音部分で分割する

長時間の動画ファイルを一定の単位で分割したいという場面はよくあるものです。そこで、動画の無音部分を検出して、動画を分割するツールを作ってみましょう。前節で扱ったFFmpegと音声処理ライブラリーのpydubを使ってみましょう。

ここで学ぶこと

- pydub（音声ライブラリー）
- 無音検出
- 動画分割

動画を無音部分で分割するツールを作ろう

インタビュー動画など、長時間撮影した動画ファイルに対して、編集しやすいようにある単位で分割したいとします。もっとも単純なのは、一定の時間ごと、つまり「5分ごと」のように分割することです。これは簡単にできますが、「どうせなら意味のある単位で分割したい」と思うものです。

そこで、本節では、次のように動画を指定して無音部分で分割するツールを作ってみましょう。

画面 4-31 動画を無音部分で区切って、複数の動画に分割するツールを作ろう

COLUMN

5分ごとに動画を分割する方法

本節では、無音部分で動画を分割する方法を紹介しますが、念のため5分ごとに動画を分割する方法も紹介します。この後紹介するpydubを使う方法もありますが、FFmpegを使うのが最も簡単です。

以下は、FFmpegを使って「input.mp4」という動画を5分ごとに分割して「output_001.mp4」「output_002.mp4」「output_003.mp4」…のようなファイルを出力する例です。

コマンド

```
$ ffmpeg -i input.mp4 -c copy -map 0 -segment_time 00:05:00 -f segment
output_%03d.mp4
```

音声ライブラリー「pydub」

Pythonの音声ライブラリーのpydubパッケージを使うと、音声ファイルを手軽に操作できます。単純なWAVファイルの読み込みだけでなく、MP3ファイルの読み込みもサポートしています。

そして、何より、pydubには無音部分を検出する機能も備わっています。そこで、無音部分を検出する方法や、実際に音声を分割する方法を見ていきましょう。

pydubをインストールしよう

pydubをインストールするには、ターミナルを開いて、下記のコマンドを実行します。

コマンド

```
$ python -m pip install pydub
```

音声ファイルの無音部分を検出して分割しよう

それでは、音声ファイルから無音部分を検出するプログラムを作ってみましょう。ここでは、筆者がサンプル用に作成した動画ファイル「about-python.mp4」から取り出した音声データ「about-python.mp3」を対象にしてみましょう。本書のサンプルに同梱しています。

Pythonのソースリスト　src/ch4/audio_detect_nonsilent.py

```
import os
from pydub import AudioSegment
from pydub.silence import detect_nonsilent

# MP3ファイルの無音部分で分割する関数 ―― (※1)
```

```
def segment_audio_by_silence(audio_file, save_dir):
    # 音声ファイルの読み込み —— (※2)
    audio_segment = AudioSegment.from_file(audio_file)
    # 無音部分の検出 —— (※3)
    min_silence_len = 500  # 無音とみなす最小の長さ (ミリ秒)
    silence_thresh = -60  # 無音とみなす音量の閾値 (dB)
    nonsilent_parts = detect_nonsilent(
        audio_segment,
        min_silence_len=min_silence_len,
        silence_thresh=silence_thresh)
    # 検出結果の表示 —— (※4)
    for p1, p2 in nonsilent_parts:
        print(f'[parts] {msec_to_time(p1)} - {msec_to_time(p2)}')
    # 音声ファイルを分割して保存 —— (※5)
    if not os.path.exists(save_dir): os.mkdir(save_dir)
    last_pos = 0 # 前回の終了位置
    for i, (p1, p2) in enumerate(nonsilent_parts):
        # 部分データを音声ファイルに保存 —— (※6)
        part = audio_segment[last_pos: p2]
        part.export(f'{save_dir}/part_{i:02}.mp3', format="mp3")
        last_pos = p2

# ミリ秒を hh:mm:ss.ms 形式に変換する関数を定義 —— (※7)
def msec_to_time(milliseconds):
    hours, milliseconds = divmod(milliseconds, 3600000)
    minutes, milliseconds = divmod(milliseconds, 60000)
    seconds = milliseconds / 1000
    return f"{int(hours):02d}:{int(minutes):02d}:{seconds:.03f}"

if __name__ == "__main__": # —— (※8)
    mp3_file = "about-python.mp3" # MP3ファイルのパス
    save_dir = "about-python_parts" # 分割したオーディオのパス
    segment_audio_by_silence(mp3_file, save_dir)
```

プログラムを実行してみましょう。ターミナルで下記のコマンドを実行しましょう。

コマンド

```
$ python audio_detect_nonsilent.py
```

次のように、MP3ファイルを無音部分で分割して「about-python_parts」ディレクトリに保存します。

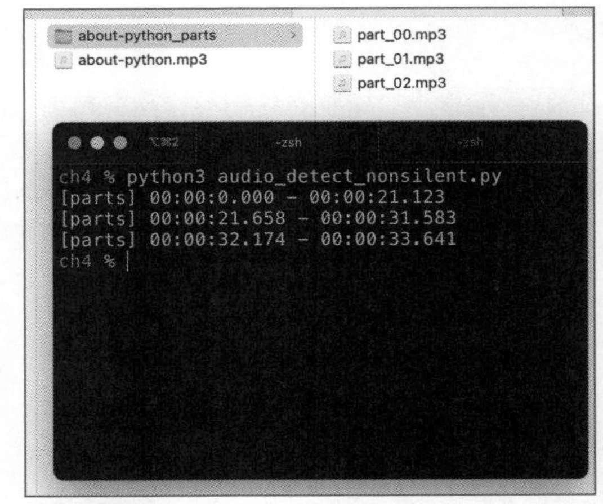

画面 4-32 音声ファイルを無音部分で分割したところ

実際に、MP3ファイルを開いて波形を確認してみましょう。Audacity(※注) などの音声編集ツールで確認すると、無音部分（波が途切れている部分）があることを確認できます。

※注　音声編集ツールのAudacity - https://www.audacityteam.org/

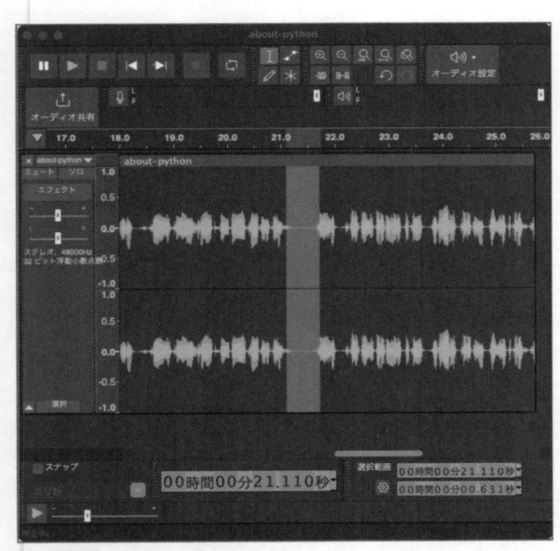

画面 4-33 音声編集ツールなどで音声の波形を確認してみよう - 21 秒付近に無音部分がある

プログラムを確認してみましょう。(※1) では 音声ファイルを無音部分で分割する関数segment_audio_by_silenceを定義します。(※2) では音声ファイルを読み込みます。MP3形式でもWAV形式でも問題なく読み込めます。

(※3) では関数detect_nonsilentを使って音のある部分（無音ではない部分）を検出し

ます。detect_nonsilent関数に与えるパラメーターは、音声データと、無音と見なす最小の長さを表すmin_silence_len、音量のしきい値silence_threshです。そして、結果を(※4)で画面に表示します。このプログラムでp1は音が始まる位置、p2は音が終わる位置を表しています。

(※5)では実際に音声ファイルを切り出して保存する処理を記述します。(※3)で見た通り、関数detect_nonsilentは、音がある位置の開始位置と終了位置を返します。そのため、ここでは音の終了位置を分割点として、前回の終了位置から今回の終了位置までを取り出してexportメソッドでファイルを書き出します。

(※7)ではミリ秒単位の値を「時:分:秒.ミリ秒」の書式に整形する関数を定義します。

(※8)では、対象音声ファイルと保存ディレクトリを指定して、分割処理を実行します。

動画ファイルの無音部分を検出して分割しよう

前節で詳しく紹介した動画ツールのFFmpegを組み合わせることで、動画も無音部分で分割することができます。次のような手順で動画の分割処理を行います。

(1) 動画から音声を抽出する
(2) 音声の無音部分を検出する
(3) 検出した情報を元に、動画を分割する

FFmpegで動画から音声を抽出するコマンドについてはすでに紹介しました。そこで、上記(3)の手順で必要となる動画の一部分を抽出するコマンドを紹介します。

以下のコマンドは、FFmpegで、動画input.mp4の2秒から5秒の間をoutput.mp4に保存するというものです。

コマンド

```
$ ffmpeg -i input.mp4 -ss 00:00:02.000 -to 00:00:05.000 -c copy output.mp4
```

それでは、動画ファイルの無音部分を検出して、動画を分割するプログラムを作ってみましょう。

Python のソースリスト　src/ch4/video_split.py

```
import os
import subprocess
from pydub import AudioSegment
from pydub.silence import detect_nonsilent

# FFmpegのパスを指定 —— (※1)
```

```python
FFMPEG_PATH = 'ffmpeg'
# 無音とみなすパラメーター —— (※2)
min_silence_len = 500 # 無音とみなす最小の長さ (ミリ秒)
silence_thresh = -60  # 無音とみなす音量の閾値 (dB)

# 動画を分割して保存する —— (※3)
def split_video(video_path, output_path):
    # 出力フォルダーがなければ作成
    if not os.path.exists(output_path):
        os.mkdir(output_path)
    # 動画からWAVを抽出する
    aduio_file = video_path.replace('.mp4', '') + '.wav'
    subprocess.run([
        FFMPEG_PATH, '-y', '-i', video_path,
        '-vn', aduio_file])
    # 無音部分を検出する —— (※4)
    pos_list = detect_silent(aduio_file)
    # 分割位置に基づいて動画を分割する —— (※5)
    for i, (start, end) in enumerate(pos_list):
        if end == 0: continue
        # 分割した動画を出力ディレクトリに保存 —— (※6)
        print('-', msec_to_time(start), 'to', msec_to_time(end))
        f = os.path.join(output_path, f'video_{i}.mp4')
        cmd = [
            FFMPEG_PATH, '-y', '-i', video_path,
            '-ss', msec_to_time(start), '-to', msec_to_time(end),
            '-c', 'copy', f]
        subprocess.run(cmd)

# 音声ファイルを走査して無音部分を調べる —— (※7)
def detect_silent(aduio_file):
    # WAVファイルの読み込み —— (※8)
    audio_segment = AudioSegment.from_file(aduio_file)
    # 無音以外の部分を検出 —— (※9)
    nonsilent_parts = detect_nonsilent(
        audio_segment,
        min_silence_len=min_silence_len,
        silence_thresh=silence_thresh)
    # 結果のリストを作成する —— (※10)
    pos_list = []
```

```
    pos_end = 0
    for _, p in nonsilent_parts:
        pos_list.append([pos_end, p])
        pos_end = p
    return pos_list

# ミリ秒を hh:mm:ss.ms 形式に変換する
def msec_to_time(milliseconds):
    hours, milliseconds = divmod(milliseconds, 3600000)
    minutes, milliseconds = divmod(milliseconds, 60000)
    seconds = milliseconds / 1000
    return f"{int(hours):02d}:{int(minutes):02d}:{seconds:.03f}"

if __name__ == '__main__':
    # 動画の分割を実行 —— (※11)
    video_path = 'about-python.mp4'
    output_path = './video_split_parts'
    split_video(video_path, output_path)
```

プログラムを実行してみましょう。ターミナルで以下のコマンドを実行します。

コマンド

```
$ python video_split.py
```

コマンドを実行すると、PythonからFFmpegのコマンドが連続で実行されて、動画が分割されます。

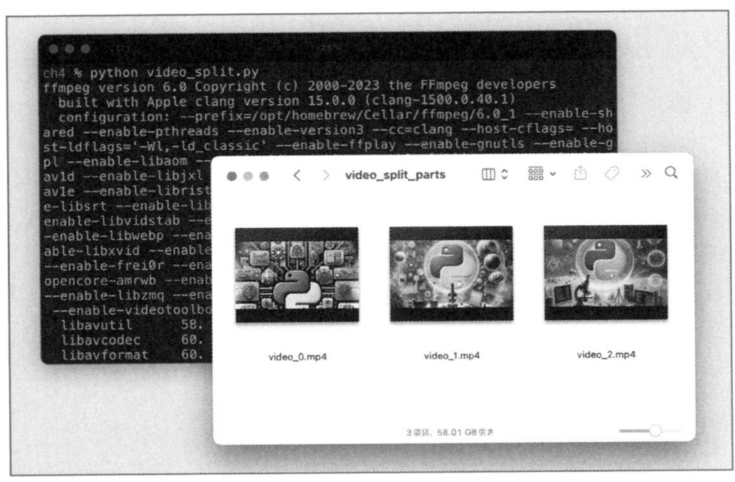

画面 4-34 動画が無音部分で分割されたところ

プログラムを確認してみしょう。(※1) ではFFmpegのパスを指定します。(※2) では無音部分を検出する際のパラメーターを指定します。

(※3) では動画を分割して保存する関数split_videoを定義します。最初に動画からWAVファイルを抽出し、(※4) で無音部分を検出します。(※5) では、その結果に基づいてファイルの分割位置を指定して、(※6) でFFmpegを実行して動画の一部をコピーして保存します。なお、(※6) では出力ファイルのファイル名を決定して、それをFFmpegのコマンドに指定します。「-ss」で開始位置、「-to」で終了位置をコマンドライン引数に与えます。

(※7) の関数detect_silentでは音声ファイルを走査して無音部分を調べます。(※8) では音声ファイルを読み込み、(※9) で無音以外の部分の情報を検出します。(※10) では、一つ前のプログラム「audio_detect_nonsilent」の処理と同じように、ファイルの分割位置を音の途切れる部分にするための処理をします。

(※11) では動画ファイルのパスと、分割した動画の保存ディレクトリを指定して、関数split_videoを呼び出します。

動画分割が手軽に使えるようGUIを作成しよう

無音部分で動画分割を行うプログラムを作成しましたので、上記のプログラムをモジュールとして利用しつつ、GUIで動画分割が実行できるようにしてみましょう。

次のようなプログラムになります。

Python のソースリスト | src/ch4/video_split_gui.py

```
import PySimpleGUI as sg
# import TkEasyGUI as sg
import video_split

# ウィンドウを表示する関数を定義 ―― (※1)
def show_window():
    # 無音分割に関するオプションを指定 ―― (※2)
    options = [
        [
            sg.Text('無音最小長(ミリ秒)'),
            sg.InputText('500', key='min_silence_len'),
        ],
        [
            sg.Text('無音のしきい値(dB)'),
            sg.InputText('-60', key='silence_thresh'),
        ]
    ]
```

```
    # ウィンドウ全体のレイアウトを作成 ―― (※3)
    layout = [
        [sg.Text('対象となる動画ファイルを選択してください')],
        [
            sg.InputText(key='infile', enable_events=True),
            sg.FileBrowse()
        ],
        [sg.Text('保存先フォルダーを選択してください')],
        [sg.InputText(key='outpath'), sg.FolderBrowse()],
        # オプションを指定 ―― (※4)
        [sg.Frame('無音認識オプション', options)],
        [sg.Button('実行')]
    ]
    win = sg.Window('無音で動画分割ツール', layout)
    # イベントループ ―― (※5)
    while True:
        event, values = win.read()
        if event == sg.WIN_CLOSED: # ウィンドウを閉じた時ループを抜ける
            break
        if event == '実行':
            # 実行ボタンが押された時の処理 ―― (※6)
            video_path = values['infile']
            output_path = values['outpath']
            if output_path == '':
                sg.popup('保存先フォルダーを選択してください')
                continue
            # オプションを指定して動画分割実行 ―― (※7)
            video_split.min_silence_len = int(values['min_silence_len'])
            video_split.silence_thresh = int(values['silence_thresh'])
            video_split.split_video(video_path, output_path)
        if event == 'infile':
            # 入力ファイルから出力フォルダーを自動設定 ―― (※8)
            video_path = values['infile']
            output_path = video_path.replace('.mp4', '') + '_parts'
            win['outpath'].update(output_path)
    win.close()

if __name__ == '__main__':
    show_window()
```

chapter 4 画像/動画/音声を扱うツールを作ろう

プログラムを実行するには、ターミナルから下記のコマンドを実行します。ただし、このプログラムは、先ほど作成したプログラム「video_split_gui.py」をモジュールとして利用するため、同じディレクトリにコピーしてから実行しましょう。

コマンド

```
$ python3 video_split_gui.py
```

プログラムを実行すると下記のように、対象となる動画の指定と、保存先フォルダーの指定を行って「実行」ボタンを押すと、無音部分で動画を分割します。オプションを指定できるようにしているので、うまく分割できない時は、気軽にオプションを変更して試すことができます。

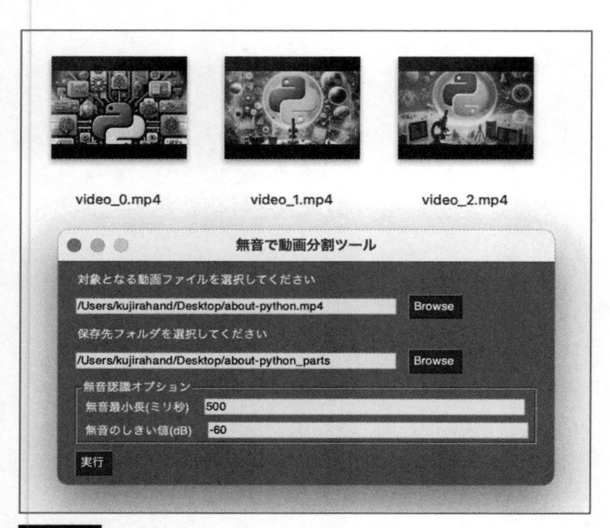

画面 4-35　無音分割ツールに GUI を用意したもの

プログラムを確認してみましょう。(※1) ではウィンドウを表示する関数show_windowを定義します。

(※2) では無音分割に関するオプションを指定するsg.InputTextを2つのラベル付きで定義します。このオプションは、変数layoutの中でsg.Frameの中にはめ込みます。値が取れるように、key引数を指定して値が参照できるようにしておきます。

(※3) ではウィンドウ全体のレイアウトを作成します。このプログラムで初めてできてきたのは、(※4) のsg.Frameです。これは、枠付きのフレームを作成し、その中に任意のGUI部品をはめ込むことができるようにするものです。オプションなど関連のある部品をまとめるのに役立ちます。

(※5) ではイベントループを記述します。(※6) では実行ボタンが押された時の処理を記述します。保存先フォルダーが空であれば、その旨をポップアップ表示します。(※7)では指定されたオプションを指定して、split_video関数を呼び出します。

(※8)では入力ファイルが指定されたら、そこから自動的に出力ディレクトリを指定するようにします。

memo

「実行」ボタンを押した後、ウィンドウがフリーズする？！

プログラムを実行して、動画を指定して「実行」ボタンを押すと、無音分割処理が始まります。ただし、長時間の動画を分割する場合には、処理が完了まで長い時間がかかります。その際、ウィンドウが無反応になってしまいます。この問題に対処するために、並列処理（スレッド）を導入することができます。4章4節にて詳しく解説します。

大規模言語モデル(LLM)をどう活用する？ 実践的な情報を得る

大規模言語モデルに曖昧な質問をすると、実際に役立たない回答を返すことがよくあります。そのため、より具体的なヒントを与える必要があります。

例えば、次のような漠然とした質問プロンプトを与えると、どうなるでしょうか。

```
###指示:
長時間の動画を、5分ごとに分割したいのですが、どうしたら良いですか？
```

すると、ChatGPT（モデルGPT-4）は、ビデオ編集ソフトウェアの使用（Adobe Premiere Pro、Final Cut Proなど）を使うようにと提案してきました。

そこで、質問に関連した自身のスキルを「背景情報」として追加してみました。

生成AIのプロンプト　src/ch4/llm_how_to_split_video.prompt.txt

```
###質問:
長時間の動画を、5分ごとに分割したいのですが、どうしたら良いですか？
###背景情報:
私は、macOSを利用しており、Pythonのプログラミングができます。
ターミナルを開いてコマンドを実行することも得意です。
```

macOSでHomebrewを利用して、ffmpegをインストールし、下記のコマンドを実行するようにと具体的なアドバイスを得ることができました。以下は、FFmpegで動画を5分ごとに分割するコマンドです。「input.mp4」を読み取って、「parts_001.mp4」「parts_002.mp4」…の動画を出力します。

コマンド

```
$ ffmpeg -i input.mp4 -c copy -map 0 -reset_timestamps 1 \
    -segment_time 00:05:00 -f segment parts_%03d.mp4
```

大規模言語モデルは、質問の持つ空気すら読んで回答できますが、フワッとした質問に対しては、フワッとした回答を返します。そのため、できるだけ実際的な回答を得るために、必要となるスキルを示したり、関連する技術情報を含めたりする必要があります。

まとめ

1. 動画を無音部分で分割するには、最初に動画から音声を取り出して、無音検出を行う
2. 音声処理には、pydubを使うと便利
3. pydubのdetect_nonsilent関数を使うと、無音でない部分の開始位置と終了位置のリストを得ることができる
4. PySimpleGUIのsg.Frameを使うとGUI部品を枠で囲ったグループとして表示できる

chapter 4

04 画像をOCRしてクリップボードと連携するツールを作ろう

OCRとは画像の中にある文字をテキストデータとして認識する画像処理のことです。Pythonには、OCRが簡単にできるライブラリーEasyOCRがあります。これを使ったクリップボード連携ツールを作ってみましょう。

ここで学ぶこと

- 光学式文字認識 / OCR（Optical Character Recognition）
- EasyOCR
- クリップボード
- 並列処理
- スレッド / Thread

画像のテキストをクリップボードにコピーするツールを作ろう

本節では、OCR処理のプログラムを作ってみましょう。次のように画像を選択すると、画像内に書かれているテキストを読み取って、クリップボードにコピーするプログラムを作ります。

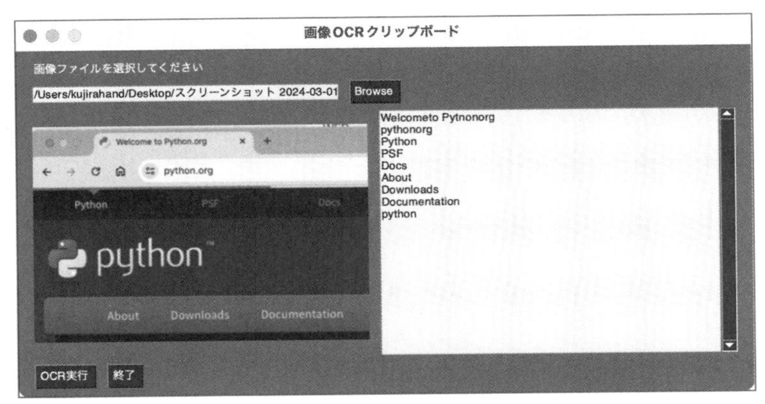

画面 4-36 手軽に画像を選択して使えるOCRアプリを作ろう

OCRの仕組みは？

OCR（Optical Character Recognition＝光学式文字認識）とは、画像データの中から文字を自動で識別し、編集可能なテキストデータに変換する機能のことです。

PNGやJPEG、BMPといった画像データは、小さな点の集合なので、その画像に人間が読める文字があったとしても、直接それをテキストデータとして読み取ることはできません。そこで、OCRを利用することで、画像の中のパターンを認識して文字認識を行うことができます。これを実現するために、多くのライブラリーは、機械学習（深層学習）を活用した画像認識を行います。

Pythonから日本語が利用できる有名なOCRライブラリーには以下の3つがあります。

Tesseract --- GoogleがオープンソースでC提供するOCR
PaddleOCR --- 多言語対応のOCR。深層学習エンジンにPaddlePaddleを利用している
EasyOCR --- 多言語対応のOCR。深層学習エンジンにPyToarch、テキスト検出にCRAFTを利用している

どのOCRエンジンを使うのもそれほど難しくありません。今回は、上記よりEasyOCRを利用してみましょう。

EasyOCRのインストール

まずは、EasyOCRをインストールしましょう。ターミナルを起動して、下記のコマンドを実行しましょう。

コマンド

```
$ python -m pip install easyocr
```

このコマンドでインストールされるのは、ライブラリーのみです。実際にOCRを処理するには、文字認識のためのモデルが必要になります。ただし、モデルは、OCR処理の初回実行時に自動ダウンロードされる仕組みになっています。なぜなら、モデルが定期的にアップデートされているからです。

一番簡単なOCRのサンプル

それでは、OCRの短いプログラムを作って試してみましょう。このために、次のような画像「shop.png」を用意しました（本書のサンプルプログラムに同梱しています）。お店の大きな看板の中に、店主からのメッセージが書いてあるというイラストです。この看板に書かれたメッセージを読み取ることができるでしょうか。

画面 4-37　メッセージが書かれたお店の看板のイラスト

EasyOCRを使って、画像の中のテキストを抽出するプログラムは次の通りです。

Python のソースリスト　src/ch4/ocr_test.py

```
import easyocr

# 日本語と英語のテキストを読み取るオブジェクトを作成 ―― (※1)
reader = easyocr.Reader(["ja", "en"])
# 画像ファイルを指定してテキストを読み取る ―― (※2)
result = reader.readtext("shop.png")
# 読み取った内容を表示 ―― (※3)
for data in result:
    # 座標, テキスト, 信頼度が取得できる ―― (※4)
    _position, text, con = data
    print(f"[{text}](信頼度:{con:.2f})")
```

プログラムを実行するには、ターミナルを起動して、以下のコマンドを実行しましょう。その際、画像「shop.png」をプログラムと同じディレクトリに配置してください。

コマンド

```
$ python ocr_test.py
```

すでに述べたように、初回の実行時には、言語ごとのモデルをダウンロードする必要があるので実行に時間がかかります。モデルのダウンロードが完了すると、下記のように読み取ったテキストと信頼度が表示されます。全ての文字を正しく読み取ることができました。

コマンド

```
実行結果
[今日の一言](信頼度:1.00)
[自分の口と舌を見張っている人は](信頼度:0.96)
[面倒なことから身を](信頼度:0.99)
[守っている。](信頼度:0.98)
```

プログラムを確認してみましょう。(※1)では日本語（ja）と英語（en）の言語コードを引数に与えて、EasyOCRのオブジェクトを作成します。

(※2)では、画像ファイルを指定してテキストを読み取ります。深層学習を利用して文字認識を行うため、マシンの性能に応じて読み取りにかかる時間が変わります。数回実行してみたところ、筆者の所持しているMacbook Pro M1（2020年発売）ではだいたい7秒ほどかかりました。OCRにはそれなりに時間がかかることが分かるでしょう。

(※3)では、読み取ったテキスト情報を1つずつ表示します。(※4)を見ると分かりますが、EasyOCRでは、座標（4点）とテキスト、信頼度の情報をリスト型で得ることができます。

OCRは完璧ではない

しかし、似たようなイラスト画像に対して文字認識を行ったとしても、いつもうまく行くわけではありません。例えば、次のような画像を同じプログラムで読み取ってみましょう。

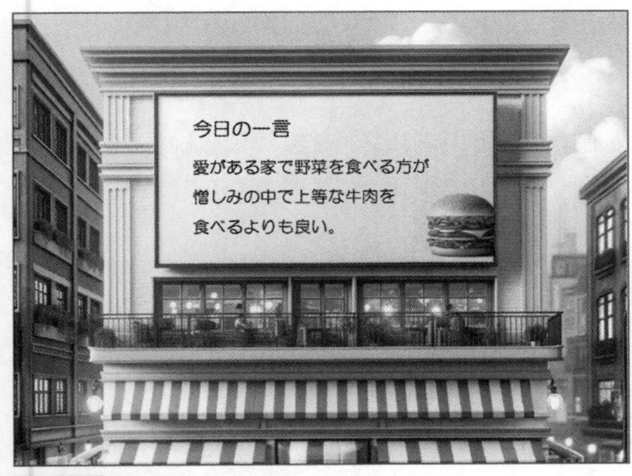

画面 4-38　別のメッセージが書かれた看板のイラスト

画像を読み取ると、次のようなテキストが出力されました。

コマンド

```
実行結果
[今日の一言](信頼度:1.00)
[愛がある家で野菜を食べる方が](信頼度:0.75)
[僧しみの中で上等な牛肉を](信頼度:0.54)
[食べるよりも良い。](信頼度:0.96)
```

画像と文字認識したデータを比べてみましょう。残念なことに「憎しみ」の部分が「僧しみ」と間違っています。信頼度を確認すると0.54となっており、OCR処理でも迷っていたことが分かります。このように、OCRで読み取ったテキストは完全ではありません。それでも、だいたいの文字は正確に読み取れていました。

領収書に書かれた金額を読み取ろう

続いて、次のような領収書はどうでしょうか。領収書に書かれている文字情報の中から、金額の情報だけを読み取りたい場合にはどうしたら良いでしょうか。

画面 4-39　豪華なお店の領収書

便利なことに、EasyOCRではテキストと認識した場所の座標データを取得できます。上記の領収書画像「receipt.png」から金額情報を取り出しましょう。

次のようなプログラムを用いて、金額を特定できます。

Python のソースリスト　src/ch4/ocr_receipt.py

```python
import re
from PIL import Image
import easyocr
```

```
# 対象画像ファイル ―― (※1)
image_path = "receipt.png"
# 画像サイズからだいたいの位置を考慮 ―― (※2)
(w, h) = Image.open(image_path).size
x_range = (1/3 * w, 2/3 * w)
y_range = (0/3 * h, 1/3 * h)
print("画像サイズ:", (w, h))
print("検索範囲:", x_range, y_range)

# EasyOCRのオブジェクトを作成して読み取る ―― (※3)
reader = easyocr.Reader(["ja", "en"])
result = reader.readtext(image_path)
# 読み取った内容から金額を検索 ―― (※4)
for data in result:
    # 座標, テキスト, 信頼度が取得できる ―― (※5)
    pos, text, con = data
    # pos[0](左上)とpos[1](右下)の中央を計算 ―― (※6)
    cx = (pos[0][0] + pos[2][0]) / 2
    cy = (pos[0][1] + pos[2][1]) / 2
    # 検索範囲にあるテキストだけを表示 ―― (※7)
    if x_range[0] < cx < x_range[1] and \
       y_range[0] < cy < y_range[1]:
        # 数字があることを確認 ―― (※8)
        if re.search(r"[0-9]", text):
            print(f"金額: {text} (信頼度:{con:.2f})")
```

画像ファイル「receipt.png」をプログラムと同じディレクトリに配置した上で、ターミナルからプログラムを実行してみましょう。下記のコマンドを実行しましょう。

コマンド

```
$ python ocr_receipt.py
```

実行すると、下記のように表示されます。円マーク「¥」が漢字の「半」に変わってしまいましたが、金額自体は正しく認識できました。

実行結果

```
画像サイズ: (1956, 1098)
検索範囲: [652.0, 1304.0] [0.0, 366.0]
金額: 半 503,2540- (信頼度:0.50)
```

このプログラムでは、画像をだいたい縦横に3分割した時、中央上部に金額があることを前提にして金額を取得します。

プログラムの(※1)では画像ファイルのパスを指定します。(※2)では画像サイズを調べて、だいたいどの範囲にあるのかを、変数x_rangeとy_rangeに代入します。

(※3)では、EasyOCRを利用して画像の読み取りを行います。そして、(※4)以降で読み取った内容から、金額の書かれたテキストを検索します。

(※5)で座標やテキスト、信頼性の情報を得ます。(※6)では4点の座標情報から中央座標を計算して変数（cx, cy）に代入します。なお、テキストの座標リストは、左上から時計回りに、（左上，右上，右下，左下）の順番で入っています。そのため、左上pos[0]と右下pos[2]の座標を足して2で割れば中央の座標を求められます。

そして、(※7)で、認識したテキストが検索範囲内にあるかを確認し、さらに(※8)ではテキストの中に数字が含まれるかを確認して、条件に合致するものがあれば、金額として出力します。

画像内のテキストを読み取ってクリップボードにコピーしよう

画像を選択するとOCRを行い、結果をクリップボードにコピーするプログラムを作ってみましょう。次のようなプログラムになります。

Python のソースリスト　src/ch4/ocr_gui.py

```
import io
from PIL import Image
import PySimpleGUI as sg
# import TkEasyGUI as sg
import pyperclip
import easyocr

# ウィンドウを表示する関数を定義 ―― (※1)
def show_window():
    # レイアウトを作成 ―― (※2)
    layout = [
        [sg.Text("画像ファイルを選択してください")],
        [sg.Input(key="infile", enable_events=True), sg.FileBrowse()],
        [ # 左側に画像、右側にOCR結果表示用エディター ―― (※2a)
            sg.Image(key="image", size=(300, 200)),
            sg.Multiline(key="result", size=(50, 20))
        ],
        [sg.Button("OCR実行",key="ocr_exec"), sg.Button("終了")]
```

```
    ]
    # ウィンドウを作成 ── (※3)
    win = sg.Window("画像OCRクリップボード", layout)
    # イベントループ ── (※4)
    while True:
        event, values = win.read()
        if event in (None, "終了"):
            break
        # 画像ファイルを選択した時 ── (※5)
        if event == "infile":
            win["image"].update(load_image(values["infile"]))
        # OCR実行ボタンを押した時 ── (※6)
        elif event == "ocr_exec":
            # OCR実行
            text = ocr_image(values["infile"], win)
            win["result"].update(text)
            pyperclip.copy(text)
            sg.popup("OCR結果をクリップボードにコピーしました")

def ocr_image(image_path, win):
    # EasyOCRのオブジェクトを作成して読み取る ── (※7)
    reader = easyocr.Reader(["ja", "en"])
    result = reader.readtext(image_path, detail=0)
    return "\n".join(result)

# 画像をPNG形式に変換してバイナリーで返す関数
def load_image(image_path, size=(300, 300)):
    img = Image.open(image_path)
    img.thumbnail(size=size)
    # 画像をPNG形式に変換
    png = io.BytesIO()
    img.save(png, format="PNG")
    return png.getvalue()

if __name__ == "__main__":
    show_window()
```

プログラムを実行するには、IDLEなどでファイルを読み込んで実行します。

プログラムを実行してから、[Browse]ボタンを押して画像ファイルを選択すると、画面に画像が読み込まれます。正しい画像であることを確認したら[OCR実行]ボタンを押します。すると、OCR処理が行われて、画面右側に読み取ったテキストが表示されます。

OCRの実行には時間が掛かるため、その間、ウィンドウ内がフリーズしてしまいます。この問題はこの後、修正方法を紹介します。

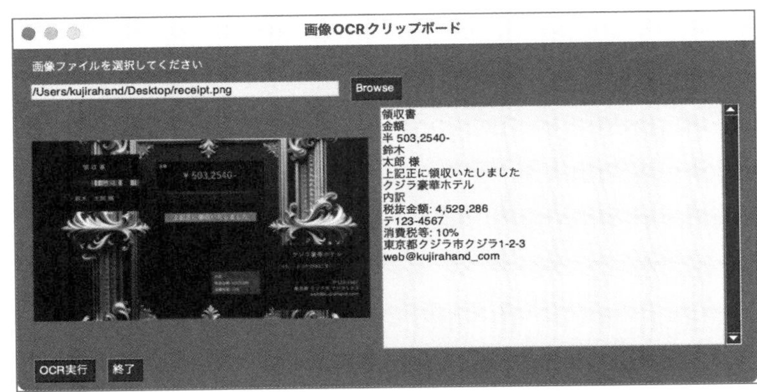

画面4-40 画像内のテキストを読み取るアプリの画面

プログラムを確認してみましょう。(※1)ではウィンドウを表示する関数show_windowを定義します。ここで、(※2)では各種のGUI部品を配置します。(※2a)では左側に画像の表示エリア、右側にOCR結果を表示するテキストエディター（sg. Multiline）を配置します。

(※3)ではウィンドウを作成します。(※4)ではイベントループを記述します。(※5)では画像ファイルを選択した時、ウィンドウ内のsg.Image(key="image")に画像を読み込みます。

(※6)ではOCR実行ボタンを押した時の処理を記述します。OCR処理をして、結果のテキストをテキストエディターに表示します。その際、クリップボードにテキストを設定して、その旨のメッセージをポップアップします。

(※7)ではOCR処理をします。readtextメソッドに引数detail=0を与えると、座標や信頼度の情報ではなく、テキストデータのリストを返します。

スレッドを利用して画面フリーズを回避しよう

先ほど作成したプログラム「ocr_gui.py」では、「OCR実行」ボタンをクリックするとOCR処理が終わるまで、ウィンドウがフリーズして無反応になってしまうという問題がありました。

これは、PySimpleGUIのUIイベントモデルが、単一のスレッドで実行される事に起因しています。単一スレッド内でイベントが実行されるので、その間、その他のウィンドウの操作がロックされてしまうのです。

これを回避するには、スレッド(Thread)を利用して、並列処理を実現し、時間がかかる処理を別スレッドで実行するようにすれば良いのです。

簡単にスレッドの利用方法を確認してみましょう。以下のプログラムは、スレッドの利用法を確認するものです。5つのスレッドを作成して、そのスレッドが終わるまで待機して、最終的に「全ての仕事が終わりました」と表示します。

Python のソースリスト　src/ch4/thread_test.py

```
import time
from threading import Thread

# 仕事をする関数 —— (※1)
def do_work(no):
    print(f">>> 仕事{no}を始めます")
    time.sleep(1)
    print(f"<<< 仕事{no}が終わりました")

# 仕事を並列で実行 —— (※2)
jobs = []
for i in range(5):
    # スレッドを作成 —— (※3)
    job = Thread(target=do_work, args=(i,))
    # スレッドを開始
    job.start()
    jobs.append(job)
    time.sleep(0.5)
# 仕事が終わるまで待つ —— (※4)
for job in jobs:
    job.join() # 仕事の終了を待つ
print("--- 全ての仕事が終わりました")
```

ターミナルで、プログラムを実行してみましょう。すると下記のように実行結果が表示されます。

コマンド

```
$ python3 thread_test.py
>>> 仕事0を始めます
```

```
>>> 仕事1を始めます
<<< 仕事0が終わりました
>>> 仕事2を始めます
<<< 仕事1が終わりました
>>> 仕事3を始めます
<<< 仕事2が終わりました
>>> 仕事4を始めます
<<< 仕事3が終わりました
<<< 仕事4が終わりました
--- 全ての仕事が終わりました
```

注目したいのは、for文で仕事を5つ（仕事0から仕事4まで）を0.5秒間隔で実行しているのですが、仕事は並列処理のスレッドで実行されるので、それぞれの仕事の開始と終了の順番が入り乱れるという点です。

一般的に、Pythonのプログラムは、上から順番に実行されるものですが、スレッドで並列処理を行うなら、複数の処理を同時に実行することができるのです。

プログラムを確認してみましょう。(※1)ではスレッドで実行される関数do_workを定義します。スレッドで実行したい処理は関数として定義するだけです。

(※2)では、for文を利用して複数のスレッドを実行します。(※3)のThreadでスレッドオブジェクトを作成し、startメソッドでスレッドを実行します。Threadオブジェクトの生成時にはargs引数を与えてスレッドに与える引数を指定できます。

(※4)では全てのスレッドの仕事が終わるまで待機します。joinメソッドを実行することで、スレッドの終了を待つことができます。

OCR処理を並列処理するようにプログラムを改良しよう

並列処理を覚えたので、これを利用して、OCR処理でウィンドウがフリーズしないように改良してみましょう。

Python のソースリスト　src/ch4/ocr_gui_thread.py

```
import io
from queue import Queue
from threading import Thread
from PIL import Image
import pyperclip
import easyocr
import PySimpleGUI as sg
# import TkEasyGUI as sg
```

chapter 4　画像/動画/音声を扱うツールを作ろう

```
# 並列処理でイベントデータを保持するキューを作成 —— (※1)
ui_que = Queue()

# ウィンドウを表示する関数を定義
def show_window():
    layout = [
        [sg.Text('画像ファイルを選択してください')],
        [sg.Input(key='infile', enable_events=True), sg.FileBrowse()],
        [
            sg.Image(key='image'),
            sg.Multiline(key='result', size=(50, 20))
        ],
        [sg.Button('OCR実行',key="ocr_exec"), sg.Button('終了')]
    ]
    win = sg.Window('画像OCRクリップボード', layout)
    # イベントループ
    while True:
        # イベントループが処理がブロックしないようタイムアウトを指定 —— (※2)
        event, values = win.read(timeout=100, timeout_key="-TIMEOUT-")
        if event in (None, '終了'):
            break
        # ファイルを選択した時 —— (※3)
        if event == "infile":
            image_job = Thread(target=load_image, args=(values['infile'],))
            image_job.start()
            ocr_thread_start(values['infile'], win)
        # OCR実行ボタンを押した時 —— (※4)
        elif event == 'ocr_exec':
            ocr_thread_start(values['infile'], win)
        # タイムアウトした時 —— (※5)
        elif event == '-TIMEOUT-':
            # キューからイベントを取得してUIを更新 —— (※6)
            try:
                ui_event, ui_data = ui_que.get_nowait()
            except:
                ui_event, ui_data = None, None
            # 画像の読み込みが完了した時 —— (※7)
            if ui_event == "image_loaded":
                win["image"].update(data=ui_data)
            # OCR処理が完了した時 —— (※8)
```

```
            elif ui_event == "ocr_done":
                # OCR実行ボタンが押せるように変更
                win["ocr_exec"].update(disabled=False)
                # 結果をテキストボックスに表示
                win["result"].update(ui_data)
                # 結果をクリップボードにコピー
                pyperclip.copy(ui_data)
                sg.popup_notify("OCR結果をクリップボードにコピーしました")

# OCR処理をスレッドで開始する —— (※9)
def ocr_thread_start(image_path, win):
    # OCR処理を実行するスレッドを作成
    win["result"].update("現在OCR処理中です...")
    # OCR実行ボタンを連続で押せないようにロック
    win["ocr_exec"].update(disabled=True)
    # OCR処理を実行
    ocr_job = Thread(target=ocr_image, args=(image_path,))
    ocr_job.start()

# OCR処理を実行する関数 —— (※10)
def ocr_image(image_path):
    # EasyOCRのオブジェクトを作成して読み取る
    reader = easyocr.Reader(["ja", "en"])
    result = reader.readtext(image_path, detail=0)
    text = "\n".join(result)
    ui_que.put(("ocr_done", text))

# 並列処理で利用して、画像を読み込む関数 —— (※11)
def load_image(image_path):
    # 画像をバイナリーで読み取る
    img = Image.open(image_path)
    img.thumbnail(size=(300, 300))
    png = io.BytesIO()
    img.save(png, format="PNG")
    ui_que.put(("image_loaded", png.getvalue()))

if __name__ == "__main__":
    show_window()
```

プログラムを実行するには、IDLEでプログラムを読み込んで実行しましょう。[Browse]ボタンで画像ファイルを読み込むと、画面に画像が読み込まれ、即時にOCR処理が開始されます。OCR処理が完了すると結果が画面右側のテキストボックスに表示され、クリップボードにコピーされます。

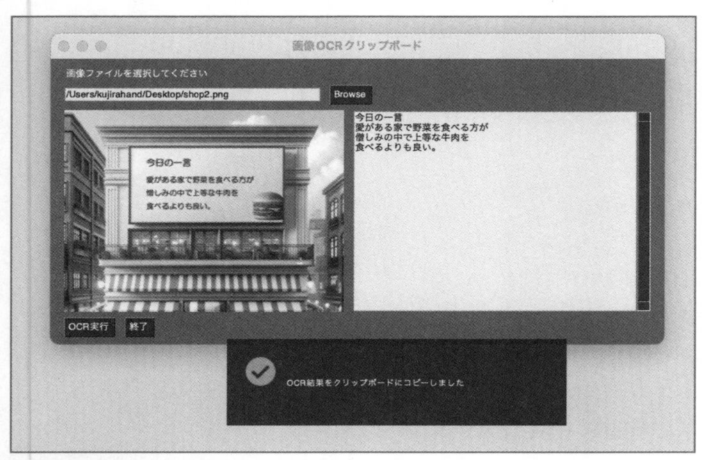

画面4-41 並列処理で操作がスムーズになったOCRアプリ

並列処理を導入したので、画像の読み込みと、OCR処理を同時に実行することができるようになりました。このプログラムは、OCRを行う専用のものです。そのため、画像を選んですぐにOCR処理が開始される方が、ユーザーの手間が省けることでしょう。

プログラムを確認してみましょう。(※1)では、並列処理でイベントデータを保持するキューオブジェクトを作成します。

「キュー（que)」というのは、データの入出力の順番を制御するデータ構造です。お店の順番待ちと同じで、データを追加するときは、最後尾に追加されますが、データを取り出す時には先頭のものを取り出します。

並列処理を使うとイベント処理の順番が複雑になります。そこで、OCR処理や画像の読み込みなどのイベントが終了したタイミングでキューに入れておきます。そして、後ほど、PySimpleGUIのウィンドウイベントがアイドル状態になったタイミング(※5)で、イベントを順番に処理できるようにします。イベント処理の流れについては、この後で解説しています。

(※2)では、イベントループの中で、イベントとデータを読み取ります。ただし、この部分でイベントループが処理をロックしないように、timeout引数を与えて、タイムアウトイベントが発生するように指定します。

(※3)ではファイルを選択した時に、画像読み込みスレッドを開始します。同時に、OCR処理も実行します。画面表示処理と、OCR処理を並列して実行するため、待ち時間が短くなり、ユーザーが「OCR実行」ボタンを押す手間が省けます。

(※4)ではOCRボタンが明示的に押された時の処理を記述します。

(※5)では、イベントがタイムアウトした時の処理を記述します。ここ(※6)のタイミングで、変数ui_queに入っているイベントを1つずつ取り出して処理します。get_nowaitメソッドを読んだ時、キューが空の時に例外が発生するので、try ... exceptで例外を捕捉します。

(※7)では画像の読み込みが完了した時に、ウィンドウのimageに画像データを設定します。(※8)ではOCR処理が完了した時に、結果をテキストボックスに表示して、クリップボードにコピーしています。

(※9)ではOCR処理を並列処理で実行する関数を定義します。OCR処理をスレッドで実行しますが、連続で「OCR実行」が押せないように、ボタンにdisabled=Trueを適用してから、スレッドを実行します。スレッドが開始されると(※10)の関数ocr_imageが実行されます。そして、スレッドで実行する(※10)では、実際にOCR処理を行って、実行結果を変数ui_queに追加します。

(※11)では、スレッドで実行される関数load_imageを定義します。ここでは、画像を読み込みバイナリーに変換します。実行結果は変数ui_queに追加します。ui_queに入れたイベントデータは、タイムアウトイベント時(※6)に実行されます。

並列処理の弊害 - 資源の競合について知ろう

上記のプログラムにおいて、OCR処理の実行など、イベントループ内で時間のかかる処理を実行するとUIがフリーズしてしまうのを防ぐため、スレッドを生成して並列処理を行うようにします。これによって、UIのフリーズを防ぐことができます。

しかし、並列処理は便利なのですが、資源の競合という問題を考える必要があります。と言うのも、先ほど見たように、スレッドを使うと、プログラムが上から下に流れるだけでなく、実行順序が前後することになります。

例えば、スレッドAがファイルを書き込んでいる最中に、別のスレッドBが同じファイルに別のデータを書き込んでしまい、結果的にファイルの内容を破壊してしまうという事が起きかねません。そのため、スレッドAが処理している間は、スレッドBの実行を待ってもらうという排他処理を行う必要があります。

イベント処理の流れを整理しよう

こうした問題を避けるために、今回のプログラムでは、ui_queというキュー構造のデータを用いて、イベントの実行順序を整理しているのです。

以下の図は、イベントの流れを図で整理したものです。メインウィンドウで、OCR実行ボタンが押された時など、並列処理を実行しますが、スレッド内の処理が完了した際には、直接メインスレッドにその旨を反映するのではなく、一度、キュー(ui_que)にイベントを追加します。そして、イベントループ内に何もイベントがなく、タイムアウトしたタイミングでキューからイベントを取り出して処理します。

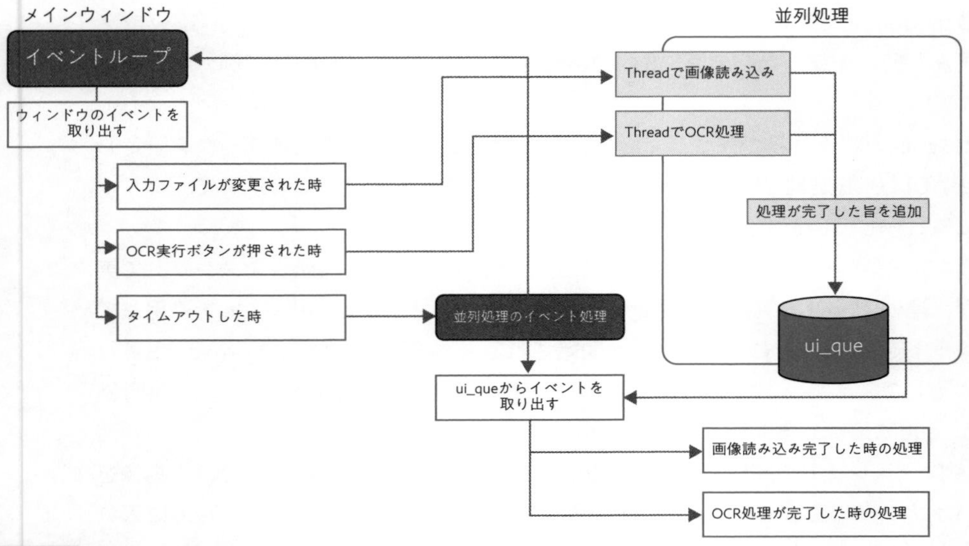

画面 4-42　イベント処理の流れ

大規模言語モデル(LLM)をどう活用する？ ～OCR機能

ここまで、Pythonのプログラムで、OCRを実行する方法を紹介したのですが、大規模言語モデルを提供するWebサービスでは、画像をアップロードして、マルチモーダル処理を実行できるものも増えてきました。これを使うとOCRの代わりに使う事もできます。

画像をアップロードして、下記のプロンプトを実行します。

```
この画像には何が書いてありますか？
```

Google Geminiで実行すると次の画像のように、正確に画像に書かれているテキストを認識して、さらにテキストの意味を解説してくれました。

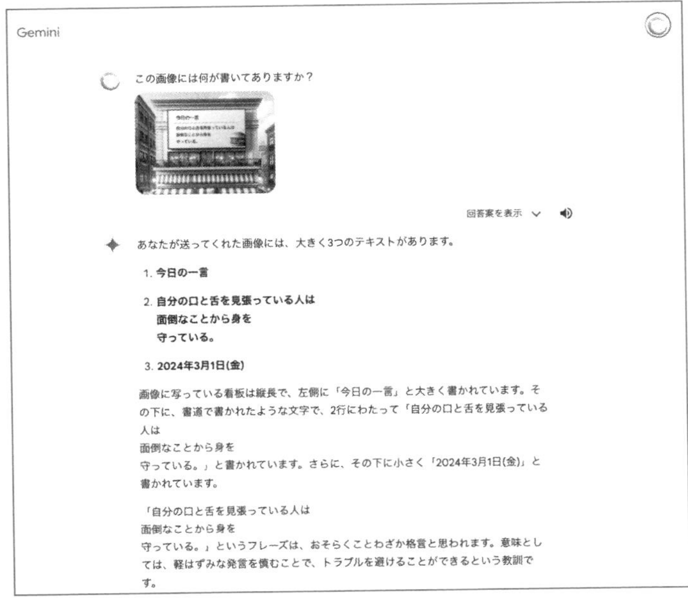

画面 4-43 画像に書かれているメッセージを読み取り、画像の意味を解説してくれた

しかし、API経由で大規模言語モデルを呼び出す際、画像付きのメッセージを処理するには、単価の高いAPIを利用する必要があります。そもそも、多くの大規模言語モデルのAPIは、使った分だけ課金される従量課金モデルを採用しており、高度なモデルであるほど高額になります。そこで手元のPCでOCR処理を行って、その結果を利用するなら費用を節約することができます。

まとめ

1. OCRとは画像に書かれたテキストを機械学習によって文字認識すること
2. EasyOCRを使うと深層学習を利用して、手軽に文字認識を行うことができる
3. OCR処理にはそれなりに時間がかかるため、何も考えずGUIツールを作ると、ウィンドウがフリーズしてしまう。それを防ぐために、並列処理を導入すれば良い
4. 並列処理は便利だが、資源が競合しないようイベント処理の順番を考慮する必要がある

chapter 4

05 音声合成ツールと画像から動画を作成するツールを作ろう

パラパラアニメのように静止画を複数枚用意すると動画を作成できます。また、VOICEVOXを使うとテキストから音声データを生成できます。そこで、静止画を動かして、文章から生成した音声データをつけた動画を作ってみましょう。

ここで学ぶこと

- TTS（Text to Speech）、音声合成
- VOICEVOX
- ずんだもん
- FFmpeg

静止画とテキストを指定すると動画を生成するツールを作ろう

本節では、(静止画にキャラクターを合成して動画を作成し、それにTTS（音声読み上げ）を組み合わせて動画を作成するツールを作ってみましょう。次のような手軽に動画を作成するツールを作ってみましょう。

画面 4-44 静止画とテキストを指定するとキャラクターを合成して動画を作ってくれるツールを作ろう

音声合成 / TTSについて

音声合成とはテキストを元に音声データを生成する技術のことです。機械学習/深層学習の発達により、高度な音声合成が可能になりました。「TTS(Text to Speech)」と呼ぶこともあります。現在では、いろいろな音声合成のためのAPIやツールが公開されています。

有名な音声合成エンジンには、次のようなものがあります。

VOICEVOX --- 商用・非商用問わず無料で使えるオープンソースの音声合成エンジン
AquesTalk --- 組み込み用途で使える小型の音声合成エンジン（有償）
OpenAIText to speech --- ChatGPTを手がけるOpenAIが提供しているTTSのAPI
Google Text-to-Speech AI --- Googleが提供しているTTSのAPI
Amazon Polly --- Amazonが提供するTTSのWeb API
Microsoft Azure テキスト読み上げ --- Microsoftが提供するTTSのWeb API

ここでは、無料で使えるVOCEVOXを利用してみましょう。

VOICEVOXについて

VOICEVOXは、基本的にオープンソースですが、キャラクターとオープンソースの相性がよくないことから、無料の製品版として配付されています。Windows/macOS/Linuxと各OS向けの配付パッケージが用意されています。

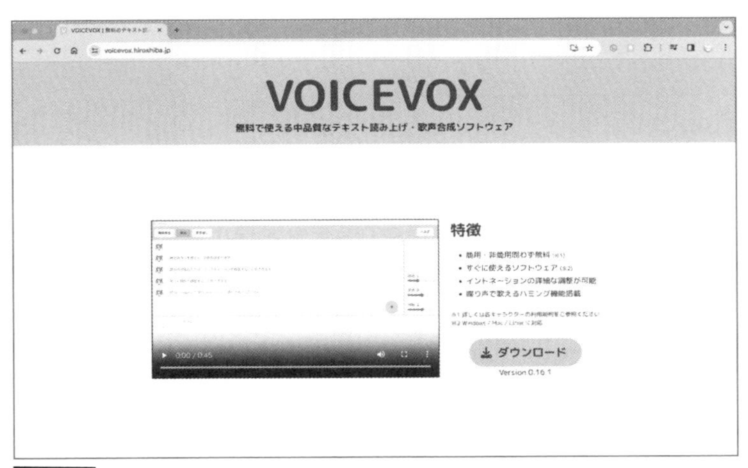

画面4-45 VOICEVOX 製品版のページ

VOICEVOXの無料の製品版は、次のURLからダウンロードできます。本稿では、VOICEVOXの0.16.1を利用します。本書と同じバージョンを指定してダウンロードする場合は、下記のGitHubからダウンロードしてください。

●VOICEVOXのWebサイト
[URL] **https://voicevox.hiroshiba.jp/**

●GitHubからVOICEVOXをダウンロード
[URL] **https://github.com/VOICEVOX/voicevox/releases/tag/0.16.1**

ダウンロードしたファイルを解凍して、実行してみましょう。下記のようにキャラクターが表示され、テキストを入力して、左下の再生ボタンを押すことで、キャラクターの声でしゃべらせることができます。

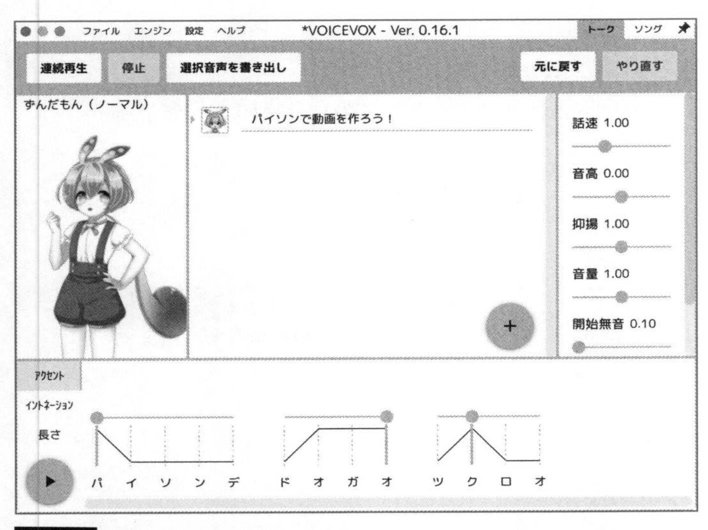

画面 4-46 VOICEVOX でテキスト読み上げしているところ

VOICEVOXのエンジン自体は、商用も利用可能なLGPL-3.0のライセンスではあるものの、音声キャラクターごとに個別のライセンスが設定されており、それに従う必要があるので注意しましょう。

COLUMN

ダウンロードした実行ファイルを起動した時の警告について

Windowsでは、ダウンロードしたVOICEVOXを実行すると、下記のような青い画面が表示されます。

これは、インターネット上からダウンロードした実行ファイルを起動すると、もれなく表示される警告です。急に表示されるので驚きますが、上記のWebサイトからダウンロードされたものであれば問題ありません。心配な人は、念のため、ウィルス対策ソフトを使って、問題がないファイルであることを確認すると良いでしょう。

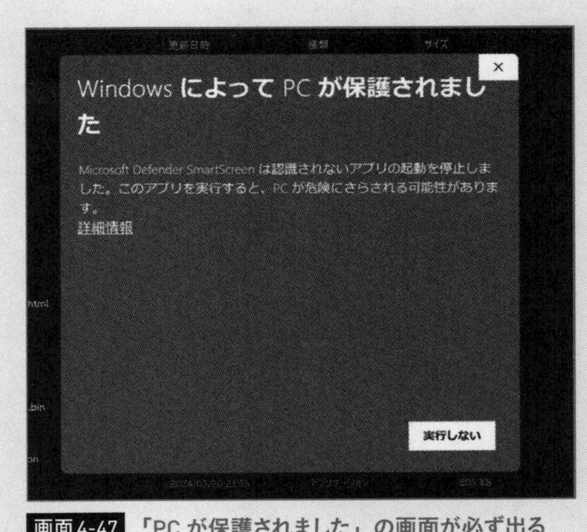

画面 4-47 「PC が保護されました」の画面が必ず出る

「詳細情報」をクリックし、さらに「実行」ボタンをクリックしてプログラムを開始しましょう。

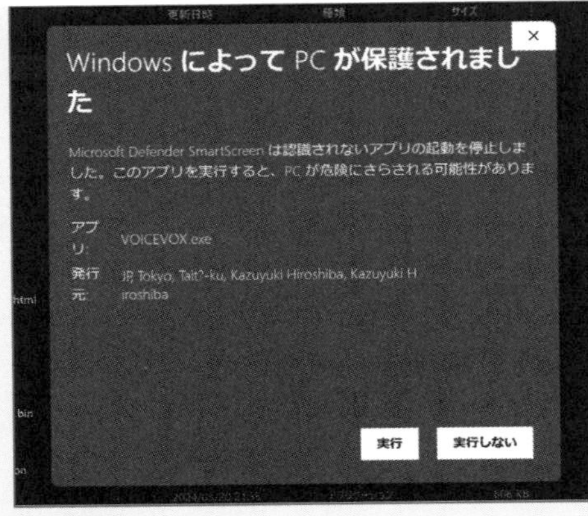

画面 4-48 「詳細情報」をクリックして「実行」ボタンを押す

VOICEVOXのAPIを利用しよう

VOICEVOXの面白いところは、単なるテキスト読み上げツールではないという点にあります。Webサーバーの機能を持っていて、VOICEVOXが起動している間、APIに対してテキストを投げると、音声データを返してくれます。VOICEVOXを終了することでWebサーバーも終了させることができます。

VOICEBOXのAPIにアクセスするために、requestsパッケージをインストールしましょう。requestsパッケージを使うと、APIを簡単に呼び出すことができます。

コマンド

```
$ python -m pip install requests==2.31.0
```

VOICEVOXのAPIを利用するプログラム

それでは、VOICEVOXのAPIにアクセスして、音声データを生成し、WAV形式で保存するプログラムを作ってみましょう。

Python のソースリスト　src/ch4/voicevox_api.py

```
import json
import requests

# VOICEVOXのサーバーのURL ―― (※1)
API_VOICEBOX = "http://127.0.0.1:50021"

# VOICEVOXでテキストを音声ファイルに変換 ―― (※2)
```

```
def text2audio(text, audio_file):
    # 音声合成用のクエリー作成 ── (※3)
    speaker = 3 # ずんだもん
    query = requests.post(f"{API_VOICEBOX}/audio_query",
                 params={"text": text, "speaker": speaker})
    if query.status_code != 200:
        print("失敗: ", r.status_code, r.text)
        return False
    # 音声合成を実行 ── (※4)
    r = requests.post(
        f'{API_VOICEBOX}/synthesis?speaker={speaker}',
        headers = {"Content-Type": "application/json"},
        data = json.dumps(query.json()))
    if r.status_code != 200:
        print("失敗: ", r.status_code, r.text)
        return False
    # WAVファイルを生成 ── (※5)
    with open(audio_file, 'wb') as f:
        f.write(r.content)

if __name__ == "__main__":
    # テキストを音声に変換 ── (※6)
    text = "こんにちは。ずんだもんです。楽しいですね。"
    text2audio(text, "./test.wav")
```

上記のプログラムを実行するには、ターミナルを起動して、次のコマンドを実行しましょう。この時、VOICEVOXのアプリを起動してAPIが使える状態にしておく必要があります。

コマンド

```
$ python voicevox_api.py
```

実行すると、「test.wav」というWAV音声ファイルを生成します。これを波形編集ツールなどで開いて再生すると「こんにちは。ずんだもんです。楽しいですね。」とキャラクターの声が流れます。

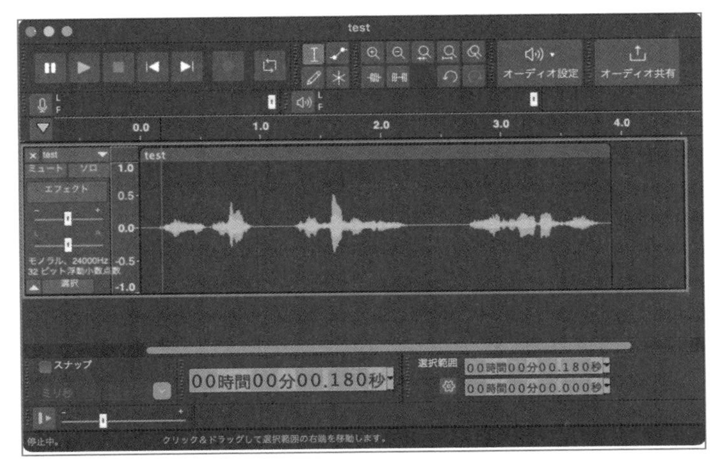

画面 4-49 波形編集ツールで生成したWAVファイルを表示したところ

プログラムを確認してみましょう。プログラムの(※1)ではVOICEVOXを起動した時に表示されるサーバーURLを指定します。製品版のVOICEVOXではこのURLでAPIが利用できます。もし、将来的にポート番号が変更された場合など、番号部分を変更します。

(※2)ではテキストを音声ファイルに変換する関数text2audioを定義します。引数にテキストと保存先のWAVファイルを指定すると、VOICEVOXのAPIにアクセスして、音声ファイルをWAVファイルに保存します。

VOICEVOXから音声データを得るには、2回のAPIアクセスが必要です。(※3)では1回目のアクセスで音声合成用のクエリーを取得します。そして、(※4)では2回目のアクセスで、実際の波形データを取得します。その後、(※5)で波形データをファイルに保存します。

(※6)では、テキストを音声合成してWAVファイルに保存するように関数text2audioを呼び出します。

FFmpegで静止画から動画を生成しよう

音声合成の処理ができたので、次に画像ファイル（静止画）から動画を生成してみましょう。このためには、本章2節でインストール方法を紹介したFFmpegを利用します。

ディレクトリに、0001.png、0002.png、0003.png…のような連番の画像を用意しておくと、FFmpegを使って動画を生成することができます。

ここでは、次のような手順で、動画を生成するプログラムを作ってみましょう。

(1) 静止画の一部分を切り取り、少しずつ動かしキャラクターを重ねた大量の連番画像を作成

(2) FFmpegに連番画像を与えて動画を作成する

ここで重ね合わせるキャラクターは、VOICEVOXのキャラクターの一つである「ずんだもん」にしました。ずんだもんの画像は、以下のURLからダウンロードできます。

●東北ずん子・ずんだもんPJ 公式サイト > ずんだもん
[URL] **https://zunko.jp/con_illust.html#illust_00400**

そして、画像をダウンロードしたら、透過PNGのまま、高さを480ピクセルにリサイズして「zundamon480.png」という名前で用意しましょう。

画面 4-50 ずんだもんの画像をダウンロードしてリサイズして使おう

memo
ずんだもんの著作権を確認しよう
ずんだもんの利用ガイドライン
https://zunko.jp/guideline.html

静止画から動画を生成するプログラム

以下が上記の手順をプログラムにしたものです。

Python のソースリスト | src/ch4/image2video.py

```
import os
import glob
import subprocess
from PIL import Image, ImageEnhance
```

```
FFMPEG_PATH = "ffmpeg"
ZUNDAMON_PATH = "zundamon480.png"
zundamon = Image.open(ZUNDAMON_PATH)

# 静止画を上から下に動かした画像を連続で作成 ―― (※1)
def gen_images(image_file, out_dir, count, start_num=0):
    (w, h) = (640, 480) # 動画のサイズ
    # 元画像を読んで画像の幅を合わせてリサイズ ―― (※2)
    img = Image.open(image_file)
    img.thumbnail((w * 1.5, w * 1.5))
    iw, ih = img.size
    x = (iw - w) // 2
    zundamon_w, _zundamon_h = zundamon.size
    fade_out = 15
    # Y座標を移動させて画像を連番で保存 ―― (※3)
    move_h = (ih - h)
    move_y = move_h / count
    for i in range(count):
        y = i * move_y
        # 新規画像を作成して、部分コピー ―― (※4)
        frame_img = Image.new("RGBA", (w, h), (0, 0, 0))
        frame_img.paste(img.crop((x, y, x + w, y + h)), (0, 0))
        # ずんだもんを重ね合わせて前景に描画 ―― (※5)
        frame_img.paste(zundamon, (w - zundamon_w, 0), zundamon)
        # フェイドアウトが必要か ―― (※6)
        if (count - fade_out) < i:
            fi = i - (count - fade_out)
            fade = ImageEnhance.Brightness(frame_img)
            frame_img = fade.enhance(1.0 + (fi / (fade_out)) * 3.0)
        # 画像を保存 ―― (※7)
        num = i + start_num
        save_file = os.path.join(out_dir, f"{num:04d}.png")
        frame_img.save(save_file)
        print(os.path.basename(save_file))

# 出力ディレクトリを作成し空っぽにする ―― (※8)
def check_output_dir(output_dir):
    # 出力ディレクトリを作成
    os.makedirs(output_dir, exist_ok=True)
    # 既存ファイルがあれば削除
```

```
    for f in glob.glob(os.path.join(output_dir, "*.png")):
        os.remove(f)

# FFmpegを実行して動画を生成する —— (※9)
def generate_video(output_file, input_dir, fps=30):
    cmd = [
        FFMPEG_PATH, "-y", "-r", str(fps),
        "-i", f"{input_dir}/%04d.png",
        "-vcodec", "libx264", "-pix_fmt", "yuv420p",
        "-r", str(fps), output_file]
    subprocess.run(cmd)

if __name__ == "__main__": # 画像から動画作成 —— (※10)
    check_output_dir("./temp")
    # 連続で画像を生成
    gen_images("shop.png", "./temp", 100, 1)
    gen_images("shop.png", "./temp", 100, 101)
    # 画像から動画を作成
    generate_video("test.mp4", "./temp", fps=30)
    print("動画作成完了")
```

プログラムを実行するには、ターミナルを起動して、以下のコマンドを実行します。ただし、FFmpegがインストールされていることを前提にしています。また、本章で利用した「shop.png」とずんだもんの画像「zundamon480.png」を同じディレクトリに配置する必要があります。

コマンド

```
$ python image2video.py
```

実行すると、連番画像を大量に作成するので、これをFFmpegに与えて、連結した動画を出力します。大量の画像を生成するため、実行には時間がかかります。

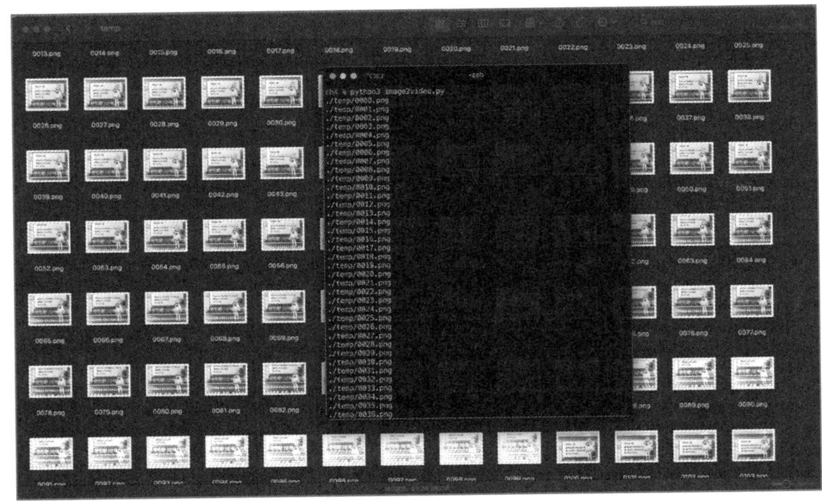

画面 4-51　大量の連番画像を生成したところ

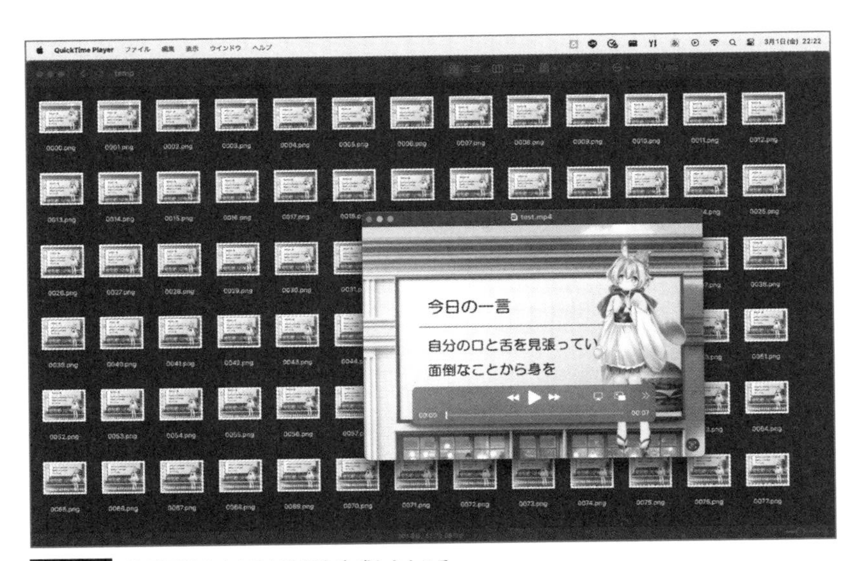

画面 4-52　連番画像から MP4 動画を生成したところ

プログラムを確認してみましょう。(※1) 以降では静止画を上から下に動かした画像を連続で作成する関数gen_imagesを定義します。

(※2) では元画像を読み込んで、thumbnailメソッドを利用して、画像の幅に合わせてリサイズします。その際、1.5倍のサイズでリサイズすることにより、画像を少しずつ動かす余地を作成します。

(※3) のfor文ではY座標を少しずつ移動させて、連番画像を作成します。(※4) では新規画像を作成して、そこに基本画像の一部を切り取って描画します。そして、(※5) ではキャラクターを描画します。

(※6)では動画の最後にフェイドアウト効果を掛けます。明度補正を行うBrightness関数を使って画像にフィルターをかけます。

(※7)では連番画像を作成して、指定されたディレクトリに保存します。

(※8)では出力ディレクトリをチェックして、すでにPNG画像があればそれを削除します。(※9)ではFFmpegを実行して、連番画像から動画ファイルを生成します。

(※10)では、gen_images関数を呼び出して、連番画像を生成し、generate_video関数で動画を生成します。

動画に音声を合成しよう

上記のプログラムで静止画から動画は作成できたのですが、音声が何も入っていません。そこで、文章から音声を生成し、その長さに合わせて、動画を生成し、最後に合成するようにしてみましょう。

Python のソースリスト　src/ch4/text2video.py

```
import os
import subprocess
from pydub import AudioSegment
from voicevox_api import text2audio
from image2video import gen_images, check_output_dir, generate_video
from image2video import FFMPEG_PATH

# テキストと画像から動画を作成する関数 —— (※1)
def text2video(text, image_file, output_file):
    # 作業用の一時フォルダーを準備 —— (※2)
    script_dir = os.path.dirname(__file__)
    temp_dir = os.path.join(script_dir, "temp")
    check_output_dir(temp_dir)
    # テキストから音声を生成 —— (※3)
    audio_file = os.path.join(temp_dir, "voice.wav")
    text2audio(text, audio_file)
    # 音声の長さを調べる —— (※4)
    audio = AudioSegment.from_file(audio_file, format="wav")
    # 画像から動画作成 —— (※5)
    fps = 30
    fps_count = int(audio.duration_seconds * fps)
    gen_images(image_file, temp_dir, fps_count, 0)
```

```
    temp_video_file = os.path.join(temp_dir, "temp.mp4")
    generate_video(temp_video_file, temp_dir, 30)
    # 動画に音声を追加 ―― (※6)
    video_add_audio(temp_video_file, audio_file, output_file)

# FFmpegを実行して動画に音声を追加する関数 ―― (※7)
def video_add_audio(video_file, audio_file, output_file):
    cmd = [
        FFMPEG_PATH, "-y",
        "-i", video_file,
        "-i", audio_file,
        "-c:v", "copy", "-c:a", "aac",
        output_file]
    subprocess.run(cmd)

if __name__ == "__main__": # ―― (※8)
    text2video(
        "こんにちは、富士山なのだ。大きいのだ。",
        "fuji.jpeg", "test.mp4")
```

このプログラムは、これまでに作ったプログラムを全てモジュールとして使っています。プログラムを実行するには、ターミナルで以下のコマンドを実行します。この時、VOICEVOXのアプリを起動してAPIが使える状態にしておく必要があります。

コマンド

```
$ python text2video.py
```

プログラムを実行すると、テキストを音声に変換し、その音声の長さに合わせて、大量の画像を生成し動画を作成し、最後に音声と動画を結合して「test.mp4」という動画を出力します。

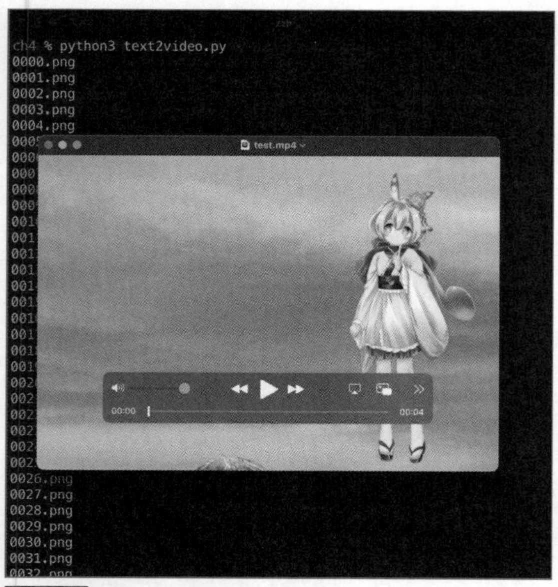

画面 4-53 コマンドを実行して MP4 動画を作成したところ

プログラムを確認しましょう。(※1)では、テキストと画像から動画を作成する関数text2videoを定義します。(※2)では作業用のディレクトリの「temp」を準備します。

(※3)ではテキストから音声を用意します。すでに紹介したプログラム「voicevox_api.py」をモジュールとして使い、text2audioを呼び出します。

(※4)ではAudioSegmentを利用して音声の長さを調べます。音声の長さは、audio.duration_secondsで調べることができます。

なお、動画で1秒間に何回画面が更新されるかを表す単位にフレームレート(fps)があります。これは、1秒間の動画が何枚の画像で構成されているかを表しています。それで、(※5)では、今回作成する動画のフレームレートを30fpsとして何枚の画像を生成したら良いかを計算します。例えば、2秒の動画を30fpsで作成する場合、2秒 * 30fps = 60枚の画像を作成する必要があります。

(※6)では画像をまとめて作成した動画に音声を合成します。このために、(※7)で定義している関数video_add_audioを使います。FFmpegにパラメーターを付けて実行します。

(※8)では、テキストと富士山の静止画を与えて「test.mp4」を作成するように関数text2videoを呼び出します。

ツールにGUIを被せて使いやすくしよう

作成したプログラムを使いたい場合には、プログラムを書き換えて実行するという手間が必要になってしまします。それでは不便なので、GUIを用意しましょう。

ここでは、以下のようなプログラムを作りました。

Python のソースリスト　src/ch4/text2video_gui.py

```
import os, io, re
from queue import Queue
from threading import Thread
from PIL import Image
from text2video import text2video

import PySimpleGUI as sg
# import TkEasyGUI as sg

# 並列処理でイベントデータを保持するキューを作成 ―― (※1)
ui_que = Queue()
# ウィンドウを作成して表示する関数 ―― (※2)
def show_window():
    layout = [ # ウィンドウに配置するGUIパーツを定義
        [sg.Text("静止画を指定:")],
        [sg.Input(key="infile", enable_events=True), sg.FileBrowse()],
        [sg.Image(key="image")],
        [sg.Text("音声にしたいテキストを入力:")],
        [sg.Multiline(key="text", size=(50, 5))],
        [sg.Text("動画の保存先を指定:")],
        [sg.Input(key="outfile"), sg.FileSaveAs()],
        [sg.Button("動画作成", key="generate"), sg.Button("終了")]
    ]
    win = sg.Window("テキストと静止画から動画生成", layout)
    # イベントハンドラを定義 ――- (※3)
    while True:
        # タイムアウトを指定しつつイベントを受け取る ―― (※4)
        event, values = win.read(timeout=100, timeout_key="-TIMEOUT-")
        if event in (None, "終了"):
            break
        # 画像ファイルが選択された時 ―― (※5)
        if event == "infile":
            infile = values["infile"]
            if infile == "" or not os.path.exists(infile):
                continue
            outfile = re.sub(r"\.(jpg|png)$", "", infile) + ".mp4"
            win["image"].update(data=load_image(infile))
            win["outfile"].update(outfile)
        # 動画作成ボタンが押された時 ―― (※6)
```

```
        if event == "generate":
            win["generate"].update(disabled=True)
            job = Thread(target=do_text2video, args=(values,))
            job.start()
        # タイムアウトした時 —— (※7)
        if event == "-TIMEOUT-":
            try:
                ui_event, ui_data = ui_que.get_nowait()
            except:
                ui_event, ui_data = None, None
            # 動画が完成した時 —— (※8)
            if ui_event == "done":
                sg.popup("動画生成が完了しました")
                win["generate"].update(disabled=False)
    win.close()

# 動画作成の関数 —— (※9)
def do_text2video(values):
    text2video(values["text"], values["infile"], values["outfile"])
    ui_que.put(("done", None))

# 画像をPNG形式に変換してバイナリーで返す関数
def load_image(image_path, size=(300, 300)):
    img = Image.open(image_path)
    img.thumbnail(size=size)
    # 画像をPNG形式に変換
    png = io.BytesIO()
    img.save(png, format="PNG")
    return png.getvalue()

if __name__ == "__main__":
    show_window()
```

ここまでに作ったプログラムを同じディレクトリに配置し、ずんだもんの画像「zundamon480.png」を用意し、VOICEVOXを起動した状態でプログラムを実行してください。プログラムを実行するには、ターミナルから以下のコマンドを実行します。

コマンド

```
$ python text2video_gui.py
```

実行すると、次のような画面が表示されます。それで、動画を選択し、テキストを入力して「動画作成」ボタンを押します。しばらく待っているとMP4が生成されます。

画面 4-54 画像を選んで音声にしたいテキストを入力するだけで動画が作成される

プログラムを確認してみましょう。(※1) では、並列処理でイベントを順番に処理できるキュー構造のデータを用意します。

(※2) ではウィンドウを作成して表示する関数show_windowを定義します。(※3) ではイベントハンドラを記述します。(※4) ではイベントの受け取りを行います。ただし、100ミリ秒でタイムアウトが発生するようにして、(※7) 以降で変数ui_queから並列処理のイベントを受け取れるように工夫します。

(※5) では画像ファイルが選択された時の処理を記述します。入力されたファイルが存在するかをチェックして、ファイルが存在するときのみ画像を読み込むようにしています。そして、同時に出力動画ファイルのファイル名も自動的に設定されるようにしています。

(※6) では「動画作成」ボタンが押された時の処理を記述します。ボタンが連打されないように、ボタンに「disabled=True」を指定します。それから、並列処理のThreadで動画作成処理を実行します。

(※7) ではタイムアウトした時の処理を記述します。動画の作成完了のイベントが変数ui_queに入るので、これを待ち受けします。(※8) で動画が完成した時に、その旨のメッセージをポップアップします。そして、「動画作成」ボタンが押せるように戻します。

（※9）では、動画作成を行う関数を定義します。と言っても、先ほど見たプログラム「text2video.py」の関数text2videoを呼び出すだけです。

今回のプログラムのように、GUIの処理だけを1つのファイルにまとめておいて、動画作成の処理は、別の1つのファイルにまとめて、それをモジュールとして使うというのは、良い方法です。プログラムの管理が単純になり、プログラムのテストも容易になります。

大規模言語モデル（LLM）をどう活用する？ ～HEIC形式を扱う

ところで、今回作ったプログラムには、いくつか弱点があります。まず、iPhoneで撮影した写真（拡張子が.heicのもの）を指定するとエラーになります。そもそも、2017年に発表されたiOS11より、iPhoneで写真を撮影すると拡張子".heic"の画像が保存されます。これは、HEIF（High Efficiency Image Format）形式の画像フォーマットです。

しかし、Pythonの画像ライブラリーのPillowでは、原稿執筆時点では、このHEIF形式の画像を読めないのです。どうしたらよいのか、大規模言語モデルに聞いてみましょう。

下記のようなプロンプトを作成して、ChatGPT（モデルGPT-3.5）に尋ねてみました。

> ###指示：
> PythonのPillowでHEIF形式の画像を読む関数`image_open(filename)`を定義してください

すると、残念なことに、まったくHEIF形式を考慮しない下記のようなプログラムが生成されました。Google Geminiに尋ねても似たような結果が出力されました。

```
from PIL import Image
def image_open(filename):
    return Image.open(filename)
```

Image.openはPillowの標準的な画像を読む方法ですが、執筆時点ではHEIF形式に対応していません。こちらの質問の仕方（プロンプトの作り方）が悪かったようです。

それで、その後の会話で、その方法では、`PIL.UnidentifiedImageError: cannot identify image file`のエラーが出ることを伝えます。すると、ようやく「pillow-heif」などのパッケージをインストールする方法が表示されます。最初のプロンプトで標準の方法ではHEIF形式の読み込みに対応していないことを記述すべきだったのです。

なお、簡単にHEIF形式の画像を読む方法をまとめると、下記のような手順になります。まず、パッケージをインストールしましょう。ターミナルで、下記のコマンドを実行して

「pillow-heif」をインストールします。

コマンド

```
$ python -m pip install pillow-heif
```

そして、以下のようなコードを実行することで、HEIF形式の画像を読み込むことができます。ライブラリーをインポートして関数register_heif_openerを呼び出すだけです。

```
from PIL import Image
from pillow_heif import register_heif_opener

# HEIF形式を登録する
register_heif_opener()
# HEIF形式の画像を読む
im = Image.open("image.heic")
```

まとめ

1. VOICEVOXを使うことで、手軽にテキストを音声データに変換できる
2. パラパラ漫画の要領で大量の画像を連番で用意すると、それらをFFmpegで動画にすることができる
3. Pythonの画像パッケージPillowを使うと、画像の一部を切り取ったり、キャラクターを重ねたりできる

COLUMN

PillowがなぜHEIFをサポートしないのか？

なぜ、Pillowが長年HEIF形式をサポートしないのか興味がありませんか。ChatGPTに下記のように尋ねてみました。

> ###指示：
> なぜ、PythonのライブラリーPillowは長年HEIF形式をサポートしないのでしょうか？

すると、長々とPillowがHEIF形式をサポートしない理由を推測してくれました。その中に次のような気になる答えがありました。

> > HEIFは特許があり、そのサポートを実装するにはライセンス契約が必要な場合があります。これは、Pillowのようなオープンソースプロジェクトにとって障壁になる可能性があります。

そこで、Google検索のキーワードに「Pillow Support HEIF」を指定して検索してみると、GitHubでPillow開発プロジェクトのIssuesが見つかります。

● **GitHub > Support for HEIF**
[URL] **https://github.com/python-pillow/Pillow/issues/2806**

流れを追ってみると、HEIF形式の画像フォーマットを使用すると、特許料の請求が行われるために敢えてPillowではHEIFをサポートしていないという旨が述べられています。ただし、上記のページでは、PillowとHEIFを連携するのに便利なパッケージと使い方も紹介されていました。

ここから、大規模言語モデルは完全ではなく、質問の方法によっては、あまり役に立たない回答を返す場合があることが分かります。また、今回のように、Pillowの開発元を直接訪問して、はじめて真実が分かることもあります。

大規模言語モデルに質問してみて、うまく行かないときは、質問の仕方を工夫することで役立つ知識を聞き出せることもあります。しかし、大規模言語モデルの利用を諦めて、従来の検索エンジンを使う方が、直接的な答えに近づけることもあることを覚えておくと良いでしょう。

chapter

5

ChatGPTとWeb APIを使ったAIアプリ

ChatGPTを自作のプログラムに組み込むと、実現できることが大幅に広がります。単にAIと会話できるだけでなく、自然言語でアプリを操作したり、要約や誤字脱字チェックをしたりと、うまく組み込めば、生産性が向上します。本章では、ChatGPTのAPIをセットアップして、自作アプリに組み込む方法を解説します。

chapter 5

01 ChatGPT APIをはじめよう

本章では、ChatGPTのAPIを利用して、会話AIを作ったり、AI対応のToDOアプリを作ったりします。そこで、最初にChatGPTのAPIを使う上で必要となるAPIキーの取得方法を紹介します。また、利用料金の確認や上限金額の設定など、APIを使う上で気になる点について確認しましょう。

ここで学ぶこと

- OpenAIでAPIキーを取得
- APIを使う上で注意する点を確認
- APIの課金モデルについて

ChatGPT APIについて

「ChatGPT API」とは、ChatGPTの機能を、自分のプログラムに組み込むための仕組みです。このAPIを利用することで、自然言語処理、テキスト生成、会話型インターフェイスの開発など、幅広い用途でその能力を活用できます。

ChatGPTのような大規模言語モデル（Large Language Model=LLM）は、Web上の膨大な量のテキストデータを学習させて、言語の構造や意味を理解することができるようにしたものです。そのため、人間のように自然な文章を生成したり、特定の質問に対して答えたりする能力を持っています。

画面 5-01 ChatGPT APIのWebサイト

ChatGPT APIの仕組み

ChatGPTのAPIを使うことで、ChatGPTの機能を使えるわけですが、それがどのような仕組みで実行できるのでしょうか。もちろん一般家庭にあるPCでChatGPT自身を動かすことはできません。ChatGPTが実行されているマシンは、スーパーコンピューターといった高性能な環境で稼働しているからです。

ChatGPT APIを利用するとき、実際にそのプロンプトは、クラウドベースのサーバー上で実行されます。ユーザーがAPIを使用するとき、インターネットを介して、リクエストがOpenAIのサーバーに送信され、そこでChatGPTのモデルが実行されます。モデルはテキストや対話の入力を受け取り、それに対する応答を生成します。そして、生成された応答は、サーバーからユーザーに返されます。このように、APIを介してChatGPTを利用することで、ユーザーは自分のPCの性能に依存せずにその結果のみを利用することができます。

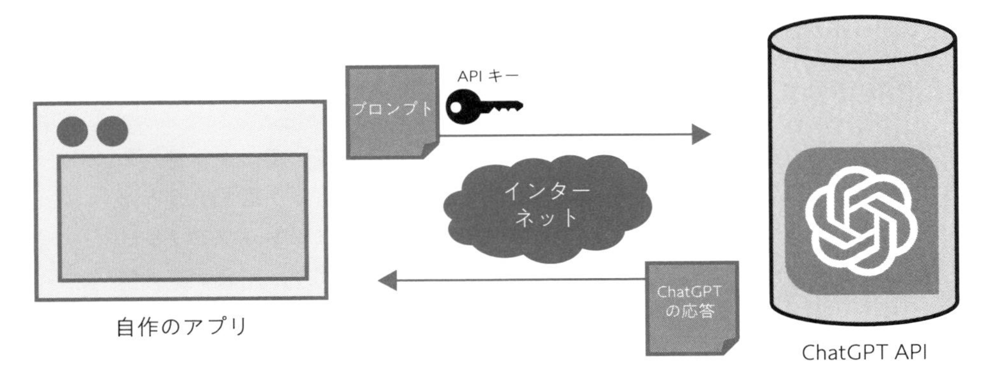

画面 5-02 ChatGPT API の仕組み

APIキーについて

実際に、ChatGPT APIを使う場合、OpenAIの開発者用コンソール（OpenAI developer platform）にログインして、APIキーを発行する必要があります。なぜ、APIキーが必要になるのでしょうか。

APIキーが必要なのはユーザー認証とアクセス制御を行うためです。OpenAIはサーバーにアクセスするユーザーを識別するために、APIキーを利用します。これによって、APIの使用状況をトラッキングします。そして、APIの使用量に基づいて料金を請求します。

そのため、APIキーの流出は重大なセキュリティ上の問題となります。APIキーが流出すると、悪意のある第三者がユーザーのアカウントやシステムに不正アクセスを試みる可能性があります。OpenAIは、APIキーに基づいて課金するため、大量のアクセスが行われることで高額な請求が発生する危険があります。

デスクトップアプリにおけるAPIキーの運用について

本書のテーマであるデスクトップアプリでは、どのようにAPIキーを運用できるでしょうか。誰がどのように使うのかを考える必要があります。

昨今、APIキーを記述したプログラムが漏洩して、APIキーが流出する事件が増えています。そのため、できるだけプログラム内にAPIキーを記述しないようにしましょう。そうした危険を避けるために、環境変数が利用できます。本書でも、環境変数にAPIキーを記録し、それを参照して、ChatGPT APIを呼び出すようにします。手順については、この後詳しく紹介します。

また、APIキーは、手軽に発行したり破棄したりできますので、定期的にAPIキーを更新するのも悪用を避けるために有効な方法です。APIをどれくらい利用しているのか定期的に確認しましょう。OpenAIの開発者コンソールでは、しきい値を設定して、それ以上利用されたらアラートメールが届くようにしたり、最大使用量を指定したりできます。

配付することが前提のアプリの場合は？

デスクトップアプリを誰かに配付する必要がある場合、どうしたら良いでしょうか。その場合には、いったん、別のWebサーバー経由にするのが安全です。自分が管理するWebサーバーからChatGPT APIを呼び出すようにして、その結果のみをデスクトップアプリに返すようにします。この仕組みであれば、APIキーをデスクトップアプリに記録する必要はなくなります。

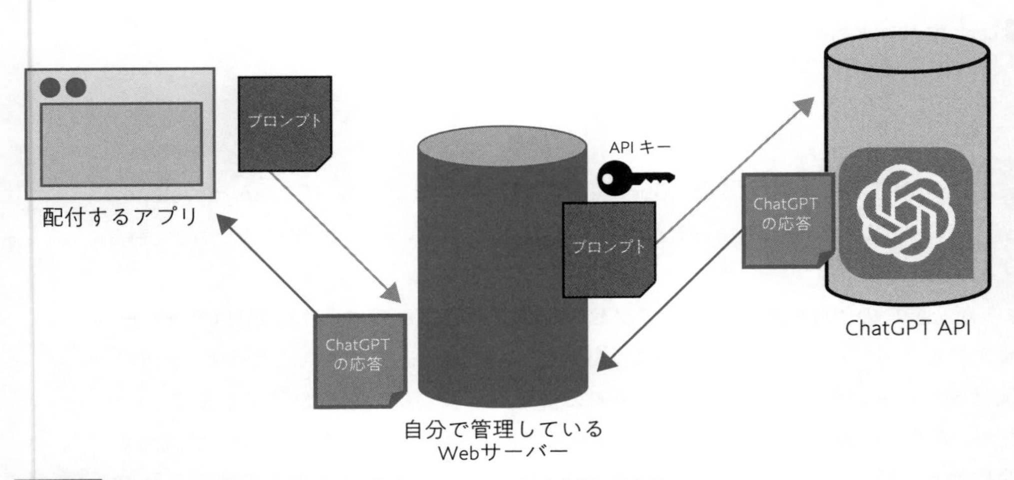

画面 5-03 APIキーが漏洩しないよう自分で管理しているサーバーを中間に入れる

あるいは、APIキーを保存する際に強力な暗号化を行って、APIキーが分からないように隠すことができますが、Pythonのプログラムを解読されて暗号を破られてしまう可能性もあります。アプリの開発者APIキーをアプリに組み込むのを止めて、ユーザー自身にAPIキーを取得してもらって入力できる仕組みにしておくという手もあります。

いずれにしても、作成したアプリをどんな人に配付するのかによって、異なるセキュリティ対策が必要となります。例えば、社内で信頼できるメンバーが使うだけのアプリであれば、それほど凝ったセキュリティ対策は不要でしょう。この場合、暗号化すら必要なく、定期的にOpenAIの開発者コンソールでAPIキーを更新するだけで事足りるかもしれません。

これに対して、不特定多数に配付するアプリの場合には、自分の管理するサーバーを介して、ChatGPTのAPIを利用するのが良いでしょう。利用者にユーザー登録をしてもらい、誰がどのくらい利用したのかを記録する必要もあるかもしれません。

ソフトウェアの開発においては「ユーザーが常に善意を持って行動するとは限らない」という点を考慮する必要があります。実際に悪意を持ったユーザーが、APIキーを知ろうと躍起になってリバースエンジニアリングを行う可能性があります。悪意のあるユーザーや予期せぬ操作を前提とした防御的な設計が不可欠です。

APIキーを取得しよう

それでは、実際にOpenAIの開発者コンソールに登録し、APIキーを取得しましょう。まずは、下記のURLにアクセスして登録作業を行いましょう。

● **OpenAI developer platform**
[URL] **https://platform.openai.com/**

登録作業は至って簡単で、初回登録であれば、クレジットカードの入力も必要ありません。原稿執筆時点で、初回サインアップすると、3ヶ月有効な5ドル分のクレジットが付与されます。この無料枠を利用してプログラムのテストを行うことができるでしょう。

サインアップしよう

上記の「OpenAI developer platform」のページを開いたら、画面右上にある「Sing up」ボタンを押します。Googleアカウントやメールアドレスなどを利用してサインアップできます。

画面 5-04 サインアップしよう

APIキーを取得しよう

次に、APIキーを取得します。画面上部から「Dashbord」をクリックし、次に画面右側にあるメニューより、「API keys」をクリックします。すると下記のような画面が出ます。「Verify your phonenumber to create an API key（電話番号を確認してAPIキーを作成する）」のところで「Start verification」（確認を開始）ボタンを押します。

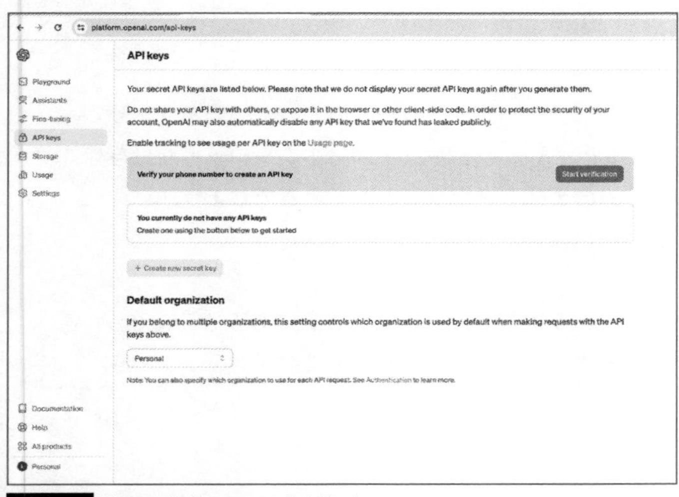

画面 5-05 メニューから API keys をクリック

電話番号を入力するとSMSに確認コードが来るので、それを入力します。なお、電話番号は国コードを含めた番号なので、080-1111-2222という番号であれば「+81」に続いて0を抜いた番号「+81 8011112222」を入力します。

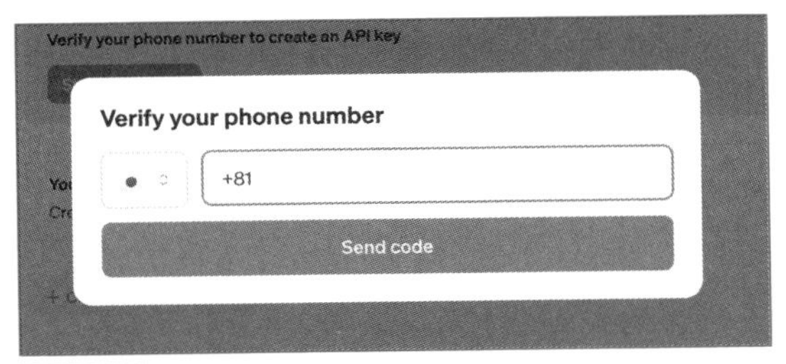

画面 5-06 電話番号を入力しよう

正しく認証ができると、APIキーの名前を入力するように求められます。画面5-07のようにAPIキーの使用理由と作成年月日をキーの名称として入力すると良いでしょう。

画面 5-07 APIキーを識別する名前を入力しよう

「Create secret key」（秘密鍵を作成）ボタンを押すと下記のようにAPIキーが作成されます。このAPIキーは、この一度しか表示されないため、コピーしてパスワード管理アプリなどに記録しておくと良いでしょう。

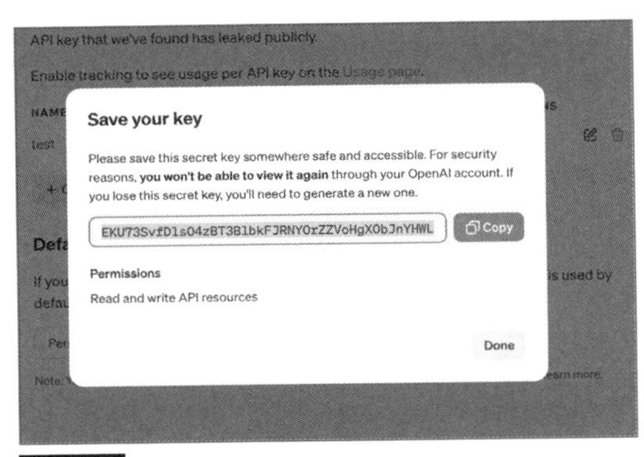

画面 5-08 APIキーを生成したところ

クレジットカードの登録について

初回登録から３ヶ月を超えて利用する場合には、クレジットカードの登録が必要になります。この場合、画面左側にあるメニューの「Setting > Billing」をクリックして、さらに「Add payment details」をクリックします。そして、個人（Individual）か会社（Company）かを選択し、クレジットカードを登録します。

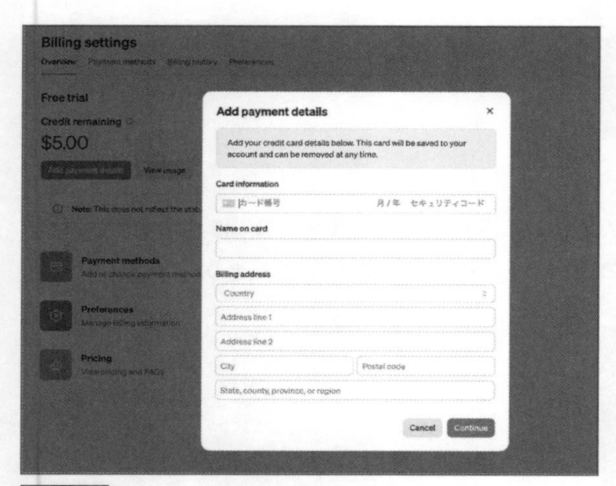

画面 5-09 クレジットカードの登録画面

画面左側のメニューから、「Add to credit balance（クレジット残高に追加）」で必要な金額をチャージすることで使えます。

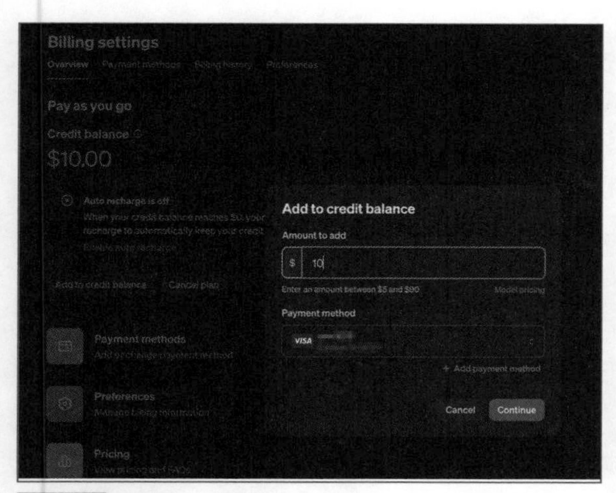

画面 5-10 残高をチャージして利用しよう

また、「Enable auto recharge（自動チャージを有効にする）」を設定しておけば、自動的にクレジットカードの残高に指定額をチャージするようになります。次の画像のように指定すると、残高が10ドルを下回ると30ドルチャージするようになります。

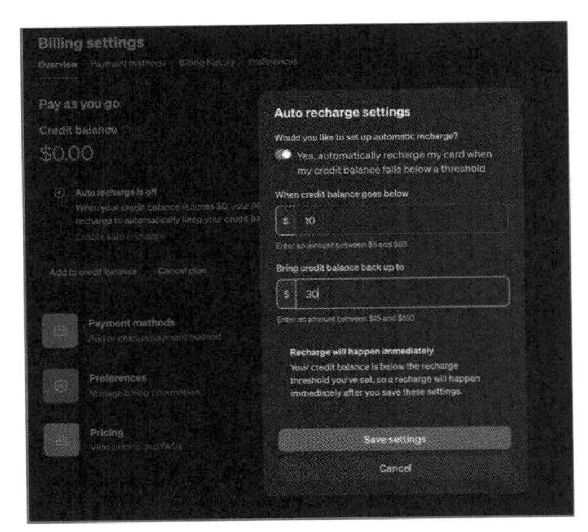

画面 5-11 残高を自動チャージする設定にもできる

APIキーを環境変数に登録しよう

APIキーが取得できたら、キーを環境変数に登録しましょう。環境変数の設定方法は、OSによって異なります。

Windowsの場合 - 環境変数の設定

Windowsで環境変数を登録するには、タスクバーの検索ボックス、あるいは、Windowsメニューを開いて「環境変数」と入力して検索します。そして「システム環境変数の編集」を開きます。

画面 5-12 Windows メニューで環境変数を検索

「システムのプロパティ」が表示されるので、ウィンドウの下部にある「環境変数」ボタンをクリックします。「環境変数」のダイアログが表示されたら「新規」ボタンを押します。

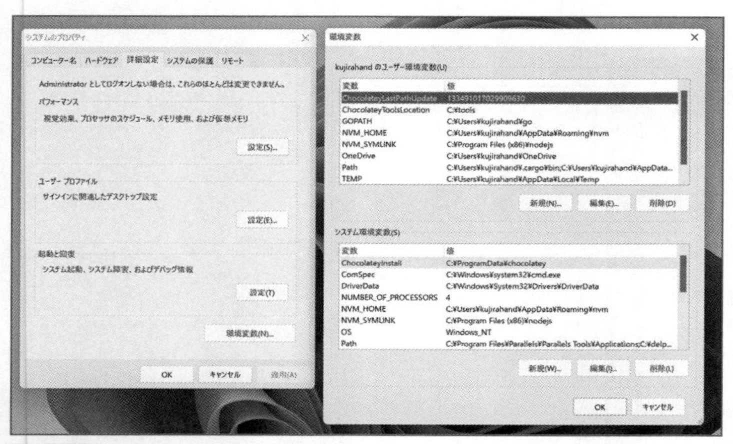

画面 5-13 環境変数のボタンをクリック

新しいユーザー変数のダイアログが出たら次のように設定します。変数値には、上記手順で取得したOpenAIのAPIキーを指定します。

OpenAIのAPIキー

変数名	OPENAI_API_KEY
変数値	sk-XXXXXXX (APIキーを指定)

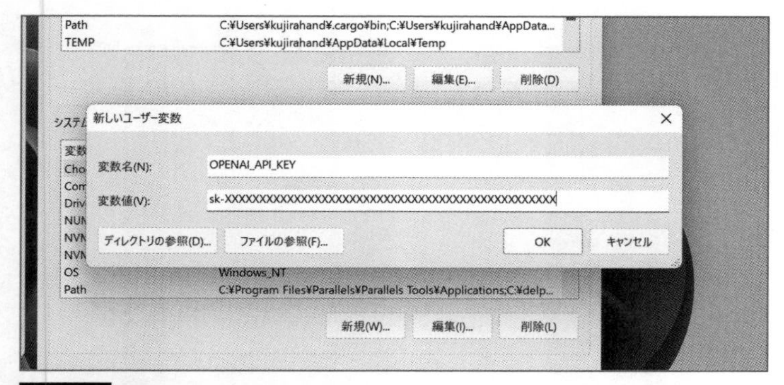

画面 5-14 環境変数に API キーを指定

macOSの場合 - 環境変数の設定

macOSの場合は、利用しているシェルの設定ファイルに設定情報を追記します。標準シェルのZshを利用している場合には、「/Users/ユーザー名/.zshrc」をテキストエディターで開いて、下記の内容を追記します。"sk-XXXXXX"の部分には上記の手順で取得したAPIキーを指定します。

設定ファイル ~/.zshrc の末尾

```
# .zshrcに以下を追記
export OPENAI_API_KEY="sk-XXXXXX"
```

ターミナル.appをすでに起動している場合には、下記のコマンドを実行して、Zshの設定を読み直します。

コマンド

```
$source ~/.zshrc
```

ChatGPT APIのテストをしよう

実際にプログラムに組み込む前に、ChatGPT APIが実行できるように、テストプログラムを実行してみましょう。

openaiパッケージをインストールしよう

ChatGPTを手軽に使えるように、openaiのパッケージをインストールしましょう。本章のプログラムを実行するのに必要となります。

コマンド

```
$ python -m pip install openai
```

ChatGPT APIを使うプログラム

一番簡単なChatGPT APIを使うプログラムを以下に挙げます。

Python のソースリスト src/ch5/chatgpt_api_test.py

```
from openai import OpenAI

# ChatGPTに質問する関数を定義 ―― (※1)
```

```
def ask_chatgpt(prompt, model = "gpt-3.5-turbo"):
    # ChatGPTのAPIを使うためにOpenAIオブジェクトを作成 —— (※2)
    client = OpenAI()
    # あるいは、client = OpenAI(api_key="sk-xxxxxx")
    # ChatGPTのAPIを使って質問をする —— (※3)
    completion = client.chat.completions.create(
        model=model,
        messages=[{"role": "user", "content": prompt}])
    # ChatGPTの回答を返す —— (※4)
    return completion.choices[0].message.content

if __name__ == "__main__":
    # ChatGPTに質問する —— (※5)
    q = "猫が主人公の小説のあらすじを起承転結で考えてください。"
    print(f"> {q}")
    print(ask_chatgpt(q))
```

ターミナルを起動して、以下のコマンドを実行すると、ChatGPT APIにアクセスし、結果が表示されます。ここまでに紹介した環境変数「OPENAI_API_KEY」を正しく設定した上でプログラムを実行してください。

コマンド

```
$ python chatgpt_api_test.py
> 猫が主人公の小説のあらすじを起承転結で考えてください。
【起】ある日、町の片隅に住む茶トラの猫、タマは気ままな生活を送っていた。
【承】タマは町の情報通である野良猫のサバに会い、事件の詳細を聞き出すことに成功する。
【転】ある晩、タマは事件の謎が解ける手がかりをつかむ。
【結】タマはさまざまな困難に直面しながらも、事件の真相に迫っていく。最終的に、犯人は意外な人物であることが明らかになる。
```

プログラムを確認してみましょう。(※1)ではChatGPTに質問する関数ask_chatgptを定義します。

(※2)では、ChatGPTのAPIを使うためにOpenAIオブジェクトを作成します。もしも、APIキーを指定する場合、ここで引数「api_key」にAPIキーを指定します。

(※3)では、ChatGPTのAPIにアクセスします。APIから結果が返ってきたら、(※4)で実際の回答を返します。

(※5)では、質問を指定してChatGPT APIを呼び出して結果を表示します。

よくあるAPIのエラーについて

上記のプログラムを実行した時に、エラーが出てうまく実行できないことがあります。その際に表示されるエラーに注目しましょう。

一番よくあるのが、「Invalid Authentication（認証が無効です）」というものです。これは、APIキーが間違っている時に表示されるエラーです。環境変数に設定したAPIキーが間違っています。改めて、APIキーを作成し直して設定すると良いでしょう。

次に出やすいのが、下記のようなエラーです。これは、月々の最大使用量を超えたり、クレジット残高が不足したりした時に表示されるものです。大抵は、クレジットカードを登録して、クレジット残高を追加することで解決されます。

実行結果

```
You exceeded your current quota, please check your plan and billing details.
(和訳: 現在の使用枠を超過しました。プランと請求の詳細をご確認ください。)
```

その他のエラーについては、以下のページに詳細が記されています。英語ですが、ChatGPTを使って日本語に訳して確認してみると良いでしょう。

● **OpenAIによるエラーコードの説明**
[URL] **https://platform.openai.com/docs/guides/error-codes/api-errors**

API利用による課金情報を確認する方法

ChatGPTのAPIは、クレジットをチャージして利用する仕組みになっています。使用量と残高を知るには、OpenAIの開発者コンソールを開き、画面上部の[Dashbord]のタブを開き、画面左側の「Usage」をクリックします。すると、どのくらいAPIを使ったのかが確認できます。不正使用を防ぐためにも、使用量を定期的に確認するといいでしょう。

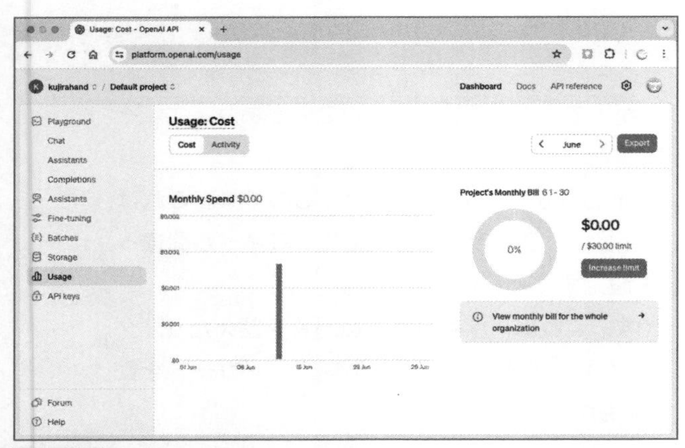

画面 5-15 課金情報を確認できる

まとめ

1. ChatGPT APIを使うと自作アプリにChatGPTの機能を持たせることができる
2. ChatGPT APIを使うには、OpenAIの開発者コンソールでAPIキーを取得する
3. ChatGPT APIは従量課金制となっており、使えば使っただけ課金される。ただし、オートチャージをオフにしている場合、事前にクレジット残高にチャージしてから使う

chapter 5

02 英日翻訳ツールを作ろう - テンプレ付き用途特化型チャットボット

テンプレートを利用して手軽にタスクを実行できる特定用途に特化したチャットボットを作ってみましょう。その簡単な例として、日本語から英語に翻訳する日英翻訳ツールを作ってみましょう。

ここで学ぶこと

- 英日翻訳ボット
- プロンプトテンプレート
- チャットボット
- APIで会話を続ける方法
- モデル「gpt-3.5-turbo」

英日翻訳ツールを作ろう

本節では特定用途に特化したチャットボットの例として、英日翻訳ツールを作ってみましょう。プロンプトのテンプレートを活用すればいろいろなツールが作れます。

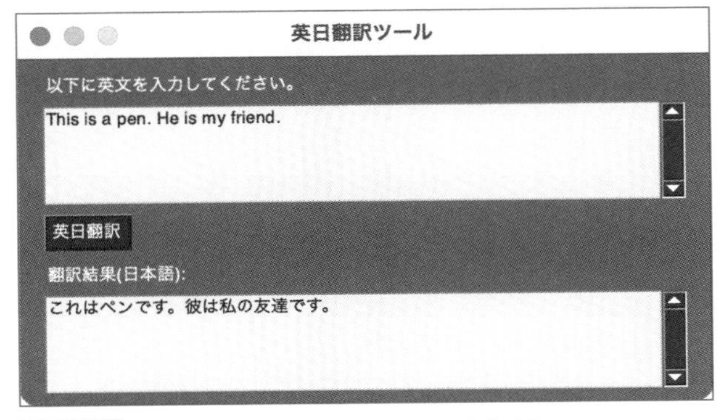

画面 5-16 ChatGPT を利用した英日翻訳ツールを作ろう

また、せっかくChatGPT APIを利用した翻訳ツールを作るので、ただ翻訳するだけでなく、翻訳した内容を言い換えたり、要約したりできるような会話機能付きの翻訳ボットも作ってみましょう。

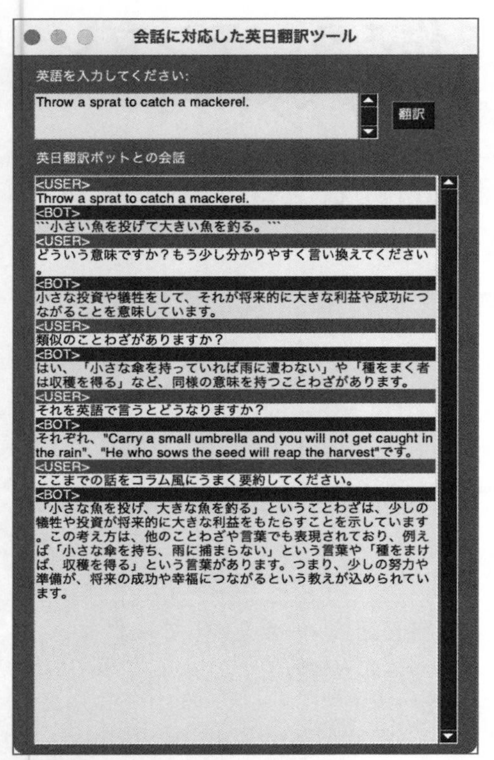

画面 5-17 会話できる英日翻訳ボットを作ってみよう

英日翻訳ツールを作ろう

最初に、ターミナルで動作する英日翻訳ツールを作ってみましょう。ChatGPT APIを使って英語を日本語に翻訳する場合、必ず、プロンプトに「次の英語を日本語にしてください」などと、英日翻訳を指示するメッセージを入力する必要があります。

しかし、これでは、とても面倒です。そこで、ユーザーが入力したプロンプトに自動的に英日翻訳を行う指示をくっつけるようにします。これにより、汎用的なChatGPT APIを専用ツールに変身させることができるのです。つまり、プロンプトのテンプレートを用意しておいて、そこにユーザーから得たデータを挿入することで、専用ツールとして使うことができるというわけです。

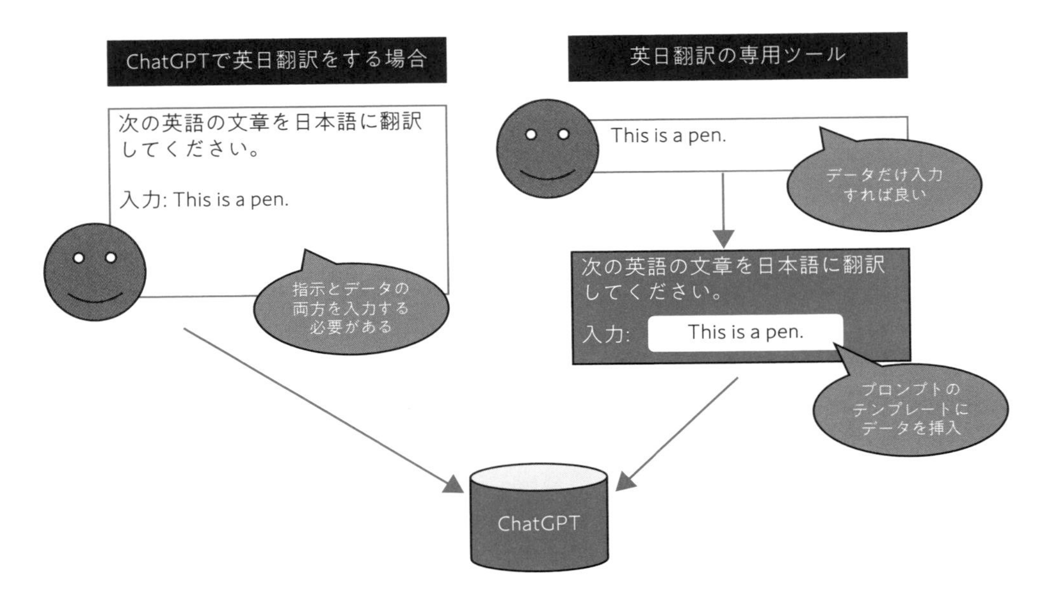

画面 5-18 ChatGPT を翻訳専用ツールにするには?

英日翻訳ツール（ターミナル版）のプログラム

それでは、英日翻訳ツールを作ってみましょう。まずは、プログラムの構造が分かりやすいように、ターミナルで動くプログラムを作ってみましょう。

Python のソースリスト　src/ch5/translate.py

```
from openai import OpenAI

# 英日翻訳を行うためのプロンプトのテンプレート —— (※1)
TEMPLATE = """
###指示:
下記の入力を日本語に翻訳してください。
その際、子供でも分かるように平易な言葉で翻訳してください。
入力:
__INPUT__
"""

# ChatGPTに質問する関数を定義 —— (※2)
def ask_chatgpt(prompt, model = "gpt-3.5-turbo"):
    # ChatGPTのAPIを使うためにOpenAIオブジェクトを作成 —— (※3)
    client = OpenAI()
```

```
    # ChatGPTのAPIを使って質問をする —— (※4)
    completion = client.chat.completions.create(
        model=model,
        messages=[{"role": "user", "content": prompt}])
    # ChatGPTの回答を返す —— (※5)
    return completion.choices[0].message.content

# 英日翻訳を行う関数を定義 —— (※6)
def translate(text_english):
    # テンプレートにデータを差し込む —— (※7)
    prompt = TEMPLATE.replace("__INPUT__", text_english)
    # APIを呼び出して結果を返す
    result = ask_chatgpt(prompt)
    return result

if __name__ == "__main__":
    print("### 英日翻訳ツール")
    print("### 英語の文章を入力してください。[q]で終了します。")
    # 連続で翻訳を行う
    while True:
        # ユーザーからの入力を得る —— (※8)
        text = input(">>> ")
        text = text.strip()
        if text == "": continue
        if text == "q": break
        # 翻訳実行 —— (※9)
        print(translate(text))
```

プログラムをターミナルから実行してみましょう。ターミナルを起動して、下記のように「python3 translate.py」と入力しましょう。すると、英日翻訳ツールが実行されるので、適当な英文を入力して[Enter]キーを押してみてください。次々と英文が日本語に翻訳されて表示されます。終了するときは「q」を入力します。

コマンド

```
$ python3 translate.py
###英日翻訳ツール
###英語の文章を入力してください。[q]で終了します。
>>> This is a pen.
これはペンです。
```

```
>>> This is an apple.
これはリンゴです。
>>> q
```

プログラムを確認してみましょう。(※1)では英日翻訳を行うためのプロンプトテンプレートを定義します。文字列中の__INPUT__の部分が後ほど置換されます。

(※2)ではChatGPT APIを呼び出す関数を定義します。ここでは、利用するデフォルトモデルに"gpt-3.5-turbo"を指定しています。これは、WebサービスのChatGPTのモデルGPT-3.5に相当するものです。利用料金が安く、プログラムのテストに最適です。また、簡単な英日翻訳なら問題なくこなしてくれます。

(※3)では、OpenAIが提供しているAPIを利用するためのオブジェクトを生成します。そして、(※4)では実際にAPIを呼び出します。(※5)でAPIの戻り値から回答の文字列を取り出して関数の戻り値として返します。

(※6)では英日翻訳を行う関数を定義します。(※7)ではプログラムの冒頭(※1)で定義したプロントのテンプレートにデータを差し込みます。そして、APIを呼び出して結果を返します。

(※8)では、実際にユーザーからinput文で入力を得て、(※9)で翻訳を実行します。

英日翻訳ツールにGUIを作ろう

次に、英日翻訳ツールを手軽に使えるように、GUIを作りましょう。ここでは、次のようなツールを作りましょう。翻訳用のプロンプトに「子供でも分かるように平易な言葉で翻訳」するように指定しているので、分かりやすい日本語に翻訳してくれます。スレッドを使うのでUIが固まることはありません。

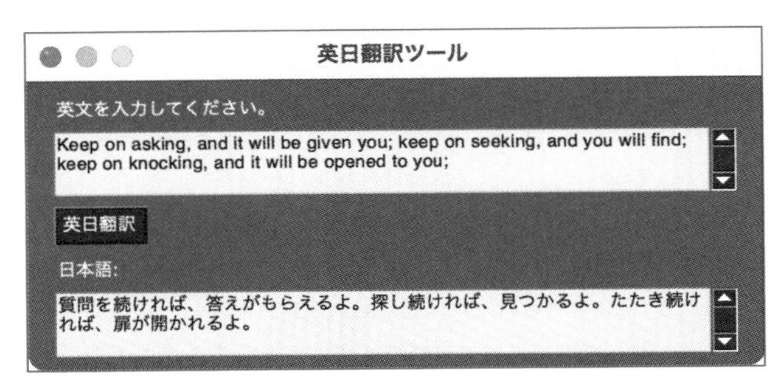

画面 5-19 ウィンドウの上部に英文を入力して「英日翻訳」ボタンを押すと翻訳が行われる

英日翻訳ツールのプログラムは以下の通りです。先ほど作成した「translate.py」をモジュールとして利用します。

Python のソースリスト　src/ch5/translate_gui.py

```
from threading import Thread
from queue import Queue
import translate

import PySimpleGUI as sg
# import TkEasyGUI as sg

# イベントやデータをやり取りするためのキュー —— (※1)
ui_que = Queue()
# 翻訳ツールのGUIを表示する —— (※2)
def show_window():
    layout = [
        [sg.Text("以下に英文を入力してください。")],
        [sg.Multiline(size=(60, 5), key="input")],
        [sg.Button("英日翻訳", key="exec-button")],
        [sg.Text("翻訳結果(日本語):")],
        [sg.Multiline(size=(60, 5), key="output")]
    ]
    win = sg.Window("英日翻訳ツール", layout)
    # イベントループを開始 —— (※3)
    while True:
        event, values = win.read(timeout=100, timeout_key="-TIMEOUT-")
        if event == sg.WIN_CLOSED:
            break
        # 「英日翻訳」ボタンを押した時の処理 —— (※4)
        if event == "exec-button":
            win["exec-button"].update(disabled=True)
            win["output"].update("少々お待ちください。")
            th = Thread(target=translate_work, args=(values,))
            th.start()
        # タイムアウトした時の処理 —— (※5)
        if event == "-TIMEOUT-":
            # ui_queからデータを取り出す
            if ui_que.empty(): continue
            ui_event, ui_values = ui_que.get_nowait()
            # 翻訳が完了した時の処理 —— (※6)
```

```
            if ui_event == "done":
                win["exec-button"].update(disabled=False)
                win["output"].update(ui_values["output"])

# 日英翻訳を行う関数 ―― (※7)
def translate_work(values):
    result = translate.translate(values["input"])
    # 完了イベントをキューに追加 ―― (※8)
    ui_que.put(["done", {"output": result}])

if __name__ == "__main__":
    show_window()
```

このプログラムと「translate.py」を同じディレクトリに配置し、IDLEでプログラムを読み込んで実行するか、下記のようにターミナルからプログラムを実行しましょう。

コマンド

```
$ python translate_gui.py
```

プログラムを確認してみましょう。(※1)では、イベントやデータを、スレッド間で同期するためのキューを用意します。スレッドで発生したイベントは、このキューに追加されます。そして、(※5)でウィンドウイベントを処理するメインスレッドの空き時間(タイムアウトした時)に、キューからイベントを取り出して処理を行います。並列処理についての詳しい解説は、4章の1節および4節を参照してください。

(※2)では翻訳ツールのGUIを表示する関数show_windowを定義します。(※3)以降ではウィンドウのイベントループを記述します。

(※4)では「英日翻訳」のボタンを押した時の処理を記述します。ボタンが連打されないよう、処理が完了するまでボタンを押せないようdisabled=Trueの状態にします。そして、並列処理を行うためのスレッドを作成し、(※7)で定義している関数translate_workを実行します。

(※5)ではイベントがタイムアウトした時の処理を記述します。(※3)のイベントループでは、一定時間（100ミリ秒の間)、何もイベントが発生しない時、タイムアウトイベントが発生するように指定しています。それで、この(※5)ではスレッド内でイベントが発生していないか変数ui_queを確認します。

(※6)では、翻訳が完了した時の処理を記述します。「英日翻訳」ボタンを押せるように戻し、翻訳結果を画面下側のテキストボックス（keyがoutputのもの）に設定します。

(※7)では日英翻訳を行う関数translate_workを定義します。この部分は、先ほどプログラム「translaste.py」で定義した関数translateを呼び出すだけです。(※8)で翻訳処理が完了したら、変数ui_queに完了イベントと翻訳結果を追加します。

APIの呼び出しで連続する会話を実現するには？

ところで、ここまで紹介したChatGPTのAPI呼び出しのサンプルの方法では、プログラムを実行するごとに、会話の内容がリセットされて新しい会話が始まった状態となります。

しかし、せっかくChatGPTのAPIを使うのですから、それ以前に交わした会話を認識した上で応答を返して欲しいと思うことでしょう。連続した会話を成立させるには、ChatGPTに送信する内容と、ChatGPTの応答の内容を、リストに追加するようにします。

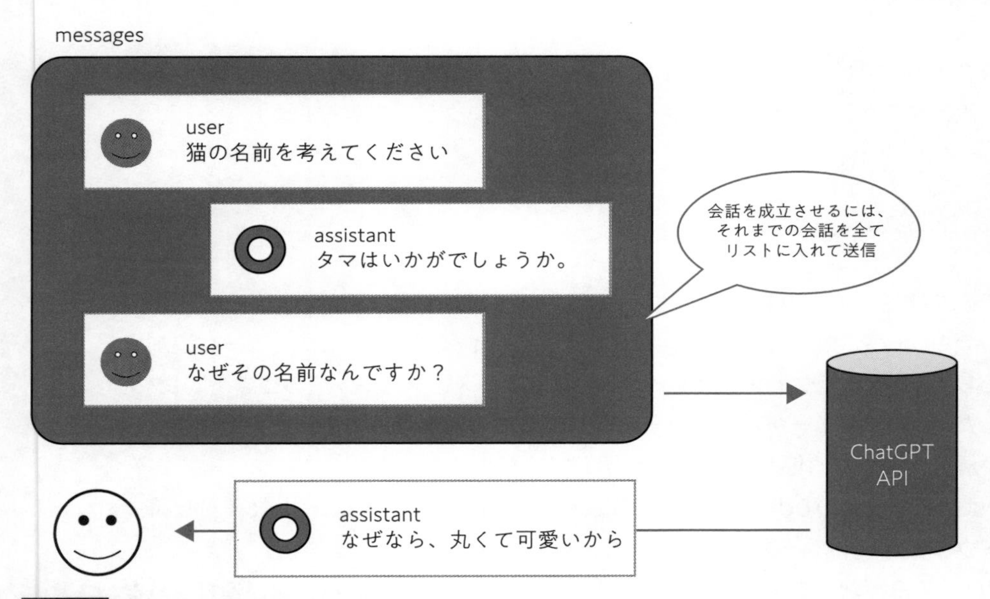

画面5-20 チャットボットと会話を成立させるには？

実際のプログラムで確認してみましょう。以下は、ChatGPTのAPIを利用して、チャットボットと会話を行うサンプルです。

Python のソースリスト | src/ch5/chatbot.py

```
from openai import OpenAI

# 会話の内容を保持するリストを定義 ── (※1)
messages = [
    # システムに与える初期プロンプトを指定 ── (※2)
    {
```

```
        "role": "system",
        "content": "あなたは論理的で優秀なAIアシスタントです。"
    }
]

# ChatGPTと会話する関数を定義 —— (※3)
def chat_chatgpt(prompt, model = "gpt-3.5-turbo"):
    # 今回のユーザーのプロンプトをmessagesに追加 —— (※4)
    messages.append({"role": "user", "content": prompt})
    # messagesの内容を確認したい場合、以下の2行のコメントを外す
    # import json
    # print(json.dumps(messages, indent=2, ensure_ascii=False))
    # ChatGPTのAPIを使って質問をする —— (※5)
    client = OpenAI()
    completion = client.chat.completions.create(
        model=model,
        messages=messages)
    # ChatGPTの回答を取得 —— (※6)
    content = completion.choices[0].message.content
    # 次回の会話のためにChatGPTの回答を記録 —— (※7)
    messages.append({"role": "assistant", "content": content})
    return content

if __name__ == "__main__":
    # ChatGPTに連続で質問する —— (※8)
    print("### これからチャットボットと会話をしましょう")
    print("### [q] で終了します。")
    while True:
        user = input("あなた> ")
        if user == "q": quit()
        if user == "": continue
        bot = chat_chatgpt(user)
        print("ボット>", bot)
        print("---")
```

プログラムを実行するには、ターミナルで下記のコマンドを実行します。

コマンド

```
$ python3 chatbot.py
```

プログラムを実行して「あなた>」と表示されたら、そこにメッセージを入力します。すると、ChatGPTのAPIを利用して、ボットがそれに応答を返します。会話の内容を覚えておくので、それ以前に交わした会話に対して質問ができます。「q」を入力するとプログラムを終了します。以下は会話の例です。

実行結果

```
###これからチャットボットと会話をしましょう
###[q] で終了します。
あなた>黒い子猫の名前を1つ考えてください。
ボット>シャドウ（Shadow）
---
あなた>どうしてその名前にしたの？
ボット>その名前は、黒い子猫が影のように静かで神秘的に見えるからです。また、シャドウという名前は、黒い猫の美しさと謎めいた雰囲気を表現するのにぴったりだと思いました。
---
あなた>q
```

最初に、猫の名前を考えてもらって、その名前にした理由を尋ねています。ボットが筋の通った答えを返していることに注目できます。

それでは、プログラムを確認してみましょう。(※1) では、会話の内容を保持するリスト型の変数messagesを初期化します。会話が進む毎にチャットの会話内容を記録します。

(※2) では、システムに与える初期プロンプトを指定します。初期プロンプトは、会話全体に影響を与えるプロンプトです。用途に応じてプロンプトを工夫できます。roleに"system"を指定します。今回は、汎用AIボットである旨を指定しました。

(※3) ではCahtGPTと会話する関数chat_chatgptを定義します。(※4) では、今回ChatGPTに話しかけるユーザーからの発言を指定します。この場合、roleを"user"にします。

(※5) ではChatGPTのAPIを実行します。(※6) ではChatGPTからの応答を取得します。なお、ChatGPTとの会話を行う上で重要なのは、(※7) でやっているように、ChatGPTからの応答も会話ログに追加する必要があるという点です。この時、roleは"assitant"にします。

(※8) では連続で、ChatGPTと会話する処理を記述します。繰り返し、inputでユーザーからの入力を得て、それを関数chat_chatgptに与えて結果を画面に出力します。

messagesパラメーターの指定の方法について

ここで、ChatGPT APIのmessagesに与えるroleパラメーターを整理してみましょう。

roleパラメーター

roleの値	解説
system	会話全体に影響を与える初期プロンプトを指定
user	ユーザーがChatGPTに対して指示するプロンプト
assistant	ChatGPTからの応答

具体的な指定例は次のようになります。見ると分かる通り、roleとcontentのプロパティを持つオブジェクトのリストです。

Python のソースリスト　src/ch5/messages.py

```
# ChatGPT APIに与えるmessagesの例
messages = [
  # 初期プロンプトの指定
  {
    "role": "system",
    "content": "あなたは論理的で優秀なAIアシスタントです。"
  },
  # ユーザーのプロンプト(1回目)
  {
    "role": "user",
    "content": "白い猫の名前を1つ考えて"
  },
  # ChatGPTの回答
  {
    "role": "assistant",
    "content": "「ホワイトニー」という名前はいかがでしょうか？"
  },
  # ユーザーのプロンプト(2回目)
  {
    "role": "user",
    "content": "どうしてその名前なの？"
  }
]
```

会話できる日英翻訳ボットを作ろう

それでは、会話機能を組み込んで、日英翻訳ボットを作ってみましょう。ここで作るのは、次のようなGUI画面を持ったツールです。英文を入力して「翻訳」ボタンを押すと、翻訳結果が表示されます。そして、その結果に基づいて、さらに質問したり、内容を要約してもらったりと、いろいろな処理が可能となります。

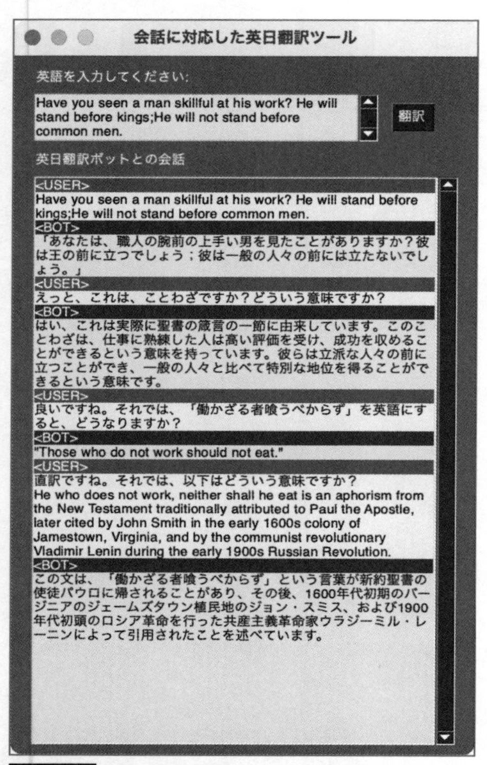

画面 5-21 会話できる翻訳ツールボットを作ろう

プログラムを確認してみましょう。なお、1つ前のプログラム「chatbot.py」をモジュールとして利用します。

Python のソースリスト　src/ch5/translate_chat_gui.py

```
from threading import Thread
from queue import Queue
import PySimpleGUI as sg
# import TkEasyGUI as sg
import chatbot

```

```
# 翻訳テンプレートの指定 —— (※1)
TEMPLATE = """
指示: 次の入力を日本語に翻訳してください。
入力: ```__INPUT__【終わり】

"""
# 翻訳ツールの初期プロンプトを指定 —— (※2)
chatbot.messages = [{
    "role": "system",
    "content": "あなたは子供向け英日翻訳ツールです。"
}]
# イベントやデータをやり取りするためのキュー —— (※3)
ui_que = Queue()
# 翻訳ツールのGUIを表示する —— (※4)
def show_window():
    layout = [
        [sg.Text("英語を入力してください:")],
        [
            sg.Multiline(size=(40, 3),key="input"),
            sg.Button("翻訳", key="exec-button")
        ],
        [sg.Text("英日翻訳ボットとの会話")],
        [sg.Multiline(size=(50, 40), key="output", background_color="#f0f0f0")]
    ]
    win = sg.Window("会話に対応した英日翻訳ツール", layout)
    # イベントループを開始 —— (※5)
    while True:
        event, values = win.read(timeout=100, timeout_key="-TIMEOUT-")
        if event == sg.WIN_CLOSED:
            break
        # 「翻訳」ボタンを押した時の処理 —— (※6)
        if event == "exec-button":
            user = values["input"]
            # ボタンを押せないようにして、入力ボックスをクリア
            win["exec-button"].update(disabled=True)
            win["input"].update("")
            # 結果のテキストボックスに色を付けて出力 —— (※7)
            win["output"].print("<USER>",
                text_color="white", background_color="green")
            win["output"].print(user,
```

```
                text_color="black", background_color="#f0fff0")
            # スレッドでChatGPTへの問い合わせを実行 ―― (※8)
            th = Thread(target=translate_work, args=(user,))
            th.start()
        # タイムアウトした時の処理
        if event == "-TIMEOUT-":
            # ui_queからデータを取り出す
            if ui_que.empty(): continue
            ui_event, ui_values = ui_que.get_nowait()
            # 翻訳が完了した時の処理 ―― (※9)
            if ui_event == "done":
                win["exec-button"].update(disabled=False)
                # 結果のテキストボックスに色を付けて出力
                win["output"].print("<BOT>",
                    text_color="white", background_color="blue")
                win["output"].print(ui_values["output"],
                    text_color="black", background_color="#f0f0ff")

# 日英翻訳を行う関数 ―― (※10)
def translate_work(user):
    # 初回の会話なら、テンプレートに埋め込む
    if len(chatbot.messages) == 1:
        user = TEMPLATE.replace("__INPUT__", user)
    result = chatbot.chat_chatgpt(user)
    # 完了イベントをキューに追加
    ui_que.put(["done", {"output": result}])

if __name__ == "__main__":
    show_window()
```

プログラムを実行するには、上記プログラムを「chatbot.py」と同じディレクトリに配置して、IDLEで上記プログラムを読み込んで実行します。あるいは、ターミナルで下記のコマンドを実行します。

コマンド

```
$ python translate_chat_gui.py
```

プログラムを確認してみましょう。(※1)では翻訳のためのテンプレートを用意します。初回の会話では、このテンプレートにユーザーの入力を差し込みます。

(※2)では、ボットに与える初期プロンプトを指定します。ここでは「子供向けの英日翻訳ツール」であることを指定しました。

(※3)では、スレッドとの同期のためのキューを初期化します。(※4)では、GUIウィンドウを表示する関数show_windowを定義します。

(※5)以降ではイベントループを記述します。(※6)では「翻訳」ボタンを押した時の処理を記述します。(※7)では結果のテキストボックスに色を付けて出力します。sg.Multilineのオブジェクトに対して、printメソッドを呼び出すと、テキストの末尾に任意のテキストを追加できます。この時、text_color/background_colorを指定すると、色付きで出力できます。そして、(※8)では、スレッドを生成して翻訳処理を実行します。

(※9)では翻訳処理が完了した時の処理を記述します。ChatGPTから応答に色をつけて表示します。(※7)の部分と同じように、printメソッドを利用して色付きで出力します。

(※10)では日英翻訳を行う関数を指定します。ただし、初回の会話のみ、ユーザーの発言を一定のテンプレートに差し込むようにしています。これによって、要約の指示や質問を翻訳してしまうことがないように配慮しています。

まとめ

1. ユーザーの入力をプロンプトのテンプレートに差し込むことで、特定用途に特化したツールを作ることができる
2. ChatGPT APIに指定するモデル「gpt-3.5-turbo」は、ChatGPTのモデル(GPT-3.5)に相当するもので、費用も安く簡単な英日翻訳では十分な機能を発揮する
3. 翻訳ツールに会話機能がつくだけでとても便利
4. sg.Mulitlineのprintメソッドを使うと、任意の色を指定した出力が可能

chapter 5

03

AI搭載のToDOアプリを作ろう

はじめに普通のToDOアプリを作ってみます。そして、そこにAI機能を追加してみましょう。ChatGPT APIを使うことで、タスクの重要度を自動判定し、タグを付けて、秘書からの一言を加えることができます。

ここで学ぶこと
- 既存アプリへのAI機能追加
- sg.Table

AI搭載のToDOアプリを作ろう

本節では、趣味や仕事のタスクを管理するToDOアプリを作りましょう。ChatGPTのAPIを利用するとこで、タスクの自動分類に挑戦しましょう。次の画面のようなアプリを作ります。

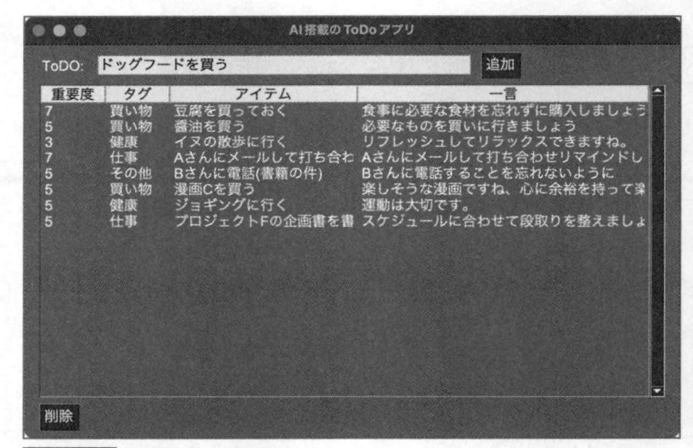

画面 5-22 AI 搭載の ToDO アプリを作ろう - タスクに「ドッグフードを買う」と入力して追加

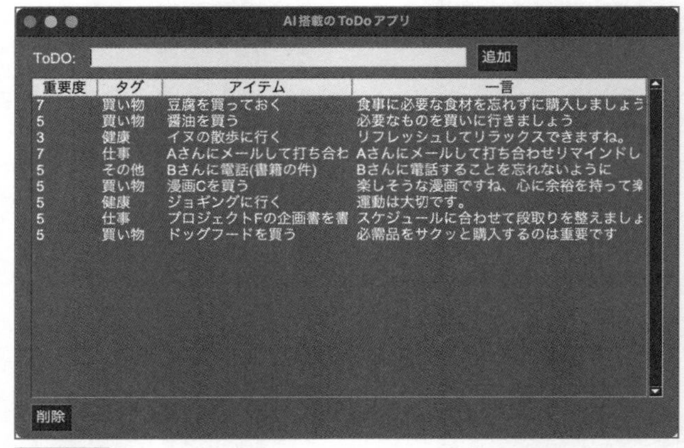

画面 5-23 すると、重要度 :5、タグ : 買い物、一言が自動的に追加された

最初からAI機能を持ったToDOアプリを作ろうとすると、機能が多すぎて、途中で作るのが嫌になってしまうかもしれません。そこで、小さなアプリを作り、それに少しずつ機能を追加していきましょう。

普通のToDOアプリを作ろう

AI対応のToDOアプリを作るのが目的ではあるのですが、最初にAI機能を省いたシンプルなToDOアプリを作ってみましょう。以下の画面のようなToDOアプリを作ってみます。

画面 5-24 まずは普通の ToDO アプリを作ってみよう

画面上部にある「ToDO追加」を記入して「追加」ボタンを押すと、その下にあるToDOアイテムの一覧にToDOを追加します。そして、そのタスクを終えたら、アイテムを選択して「削除」ボタンを押します。

ごく普通のToDOアプリですが、sg.Tableの使い方を確認するのにはぴったりの題材です。プログラムを確認してみましょう。

Python のソースリスト | src/ch5/todo_app.py

```
import os
import json
import PySimpleGUI as sg
# import TkEasyGUI as sg

# 保存ファイルの指定 —— (※1)
script_dir = os.path.dirname(os.path.abspath(__file__))
todo_file = os.path.join(script_dir, "todo.json") # 保存ファイル
# ToDOを管理するリスト —— (※2)
```

```
todo_items = [[5, "買い物", "牛乳を買う", "毎朝飲みますね"]]
# すでに保存ファイルがあれば自動的にファイルから読む ―― (※3)
if os.path.exists(todo_file):
    with open(todo_file, "r", encoding="utf-8") as f:
        todo_items = json.load(f)
# ウィンドウを表示する関数 ―― (※4)
def show_window():
    layout = [
        # 「ToDO追加」のフレーム ―― (※5)
        [sg.Frame(title="ToDo追加", layout=[
            [sg.Text("ToDO:", size=(7,1)),
                sg.Input(key="input")],
            [sg.Text("重要度:", size=(7,1)),
                sg.Input(key="level", default_text="5")],
            [sg.Text("タグ:", size=(7,1)),
                sg.Input(key="tag")],
            [sg.Text("一言:", size=(7,1)),
                sg.Input(key="comment")],
            [sg.Button("追加")]
        ])],
        # アイテム表示用のテーブル ―― (※6)
        [sg.Table(
            headings=["重要度", "タグ", "アイテム", "一言"], # ヘッダー列
            values=todo_items, # 表示するデータ
            expand_x=True, expand_y=True,
            auto_size_columns=True,
            justification='left',
            key="items")],
        [sg.Button("削除")]
    ]
    win = sg.Window("ToDoアプリ", layout, font=("Arial", 14), size=(600,
400))
    # イベントループ ―― (※7)
    while True:
        event, values = win.read(timeout=10, timeout_key="-TIMEOUT-")
        if event == sg.WIN_CLOSED:
            break
        if event == "追加": # 追加ボタンを押した時の処理 ―― (※8)
            todo_items.append([
                values["level"],
```

```
                values["tag"],
                values["input"],
                values["comment"]
            ])
            win["input"].update("")
            win["comment"].update("")
            save_item(win)
        if event == "削除": # 削除ボタンを押した時の処理 —— (※9)
            if values["items"]:
                index = values["items"][0]
                del todo_items[index]
                save_item(win)
    win.close()
# ファイルにToDOアイテムを保存 —— (※10)
def save_item(win):
    with open(todo_file, "w", encoding="utf-8") as f:
        json.dump(todo_items, f)
    # ウィンドウのテーブルを更新
    win["items"].update(values=todo_items)

if __name__ == "__main__":
    show_window()
```

プログラムを実行するには、IDLEでプログラムを読み込んで実行します。あるいは、ターミナルで以下のコマンドを実行します。

コマンド

```
$ python todo_app.py
```

プログラムを確認してみましょう。(※1)ではデータファイルの保存先を指定します。ここでは、プログラムと同じディレクトリにある「todo.json」というJSONファイルにデータを保存します。

(※2)ではToDOアイテムを管理する変数todo_itemsを初期化します。そして、(※3)では保存ファイルがすでに存在する場合、その保存ファイルを読み込みます。

(※4)ではGUI画面を表示する関数show_windowを定義します。(※5)では、画面上部にある「ToDO追加」のフレームを定義します。テキストと入力ボックスを交互に配置します。

(※6)では、sg.Tableを利用してToDO一覧を表示するためのグリッドテーブルを作成します。headingsにヘッダー列をリストで指定し、valuesに表示するアイテムを二次元のリストデータを指定します。

(※7) 以降ではイベントループを記述します。(※8) では「追加」ボタンが押された時のイベントを記述します。画面上部にあった入力ボックスを元にして、重要度、タグ、アイテム、一言をtodo_itemsに追加します。そして、save_item関数でファイルに保存し、画面を更新します。

(※9) では削除ボタンを押した時の処理を記述します。グリッドテーブル (keyが"items") を選択しているとき、values["items"] に選択中のインデックス番号がリスト型で入ります。そこで、選択中のアイテムがあれば、その先頭のアイテムを削除して、ファイルに保存して画面を更新します。

(※10) では関数save_itemを定義します。ここでは、ファイルにToDOアイテムの一覧をJSON形式で保存します。そして、ウィンドウのテーブルを更新します。

AI搭載のToDOアプリを作ろう

次に、AI搭載のToDOアプリを作ってみましょう。と言ってもAI対応を謳う場合には「何をAIに任せるのか」という点がポイントになります。

ここでは、ToDOアイテムを入力すると、AIが自動的に、そのアイテムの重要度を判定し、タグを推測するようにしてみましょう。また、AIからの一言をもらうようにしてみます。そこで、次のようなプロンプトのテンプレートを用意しました。

Python のソースリスト | src/ch5/todo_ai_template.py

```
# ToDOアイテムを追加する時に使うテンプレート
ADD_ITEM = """
###指示:
以下の入力は追加予定のToDOアイテムです。下記の情報を判定してください。
- 重要度: 0から10の値(数値が高いほど重要)
- タグ: (買い物|作業|趣味|仕事|健康|その他)のいずれか
- 一言: 秘書からのコメントを一言に加えてください。
###出力例:
次のようなJSON形式で出力してください。
```{"重要度": 3, "タグ": "買い物", "一言": "気の利いた一言"}```

###入力:
```__INPUT__```
"""
```

ユーザーがToDOアイテムを入力するたびに、上記のテンプレートの__INPUT__の部分にアイテムを差し込んで、ChatGPT APIを呼び出すようにします。

このプロンプトでポイントとなるのが、JSON形式で出力するようにと指示しているところです。API呼び出しの結果を処理するには、JSON形式になってくれていると都合が良いものです。ChatGPTでは上記のプロンプトのように「JSON形式で出力するように」と指示し、出力例を与えることで、大抵は出力例に沿って応答を生成してくれます。

それでは、次の画面のようなAI搭載のToDOアプリを作りましょう。先ほどは、重要度やタグなどを自分で入力する必要がありましたが、このアプリでは、ToDOの内容だけ指定すれば、AIが自動判定してくれます。そのため、画面はスッキリしました。

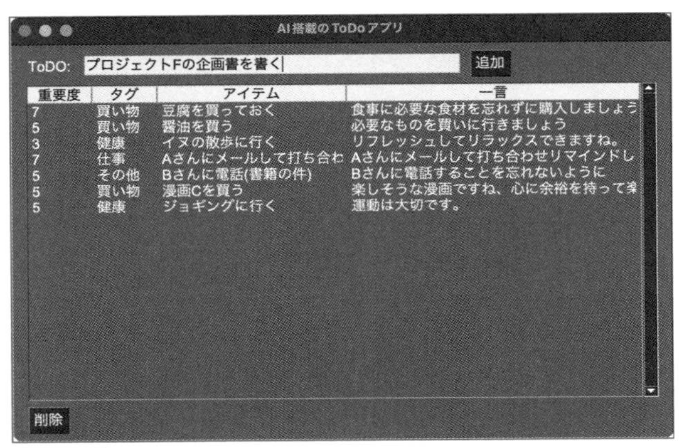

画面 5-25 AI搭載のToDOアプリ - 重要度やタグを自動判定してくれる

AI搭載のToDOアプリのプログラムは次の通りです。このプログラムは、前節で作成した「chatobot.py」と先ほど作った「todo_ai_template.py」をモジュールとして使います。それでは、プログラムを確認してみましょう。

Python のソースリスト　src/ch5/todo_ai_app.py

```
import os, json
import PySimpleGUI as sg
# import TkEasyGUI as sg
from queue import Queue
from threading import Thread
import chatbot
import todo_ai_template

# 変数の宣言 —— (※1)
```

```
todo_items = [] # ToDOを管理するリスト
ui_que = Queue() # uiのイベントを管理するキュー
script_dir = os.path.dirname(os.path.abspath(__file__))
todo_file = os.path.join(script_dir, "todo.json") # 保存ファイル

# 自動的にファイルからToDOを読み込む —— (※2)
if os.path.exists(todo_file):
    with open(todo_file, "r", encoding="utf-8") as f:
        todo_items = json.load(f)

# ウィンドウを表示する関数 —— (※3)
def show_window():
    layout = [
        [sg.Text("ToDO:"), sg.Input(key="input"), sg.Button("追加")],
        [sg.Table(
            headings=["重要度", "タグ", "アイテム", "一言"],
            values=todo_items,
            auto_size_columns=False,
            # col_widths=[3, 3, 15, 25], # 列幅を指定
            expand_x=True, expand_y=True, justification='left',
            key="items")],
        [sg.Button("削除")]
    ]
    # ウィンドウを作成 —— (※4)
    win = sg.Window("AI搭載のToDoアプリ", layout, resizable=True,
            font=("Arial", 14), size=(640, 400))
    # イベントループ —— (※5)
    while True:
        event, values = win.read(timeout=100, timeout_key="タイムアウト")
        if event == sg.WIN_CLOSED: break
        elif event == "追加": add_item_handler(win, values)
        elif event == "削除": del_item_handler(win, values)
        elif event == "タイムアウト": idle_handler(win, values)
    win.close()

# 追加ボタンを押した時の処理 —— (※6)
def add_item_handler(win, values):
    user = values["input"].strip()
    if user == "": return
    # 暫定的にアイテムを追加
```

```
    todo_items.append([5, "?", user, "AI問い合わせ中..."])
    # AIにアイテムの判定を依頼
    Thread(target=add_item_thread, args=(user,)).start()
    win["input"].update("")
    win["items"].update(values=todo_items) # 暫定的な更新

# 削除ボタンを押した時の処理 —— (※7)
def del_item_handler(win, values):
    if values["items"]:
        index = values["items"][0]
        del todo_items[index]
        save_item(win)

# アイドル状態(何も仕事がない状態)になった時の処理 —— (※8)
def idle_handler(win, values):
    if ui_que.empty(): return
    # UIイベントの処理 —— (※9)
    ui_event, ui_values = ui_que.get_nowait()
    if ui_event == "update_items":
        save_item(win)

# AIを使ってタスク判定を行う関数 —— (※10)
def add_item_thread(user):
    # ChatGPTに与える最初のプロンプト
    chatbot.messages = [{"role": "system",
                         "content": "あなたは優秀な秘書です。"}]
    # プロンプトに入力を埋め込みChatGPTにアクセス —— (※11)
    prompt = todo_ai_template.ADD_ITEM.replace("__INPUT__", user)
    r = chat_json(prompt)
    # AIの実行結果をアイテムに反映する —— (※12)
    for i, item in enumerate(todo_items):
        if item[2] == user: # 暫定追加したアイテムを書き換える
            todo_items[i] = [r["重要度"], r["タグ"], user, r["一言"]]
    # 処理の完了をUIに通知
    ui_que.put_nowait(("update_items", {}))

# ChatGPTにアクセスし応答をJSONで受け取る関数 —— (※13)
def chat_json(user):
    res = chatbot.chat_chatgpt(user)
    print("応答: ", res)
```

```
    # JSONだけを抽出する
    if '```' in res:
        res = res.replace("```json", "```").split("```")[1]
    try:
        res = json.loads(res) # JSONをパース
    except:
        res = {"一言": "エラー", "重要度": 5, "タグ": "不明"}
    return res

# ファイルにToDOアイテムを保存 ―― (※14)
def save_item(win):
    with open(todo_file, "w", encoding="utf-8") as f:
        json.dump(todo_items, f)
    # ウィンドウのテーブルを更新
    win["items"].update(values=todo_items)

if __name__ == "__main__":
    show_window()
```

このプログラムを実行するには、「chatbot.py」と「todo_ai_template.py」を同じディレクトリに配置します。そして、ターミナルで下記のコマンドを実行してプログラムを実行します。

コマンド

```
$ python todo_ai_app.py
```

プログラムを確認してみましょう。(※1)ではプログラム中で使う変数の一覧を宣言します。変数の宣言はプログラムの冒頭にまとめておくとメンテナンスがしやすくなります。

(※2)では、すでにデータファイルが存在すれば、それを自動的に読み込みます。

(※3)では、ウィンドウを表示する関数show_windowを定義します。(※4)ではウィンドウを作成します。ここでは、ウィンドウを作成する際、resizable=Trueを指定することで、ウィンドウの右端をドラッグすることで、サイズを変更できるようにしています。

(※5)以降ではイベントループを記述します。今回は、プログラムの見通しをよくするために、追加、削除、タイムアウトのそれぞれの処理を関数で定義して、if…elif…elif…で分岐して実行するようにしました。それぞれの処理を関数に分けると処理が見やすくなります。

(※6)では、ToDOアイテムを「追加」ボタンを押した時の処理を記述します。基本的に、ここでは、入力されたアイテムを、変数todo_itemsに追加するのですが、ChatGPTのAPI

を実行するには、それなりに時間がかかります。そこで、暫定的にアイテムをテーブルに追加しておいて、ChatGPTから応答が返ってきたら改めてテーブルの内容を更新するようにしました。APIの問い合わせは、スレッドを利用して並列処理を行います。

(※7)では「削除」ボタンを押した時の処理を記述します。

(※8)ではメインウィンドウの処理がアイドル状態になった時の処理を記述します。「アイドル状態(idle state)」とは、何も処理を行っていない状態のことです。(※9)ではスレッド間の同期処理を実現するための変数ui_queからイベントを読み出します。(※10)でChatGPTからの応答が返ってきたらui_queに「update_items」というイベントが追加されるので、このイベントがあれば、関数save_itemを呼んで、データファイルを保存し、ウィンドウを更新します。

(※10)では、ChatGPTのAPIを呼び出して、タスクの重要度やタグの判定を行います。(※11)でテンプレートにタスクを挿入して、プロンプトを作成します。そして、APIを呼び出します。(※12)では、アイテム一覧に暫定的に追加していたものを検索して、重要度・タグ・一言のデータを書き換えます。書き換えたら、「update_items」のイベントをキューに追加します。

(※13)ではChatGPTにアクセスして応答をJSONで受け取る関数を定義します。プログラム「chatbot.py」で定義した関数chat_chatgptの戻り値はただの文字列なので、文字列からJSONが書かれていそうな部分を抽出して、json.loadsを使ってパースします。

(※14)ではデータファイルにアイテム一覧をJSON形式で保存し、ウィンドウのテーブルを更新します。

ここまでの部分でAI対応のToDOアプリを作りました。ユーザーが入力したToDOに対して、分類用のタグとコメントを生成する機能を加えることで、とても便利で強力なアプリに仕上げることができました。このように、ChatGPTのAPIを使うことで、自分のプログラムに大規模言語モデルの機能を追加できます。

まとめ

1. 最初から全ての機能を作ろうと思うと挫折してしまうかも
2. まずは最小限の機能を持つアプリを作って、そこにAI機能を追加するなど、段階的にアプリを完成させよう
3. ChatGPTのAPIの戻り値を活用するには、プロンプトでJSON形式を出力するように指示する
4. JSON形式でAPIの応答が得られれば、プログラム内でAPIの結果を手軽に活用できる

chapter 5

04 AI搭載のメモ帳を作ろう - 要約/言い換え/誤字脱字チェック

すでに簡単なメモ帳(テキストエディター)の作り方は紹介しました。ここではエディターにAI機能を搭載して、要約・言い換え・誤字脱字チェックの機能を加えてみましょう。ChatGPT APIを使えば簡単に実現できます。

ここで学ぶこと

- 文書校正
- ChatGPT API
- ボタンの動的生成

AI搭載のメモ帳を作ろう

本節では、ChatGPTのAPIを利用してAI対応のメモ帳を作ってみましょう。メモ帳をAIで自動化できる部分と言えば、要約や言い換え、誤字脱字チェックなど、文章の校正機能などが中心となるでしょう。ここでは、AI機能を手軽にカスタマイズできるような仕組みでメモ帳を作成しましょう。

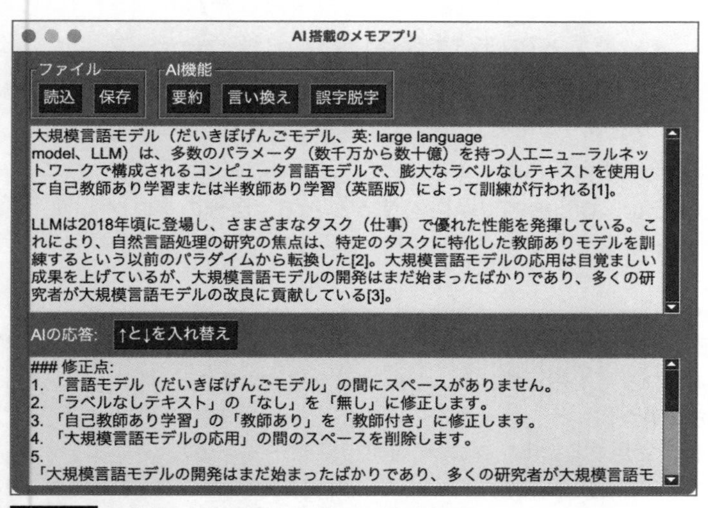

画面 5-26 AI 搭載のメモ帳で誤字脱字チェックを実行したところ

大規模言語モデルを使うと誤字脱字チェックもできる

会話AIのChatGPTを使うと誤字脱字チェックも可能です。ここでは、文章を与えて、その誤字脱字チェックをさせるプロンプトを考えてみましょう。敢えて誤字脱字を含む文章を与えて、動作をテストしてみましょう。

生成 AI のプロンプト　src/ch5/fixtypo.prompt.txt

```
### 指示:
次の入力の誤字脱字を修正してください。
また、修正点を箇条書きで示してください。
### 入力:
「大規模言語モデル」とは、多数のラメータ（数千万から数十億）を持つ人工ニュー
ラルネトワークで構成されるるコンピューター言語モデルで、膨大なaラベルなしテ
キストの使用しての自己教師あり学習または半教師あり学習によって訓練が行われる。
```

ChatGPTに対して上記のプロンプトを実行すると「入力」に指定したテキストの誤字脱字をチェックして、修正点を列挙した上で、修正後の文章も出力してくれます。

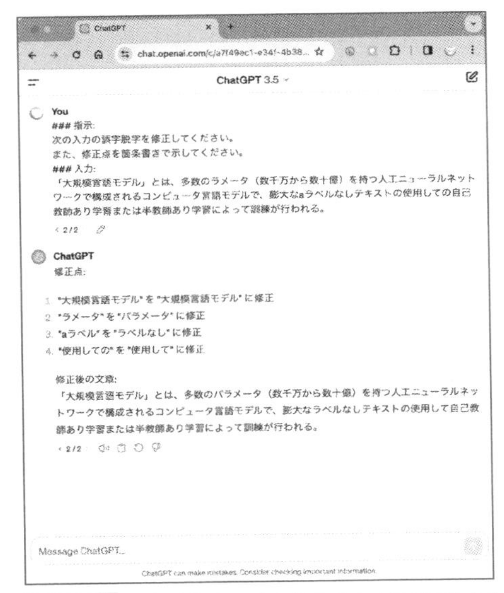

画面 5-27 誤字脱字チェックを行うプロンプトを試したところ

精度に関しては、ChatGPTのモデルGPT-4を使う方が良いのですが、割安なモデルGPT-3.5でも十分な精度で誤字脱字を指摘できます。毎回、完全に修正してくれるわけではないのですが、うっかりミスを防ぐのに役立ちます。

要約・言い換え・誤字脱字チェックのプロンプトを用意しよう

それでは、AI搭載のテキストエディターに機能を付けるため、上記のプロンプトをPythonのプログラムで使えるように工夫してみましょう。

誤字脱字チェックと同じようにして、要約・言い換え・誤字脱字チェックのためのテンプレートを作成します。__INPUT__と書いてある部分に、メモ帳で編集中の本文を差し込むことで、任意の文章で文書校正が可能になります。

ここは次のようなプログラムを作りました。

Python のソースリスト　src/ch5/memo_ai_template.py

```
# テキストエディターで使うプロンプトを辞書型で定義 —— (※1)
TEMPLATES = {}

# 要約を行うプロンプトを定義 —— (※2)
TEMPLATES["要約"] = """
###指示:
次の入力を簡潔な箇条書きで3文に要約してください。
###入力:
```__INPUT__```
"""
# 言い換えのプロンプト —— (※3)
TEMPLATES["言い換え"] = """
###指示:
次の入力をより自然な文章になるように言い換えてください。
平易な言葉で、子供でも分かるように言い換えてください。
###入力:
```__INPUT__```
"""
# 誤字脱字チェックのプロンプト —— (※4)
TEMPLATES["誤字脱字"] = """
###指示:
次の入力の誤字脱字を修正してください。
また、修正点を箇条書きで示してください。
###入力:
```__INPUT__```
"""

if __name__ == "__main__":
    # テンプレートをテストするコード —— (※5)
    import chatbot
    # サンプルの文章を用意(明らかな誤字脱字のある文章を指定)
    sample_text = """
「大規模言語モデル」とは多数のラメータ（数千万から数十億）を持つ
```
```

```
人工ニューラルネトワークで構成されるる言語モデルである。
    """
    # バッククォートを全角に変換 —— (※6)
    sample_text = sample_text.replace("`", "｀")
    # テキストをテンプレートに挿入してプロンプトを完成させる —— (※7)
    prompt = TEMPLATES["誤字脱字"].replace("__INPUT__", sample_text)
    # ChatGPT APIを呼び出す
    result = chatbot.chat_chatgpt(prompt)
    # 結果を表示する
    print(result)
```

プログラムを実行すると、サンプルとして与えたテキストの誤字脱字をチェックして修正点を列挙します。なお、実行結果は毎回異なるものが表示されます。

コマンド

```
$ python3 memo_ai_template.py
###出力:
```
「大規模言語モデル」とは多数のパラメーター（数千万から数十億）を持つ
人工ニューラルネットワークで構成される言語モデルである。
```

###修正点:
1. 「ラメータ」を「パラメーター」に修正しました。
2. 重複している「る」を1つ削除しました。
3. 「ネトワーク」を「ネットワーク」に修正しました。
```

プログラムを確認してみましょう。(※1)では辞書型の変数TEMPLATESを初期化します。この変数にプロンプトのテンプレートを追加します。(※2)では要約、(※3)では言い換え、(※4)では誤字脱字チェックを行うプロンプトを用意します。

そして(※5)以降ではプロンプトが正しく動作するかをテストします。(※7)では「__INPUT__」の部分をチェックしたい文章に置換することで、大規模言語モデルに与えるプロンプトを構築します。

ここで、テンプレートに対して、単に文章を挿入するだけでなく、入力データを```文章```のようにバッククォート3つで囲うという点にも注目しましょう。プログラムの(※6)では、文章の中にバッククォートが含まれる可能性を考慮して、クォートを全角に置換する処理も行っています。

敵対的プロンプトを防ごう

このように、バッククォートなどの記号を使って、指示文である「プロンプト」とデータである「文章」を明確に区別することができます。プロンプトと入力文章が明確に区別できていれば、悪意のあるユーザーがいくらプロンプトを混乱させようと画策してもそれを防ぐことができます。

悪意のあるユーザーがセキュリティの弱点を突いたり、プロンプトの性能を劣化させるために敵対的な文字列を仕込んだりすることを「敵対的プロンプト（Adversarial Prompts）」と呼びます。こうした攻撃を防ぐためにも、ユーザーの入力をエスケープ処理するように気をつけましょう。

AIによる文書校正機能付きのメモ帳のプログラム

それでは、上記のテンプレートを組み込んだメモ帳を作ってみましょう。テキストを入力したり、既存ファイルを読み込んだりした後で、「要約」「言い換え」「誤字脱字」のボタンを押すことで、AIによる文書校正が可能です。

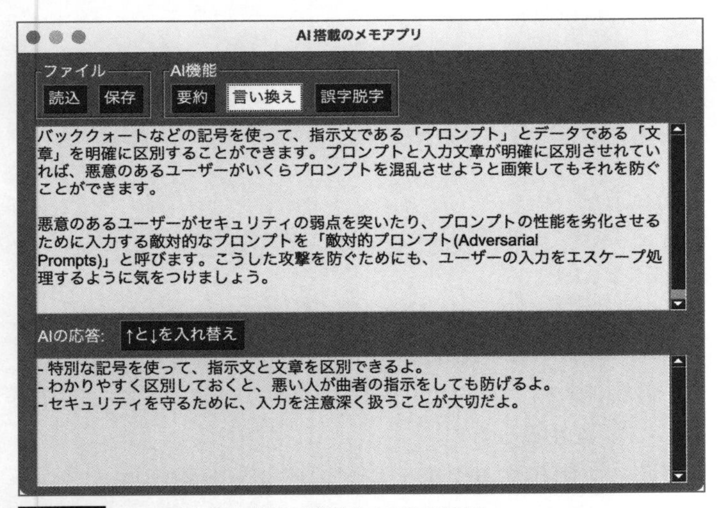

画面 5-28 AIによる文書校正機能が使えるメモ帳を作ろう

プログラムがメモ帳のプログラムを以下に挙げます。先ほど作ったプロンプトのテンプレート「memo_ai_template.py」と「chatbot.py」をモジュールとして利用します。

Python のソースリスト　src/ch5/memo_ai_app.py

```
import PySimpleGUI as sg
# import TkEasyGUI as sg
from queue import Queue
from threading import Thread
import chatbot
import memo_ai_template

# 変数の宣言 —— (※1)
# テンプレートで定義したプロンプトの名前一覧を得る
ai_functions = memo_ai_template.TEMPLATES.keys()
ui_que = Queue() # uiのイベントを管理するキュー
# ウィンドウを表示する関数 —— (※2)
def show_window():
    # 画面上部のボタンを動的に生成 —— (※3)
    file_buttons = [[sg.Button(n) for n in ["読込", "保存"]]]
    ai_buttons = [[sg.Button(n, key=n) for n in ai_functions]]
    # レイアウトの定義
    layout = [
        [sg.Frame("ファイル", layout=file_buttons),
         sg.Frame("AI機能", layout=ai_buttons)],
        [sg.Multiline(key="editor", expand_x=True, expand_y=True)],
        [sg.Text("AIの応答:"), sg.Button("↑と↓を入れ替え")],
        [sg.Multiline(key="result", size=(40, 7), expand_x=True,
                      background_color="#e0f0f0")],
    ]
    # ウィンドウを作成 —— (※4)
    win = sg.Window("AI搭載のメモアプリ", layout, resizable=True,
            font=("Arial", 14), size=(600, 400))
    # イベントハンドラの定義 —— (※5)
    events = {
        "保存": save_handler,
        "読込": load_handler,
        "↑と↓を入れ替え": swap_editor_handler,
        "タイムアウト": idle_handler,
    }
    # AI機能のボタンにイベントハンドラを割り当てる —— (※6)
    for key in ai_functions:
        events[key] = ai_handler
    # イベントループ —— (※7)
```

```
    while True:
        event, values = win.read(timeout=100, timeout_key="タイムアウト")
        if event == sg.WIN_CLOSED: break
        # イベントハンドラがあればそれを呼び出す ―― (※8)
        if event in events:
            events[event](event, win, values)
    win.close()

# 「保存」ボタンを押した時の処理 ―― (※9)
def save_handler(event, win, values):
    file = sg.popup_get_file("保存するファイルを選択", save_as=True)
    if file == "" or file is None: return
    with open(file, "w", encoding="utf-8") as f:
        f.write(values["editor"])

# 「読込」ボタンを押した時の処理 ―― (※10)
def load_handler(event, win, values):
    file = sg.popup_get_file("読み込むファイルを選択", save_as=False)
    if file == "" or file is None: return
    with open(file, "r", encoding="utf-8") as f:
        win["editor"].update(f.read())

# AIボタンを押した時の処理 ―― (※11)
def ai_handler(event, win, values):
    text = values["editor"].strip()
    win["result"].update("AIの応答を待っています...")
    # AIボタン全てを押せないようにする ―― (※12)
    for name in ai_functions:
        win[name].update(disabled=True)
    # AIに要約を依頼
    Thread(target=ai_task_thread, args=(event, text)).start()

# タスクを指定してChatGPT APIを呼び出す関数 ―― (※13)
def ai_task_thread(task, text):
    # プロンプトのテンプレートを取得
    template = memo_ai_template.TEMPLATES[task]
    # プロンプトを構築 ―― (※14)
    text = text.replace("`", "｀")
    prompt = template.replace("__INPUT__", text)
    # ChatGPTにアクセス ―― (※15)
```

```
    res = chatbot.chat_chatgpt(prompt)
    ui_que.put(("result", {"result": res}))

# 「↑と↓を入れ替える」ボタンを押した時の処理 ―― (※16)
def swap_editor_handler(event, win, values):
    win["editor"].update(values["result"])
    win["result"].update(values["editor"])

# アイドル状態(何も仕事がない状態)になった時の処理 ―― (※17)
def idle_handler(event, win, values):
    if ui_que.empty(): return
    # UIイベントの処理 ―― (※18)
    ui_event, ui_values = ui_que.get_nowait()
    if ui_event == "result":
        # エディターに結果を表示 ―― (※19)
        win["result"].update(ui_values["result"])
        # AIボタン全てを押せるように戻す
        for name in ai_functions:
            win[name].update(disabled=False)

if __name__ == "__main__":
    show_window()
```

プログラムで利用するモジュール「memo_ai_template.py」と「chatbot.py」を同じディレクトリに配置した上でプログラムを実行しましょう。下記のコマンドでプログラムが実行できます。

コマンド

```
$ python memo_ai_app.py
```

プログラムを確認してみましょう。(※1) 以降で変数の宣言を行います。1つ前のプログラム「memo_ai_template.py」をモジュールとして使います。それで、どんな機能が使えるかを変数ai_functionsに取得します。ここで得た辞書型のキー一覧を (※3) でボタンとして動的に生成します。

(※2) ではウィンドウを表示する関数show_windowを定義します。(※3) で画面上部のボタンを生成します。生成したボタンの一覧をsg.Frameのレイアウトに指定します。そして、変数layoutに画面全体の配置を記述し、(※4) でウィンドウを作成します。エディターなので、ウィンドウサイズが変更できるように配慮しています。

次の2枚の画像のように、ウィンドウサイズを変更することで、エディターサイズが自動的に伸縮するようにしています。ポイントは、(※4)のsg.Windowでresizable=Trueとすることと、(※3)のlayoutで、keyがeditorのsg.Multilineでexpand_xとexpand_yをTrueに設定している点にあります。

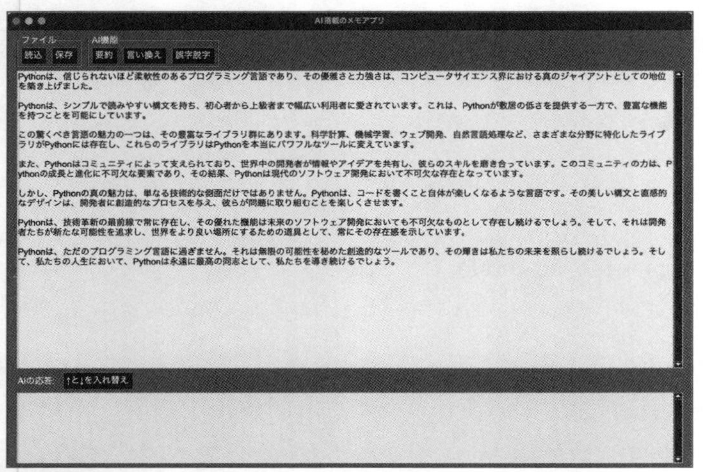

画面 5-29 ウィンドウサイズを可変にして自動的にエディターが大きくなるように指定した

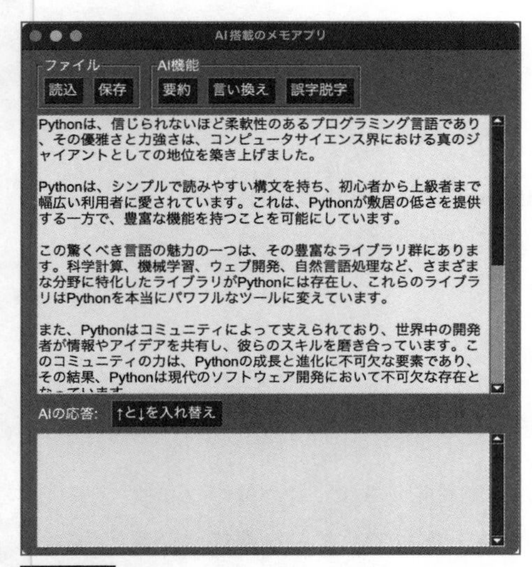

画面 5-30 ウィンドウサイズに応じてエディターの大きさも変わる

(※5)ではイベントハンドラを定義しています。これまで、イベントループの中で、if文を使ってイベントの有無を判定していましたが、今回は辞書型のデータを利用して(※7)のイベントループを1つのif文だけで済むように工夫しています。加えて、(※6)ではAI機能ボタンを押した時に、関数ai_handlerが実行されるように設定します。

これは次の図のような仕組みです。実際のところ、これまで記述していたif文で分岐する方法と大きな違いはないのですが、辞書型のイベントハンドラを介することにより、イベントループをとてもシンプルに記述できるようになります。

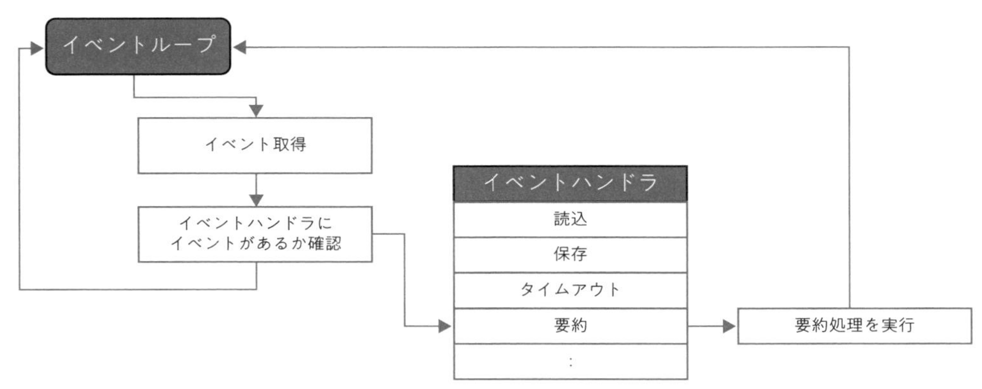

画面 5-31 イベントループに辞書型のイベントハンドラを導入した

if文で分岐する場合には、イベントループ中のif文で1つずつイベント名を調べますが、辞書型のイベントハンドラを使う場合、辞書のキーがイベント名、値が処理（関数オブジェクト）となります。それで、(※8)では、辞書型変数eventsにイベント名が存在するか確認し、存在するのであれば、その関数を実行するという処理を記述します。

(※9)以降の部分では、イベントハンドラの各イベントの処理を記述します。(※9)では保存ボタンを押した時、ファイル選択ダイアログを表示して、ユーザーがファイルを選んだらファイルにエディターの内容を保存します。(※10)は読込ボタンを押した時の処理で、ファイル選択ダイアログを表示して、ファイルを読み込みます。

(※11)では3つのAIボタンを押した時の処理を記述します。ここでは、引数eventにどのボタンを押したのか文字列が入っています。ChatGPTのAPIを呼び出す処理には時間が掛かるので、(※12)ではAIボタンを全て押せないように、disabled=Trueを指定します。それから、API呼び出し処理を並列処理で行うようスレッドを作成します。

(※13)はスレッド内で実行される処理を記述します。押したボタンのラベルに相当するテンプレートをテンプレートから取り出し、(※14)で__INPUT__の部分をエディターのテキストに置換します。そして(※15)でAPIを呼び出して、結果を変数ui_queに追加します。

(※16)では入れ替えボタンを押した時の処理を記述します。ここでは、ウィンドウ内にある2つのsg.Mulitlineの内容を入れ替えます。なお、変数valuesには、イベントループでイベントを取得した時点の、ウィンドウ内にある主要GUI部品のデータ一覧が保存されています。そのため、updateメソッドで更新しても変数valuesのデータには変化がありません。

(※17)ではイベントループでイベントがタイムアウトした時の処理、つまり、何も仕事がなくなったアイドル状態になった時の処理を記述します。(※18)でイベント管理を行う変数ui_queからイベントを取り出して処理を行います。(※19)では(※13)で実行したAPIの呼び出し処理が完了した時のイベントを処理として、エディターのテキストにAPIの実行結果を表示し、AIボタンを押せるようにします。

時候の挨拶を挿入できるように改良しよう

今回のプログラムでは、モジュール「memo_ai_template.py」の辞書型変数TEMPLATESに任意のキーとプロンプトのテンプレートを追加することで、自由にエディター上部のボタンをカスタマイズできるように工夫しました。

本書の2章5節の末尾で紹介した時候の挨拶を生成するプロンプトを実行するボタンや、軽快なジョークなど、面白い文章を生成するボタンを生成できるように改造してみましょう。以下のように記述します。

Python のソースリスト　src/ch5/memo_ai_app_ex.py

```
import memo_ai_template as mat
import memo_ai_app
import datetime

# テンプレートに機能を追加 —— (※1)
mat.TEMPLATES["軽快なジョーク"] = f"""
親しい友人に手紙を書くのですが、ユーモアたっぷりのジョークから始めたいです。
どうか、気が利いていて軽快で、最高のジョークを教えてください。
"""
mat.TEMPLATES["話題提供"] = f"""
あまり親しくない知人に挨拶を送る必要があります。
どうか、当たり障りのない話題を提供してください。
天気以外の話題で、3-5文の具体的な文面をいくつか考えて下さい。
"""
# 時候の挨拶をテンプレートに追加 —— (※2)
now = datetime.datetime.now() # 現在日時を取得
mat.TEMPLATES["時候の挨拶"] = f"""
お客様に、丁寧な手紙を書く必要があります。
{now.month}月に相応しい時候の挨拶をいくつか考えてください。
"""

if __name__ == "__main__":
```

```
    memo_ai_app.ai_functions = mat.TEMPLATES.keys()
    memo_ai_app.show_window()
```

このプログラムを実行するには、IDLEを利用するか、ターミナルで以下のコマンドを実行します。

コマンド

```
$ python memo_ai_app_ex.py
```

このようにすると、いろいろなボタンが表示されて、ボタンを押すと、軽快なジョークや、時候の挨拶が表示されます。

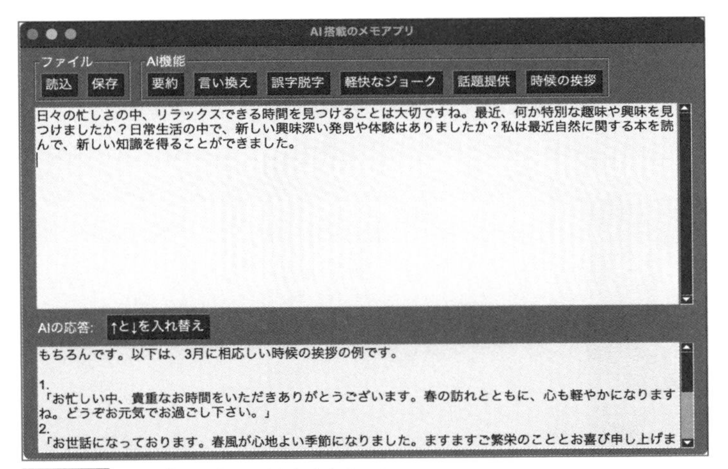

画面 5-32 生成プロンプトに手を加えたところ

まとめ

1. プロンプトのテンプレートを使うと手軽にAIをカスタマイズできるエディターを作れる
2. テンプレートを作る時、__INPUT__などの特殊タグを用意して、プロンプト実行時にエディターの内容に差し替えることで、エディターの文章を手軽にプロンプトに埋め込むことができる
3. ユーザーの入力をプロンプトに埋め込む時には、敵対的プロンプトに注意が必要
4. イベントループでif文の分岐が複雑になってきたら、イベントハンドラの仕組みを利用することで、スッキリと読みやすいコードにできる

chapter 5

05 画像生成アプリを作ろう

OpenAIが提供しているAPIは、ChatGPTのほかにも、画像生成AIのDALL-Eや、音声文字起こしのWhisperなど、いろいろなものがあります。本節では画像生成AIのDALL-Eを利用してみましょう。文章を指定して画像を生成するアプリを作りましょう。

ここで学ぶこと

- 画像生成AI / DALL-E
- OS判定
- API呼び出しをスレッドで複数実行する

画像生成アプリを作ろう

画像生成AIのAPIを利用して、手軽に使える画像生成ツールを作成しましょう。最初にAPIの呼び出し方法を紹介し、それを利用した画像生成ツールを作ります。

画面 5-33 プロンプトを入力して画像を生成するツール

その後、画像生成ツールを改造して、4枚の画像を一度に生成する実用的なツールを作ります。これは、API呼び出しのスレッドを同時に4つ実行することで実現します。また、OS固有のファイルマネージャーで指定のディレクトリを開く方法も紹介します。

画面 5-34 4 枚一度に画像を作成する画像生成ツール

DALL-E とは？

本節では、OpenAIが提供するDALL-EのAPIを利用します。DALL-Eは画像生成AIです。プロンプトを指定すると、それに基づいて画像を生成します。ChatGPT Plusに登録していれば、ChatGPTからも画像生成機能を利用できます。アニメ風のイラストから浮世絵、水墨画、有名な画家の画風を模倣したアート作品を生成できます。

例えば、プロンプトに「アニメ風に女の子がギターを背負ってたたずんでいるところを描画してください。」と指定すると、次の画面5-35のように、アニメ風の画像を生成できます。

画面 5-35 ChatGPT(モデル GPT-4) にアニメ風の描画を頼んだところ

また、画像生成AIの面白い点ですが、プロンプトに「美しいキリンを描画してください。キリンを古代遺跡に配置し、たくさんの花火を打ち上げてください。」と指定すると、画面5-36のように実際にはあり得ない場面や物であっても描画することができます。

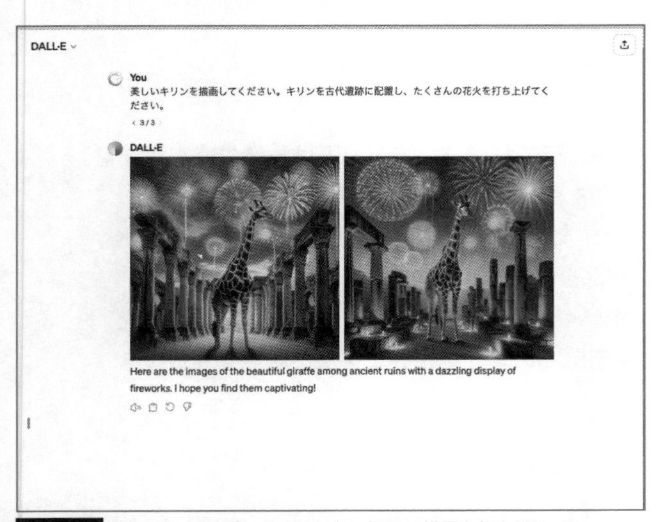

画面 5-36 ChatGPT に実際にはあり得ない場面の描画を頼んだところ

このようなテキスト（プロンプト）から画像を生成する機能を「text-to-image」と呼びます。これに対して、画像を与えて、別の画像を生成する機能を「image-to-image」と呼びます。

こうした画像生成APIを使うことにより、自作のアプリにイラストやロゴを生成する機能を組み込むことができます。

API経由で画像生成を試してみよう

Pythonのプログラムを利用して、画像生成を試してみましょう。本章の冒頭で解説したOpenAIの開発者用コンソールにて、OpenAIのAPIキーを取得し、環境変数に登録した上で、プログラムを試してみましょう。

Pythonのソースリスト　src/ch5/text_to_image.py

```
import base64
from io import BytesIO
from PIL import Image
from openai import OpenAI

# 画像生成を行う関数 ―― (※1)
def text_to_image(savefile, prompt, model="dall-e-3",
        size="1024x1024", quality="standard", style="vivid"):
    # APIを呼び出す ―― (※2)
    client = OpenAI()
    response = client.images.generate(
        prompt=prompt, # プロンプト
        model=model, # モデルを指定(dall-e-2/dall-e-3)
        size=size, # 画像サイズ(1024x1024/1024×1792/1792×1024)
        quality=quality, # 画質(standard/hd)
        style=style, # スタイル(natural/vivid)
        response_format="b64_json", # 応答形式(url/b64_json)
        n=1 # 生成する画像の数
    )
    # Base64で得た画像をファイルに保存 ―― (※3)
    image_data = base64.b64decode(response.data[0].b64_json)
    image = Image.open(BytesIO(image_data))
    image.save(savefile)
    # 実際に使われたプロンプトを表示 ―― (※4)
    print(response.data[0].revised_prompt)

if __name__ == "__main__":
    # プロンプトを指定して画像を生成 ―― (※5)
    text_to_image(
        "text_to_image_test.png",
        "学校の教室にいるウサギとヒロインをアニメ風に描いてください。",
        quality="hd")
```

ターミナルからプログラムを実行してみましょう。以下のコマンドを実行します。

コマンド

```
$ python text_to_image.py
```

実行すると「text_to_image_test.png」という画像ファイルを生成します。次のような画像が生成されるでしょう。実行するたびに異なる画像が生成されます。

画面 5-37 プログラムを実行して生成された画像

画面 5-38 実行するたびに違う画像が生成される

プログラムを確認してみましょう。(※1)ではプロンプトから画像生成を行う関数text_to_imageを定義します。

(※2)ではAPIを呼び出します。images.generateを利用して呼び出しを行います。プロンプト以外にも、モデル（model)、画像のサイズ（size)、画質（quality)、スタイル（style）を指定できます。このパラメーターに応じて、利用料金が変わります。下記の表は、執筆時点（2024年3月）での画像生成料金です。

Image models

Build DALL·E directly into your apps to generate and edit novel images and art. DALL·E 3 is the highest quality model and DALL·E 2 is optimized for lower cost.

Learn about image generation ↗

Model	Quality	Resolution	Price
DALL·E 3	Standard	1024×1024	$0.040 / image
	Standard	1024×1792, 1792×1024	$0.080 / image
DALL·E 3	HD	1024×1024	$0.080 / image
	HD	1024×1792, 1792×1024	$0.120 / image
DALL·E 2		1024×1024	$0.020 / image
		512×512	$0.018 / image
		256×256	$0.016 / image

画面 5-39 執筆時点での料金表

(※3) ではAPIの戻りにある画像をファイルに保存します。response_formatにb64_jsonを指定した場合、戻り値は画像をBASE64でエンコードしたものとなります。そのため、base64.b64decode関数でデコードしてPillowで読み込み、(※5) で任意のファイル形式で保存します。

(※4) ですが、実際に利用されたプロンプトが出力されます。これはどういうことかと言うと、モデルに「DALL-E-3」を指定した場合、ユーザーが指定したプロンプトを膨らませて、より良い画像を描画できるプロンプトを生成し、それを使って画像を生成します。

ここでは「学校の教室にいるウサギとヒロインをアニメ風に描いてください。」と指定しただけでしたが、実際に使われたプロンプトは下記のようなものでした。

```
Create an anime-style image of a heroine and a rabbit in a school classroom. The heroine is a young Asian girl wearing a typical school uniform. The rabbit is brown and sitting on one of the school desks. The classroom is filled with wooden desks and blackboards, and the sun is shining in through the windows.
```

(※5) では関数text_to_imageを呼び出して、画像を生成します。

画像生成ツールにGUIをつけよう

それでは、次の画面のように、「生成」ボタンを押すと、APIを呼び出して、画像を生成するGUIのプログラムを作りましょう。

画面 5-40 「生成」ボタンを押すと画像生成 API を呼び出し画面に画像を表示

プログラムがGUI付きの画像生成ツールのプログラムです。先ほど作成したプログラム「text_to_image.py」をモジュールとして使います。

Python のソースリスト　src/ch5/text_to_image_gui.py

```
import io
from queue import Queue
from threading import Thread
from PIL import Image
import PySimpleGUI as sg
# import TkEasyGUI as sg
from text_to_image import text_to_image

# 画像を保存する一時ファイル名
TEMP_IMAGE_FILE = "text_to_image_test.png"
# UIイベントを管理するキュー
ui_events = Queue()

# ウィンドウを表示する関数
def show_window():
    # ウィンドウを作成する ―― (※1)
    window = sg.Window("画像生成ツール", layout=[
        [sg.Text("生成したい画像の説明を入力してください。", key="-info-")],
        [sg.Multiline(size=(60, 5), key="-prompt-"), sg.Button("生成")],
        [sg.Image(key="-image-", size=(500, 500))]
    ], font=("Helvetica", 14))
    # イベントループ ―― (※2)
    while True:
        event, values = window.read(timeout=100, timeout_key="-
TIMEOUT-")
        if event == sg.WIN_CLOSED:
            break
        # 生成ボタンが押された時の処理 ―― (※3)
        if event == "生成":
            prompt = values["-prompt-"]
            if prompt == "":
                continue
            Thread(target=task_gen_image, args=(prompt,)).start()
            window["生成"].update(disabled=True)
            window["-info-"].update("画像を生成中...")
        if event == "-TIMEOUT-":
```

```
            if not ui_events.empty():
                # 生成終了イベントを確認 —— (※4)
                ui_event = ui_events.get()
                if ui_event == "done":
                    # 画像を表示
                    img = Image.open(TEMP_IMAGE_FILE)
                    img = img.resize((500, 500))
                    window["-image-"].update(data=convert_png(img))
                    window["生成"].update(disabled=False)
                    window["-info-"].update("画像を生成しました。")

# 画像を生成する関数を定義 —— (※5)
def task_gen_image(text):
    # 画像を生成
    text_to_image(TEMP_IMAGE_FILE, text, quality="hd")
    # イベントをキューに追加する
    ui_events.put("done")

# 画像をPNGバイナリーに変換
def convert_png(image):
    bin = io.BytesIO()
    image.save(bin, format="PNG")
    return bin.getvalue()

if __name__ == "__main__":
    show_window()
```

プログラムを実行するには、IDLEからプログラムを読み込んで実行するか、以下のコマンドをターミナルで実行します。なお、上記のプログラムを「text_to_image.py」と同じディレクトリに配置します。プログラムを実行して、画面上部のテキストボックスに、生成したい画像のプロンプトを入力して「生成」ボタンを押します。

コマンド

```
$ python text_to_image_gui.py
```

それでは、プログラムを確認してみましょう。プログラムの(※1)ではウィンドウを作成します。(※2)ではイベントループを実行します。スレッドを使うために、timeoutを設定します。

(※3)では「生成」ボタンを押した時の処理を記述します。ここで、スレッドを作成して、画像生成APIを呼び出す処理を実行します。

(※4) ではAPIの呼び出しが完了したかどうかを確認して、画像を読み込んで表示します。APIを呼び出して生成する画像のサイズを1024x1024にしているため、ここで作成している500x500のImage部品(keyが-image-のもの)に全体を表示できません。そこで、画像を読んだ後で500x500のサイズにリサイズしてから画像を表示します。

(※5) ではAPIを呼び出して画像を生成する関数を定義します。1つ前のプログラムで作った関数text_to_imageを呼び出して、画像をファイルに保存した時点で、ui_eventsに「done」というイベントを追加します。すると、(※4)の部分でこのイベントを取得して画像を差し替えます。

画像を4枚一度に作成しよう

さて、上記のプログラムを実行してみると気付くのですが、プロンプトを実行してみて、気に入った絵がすぐに生成されるとは限りません。気に入った絵ができるまで何度も「生成」ボタンを押すのは大変なので、一度実行したら結果が4枚一度に表示される仕組みを作ってみましょう。

画面 5-41　4 枚の画像を一気に生成する

今回のプログラムでは、生成した画像を上書き保存しないように、画像を保存するための専用のフォルダーを用意して、そこに日時付きで保存するようにしました。気に入った画像を生成したのに保存し忘れるのを防ぐことができます。画面下の「保存フォルダーを開く」ボタンを押すと、ファイルマネージャー（WindowsではExplorer、macOSではFinder）が開いて、画像が表示されます。

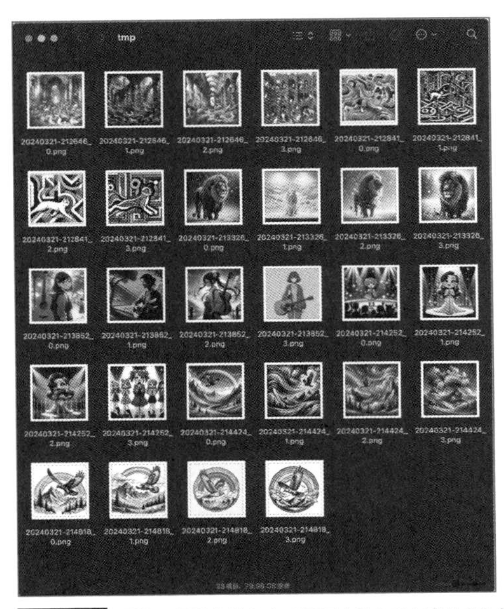

画面 5-42 画像に日時を追加して保存するので上書きされない

プログラムを確認してみましょう。今回も本節の冒頭で作った「text_to_image.py」をモジュールとして使います。

Python のソースリスト　src/ch5/text_to_image_multi.py

```
import os
import io
from datetime import datetime
import platform
from queue import Queue
from threading import Thread
from PIL import Image
import PySimpleGUI as sg
# import TkEasyGUI as sg
from text_to_image import text_to_image

# 画像を保存する一時ディレクトリを用意する —— (※1)
```

```
SCRIPT_DIR = os.path.dirname(os.path.abspath(__file__))
TMP_DIR = os.path.join(SCRIPT_DIR, "tmp")
os.makedirs(TMP_DIR, exist_ok=True)
# UIイベントを管理するキュー
ui_events = Queue()

# ウィンドウを表示する関数
def show_window():
    image_loaded = 0
    # ウィンドウを作成する —— (※2)
    image_size=(300, 300)
    window = sg.Window("画像生成ツール", layout=[
        [sg.Text("生成したい画像の説明を入力してください。", key="-info-")],
        [sg.Multiline(size=(60, 5), key="-prompt-"), sg.Button("生成")],
        [sg.Image(key="-image0-", size=image_size), sg.Image(key="-
image1-", size=image_size)],
        [sg.Image(key="-image2-", size=image_size), sg.Image(key="-
image3-", size=image_size)],
        [sg.Button("保存フォルダーを開く")]
    ], font=("Helvetica", 14))
    # イベントループ
    while True:
        event, values = window.read(timeout=100, timeout_key="-TIMEOUT-")
        if event == sg.WIN_CLOSED:
            break
        # 生成ボタンが押された時の処理 —— (※3)
        if event == "生成":
            prompt = values["-prompt-"]
            if prompt == "":
                continue
            # 4枚いっぺんにスレッドを作成する —— (※4)
            image_loaded = 0
            for no in range(4):
                Thread(target=task_gen_image, args=(prompt, no)).start()
            window["生成"].update(disabled=True)
            window["-info-"].update("画像を生成中...")
        # 保存フォルダーを開く(OSによって処理を変える) —— (※5)
        if event == "保存フォルダーを開く":
            pf = platform.system() # プラットフォーム名を取得
            print("Platform=", pf)
```

```
            if pf == "Windows": # Windowsの場合
                os.system("start " + TMP_DIR)
            elif pf == "Darwin": # Macの場合
                os.system("open " + TMP_DIR)
        if event == "-TIMEOUT-":
            if not ui_events.empty():
                # 生成終了イベントを確認 ―― (※6)
                ui_event, values = ui_events.get()
                if ui_event == "done":
                    # 画像を表示
                    no, image_path = values
                    img = Image.open(image_path).resize(image_size)
                    window[f"-image{no}-"].update(data=convert_png(img))
                    image_loaded += 1
                    if image_loaded >= 4:
                        window["生成"].update(disabled=False)
                        window["-info-"].update("画像を生成しました。")

# 画像を生成する関数を定義 ―― (※7)
def task_gen_image(text, no):
    # 現在時刻を元にして画像ファイル名を決める
    cur_dt = datetime.now().strftime("%Y%m%d-%H%M%S")
    path = os.path.join(TMP_DIR, f"{cur_dt}_{no}.png")
    text_to_image(path, text, quality="hd")
    # イベントをキューに追加する
    ui_events.put(("done", (no, path)))

# 画像をPNGバイナリーに変換
def convert_png(image):
    bin = io.BytesIO()
    image.save(bin, format="PNG")
    return bin.getvalue()

if __name__ == "__main__":
    show_window()
```

プログラムを実行するには「text_to_image.py」と同じディレクトリに上記プログラムを配置します。そして、ターミナルで以下のコマンドを実行します。

コマンド

```
$ python text_to_image_multi.py
```

プログラムを確認しましょう。基本的には、先ほどの画像を1枚生成するプログラムと同じです。しかし、4枚の画像を連続で生成するために、何カ所か手を入れているので、その部分を中心に解説します。

(※1) では画像を保存する一時フォルダーを作成します。プログラムと同じディレクトリに「tmp」というフォルダーを作成し、その中に画像を保存します。

(※2) ではウィンドウを作成します。画像を表示するsg.Imageを2行2列に配置します。ここでは、1枚の画像を300x300ピクセルで表示します。利用しているディスプレイのサイズが大きいのでもっと大きなサイズで問題がないという場合は、変数image_sizeの値を大きくしてみてください。

(※3) 以降では生成ボタンを押した時の処理を記述します。(※4) ではfor文を使って4枚の画像を生成するために、次々とスレッドを生成して作成処理を実行します。

(※5) では「保存フォルダーを開く」ボタンを押した時の処理を記述します。Pythonはマルチプラットフォーム対応のプログラミング言語ではありますが、OS独自の機能を利用する場合には、OS毎に分けて処理を記述する必要があります。今回は、OS固有のファイルマネージャーを起動するために、異なるコマンドを実行します。ここでは、Windows/macOSだけに対応しました。

OSを判定したい場合は、関数platform.systemを実行します。Windowsなら「Windows」、macOSなら「Darwin」、Linuxなら「Linux」という文字列が得られます。

コマンド

```
# プラットフォーム名を取得
pf = platform.system()
print("Platform=", pf)
# プラットフォームごとに処理を分ける
if pf == "Windows": # Windowsの場合
    # Windows固有の処理をここに記述
elif pf == "Darwin": # Macの場合
    # macOS固有の処理をここに記述
elif pf == "Linux": # Linuxの場合
    # Linux固有の処理をここに記述
```

(※6) では、画像生成APIの呼び出しが終わったイベントを検出し、画像をそれぞれ指定のsg.Imageに表示する処理を記述します。このプログラムでは、変数ui_eventsには、(イベント名, (番号, ファイル名)) という形式のタプルでイベントが指定される仕組みにしました。そのため、画像番号と画像ファイル名を取り出して、画像を表示します。

(※7) ではスレッドで実行する画像生成APIを呼び出す関数を定義します。ここでは、現在時刻と画像番号を元にして、重複のないファイル名が生成されるように工夫しています。

ここでは4枚の画像を表示しましたが、APIの利用料金さえ気にならなければ、一度に何枚でも作成できるように改造することもできるでしょう。

まとめ

1. OpenAIの画像生成APIを使うことで、テキストから画像を生成できる
2. 自作のアプリに、画像生成機能を組み込むことで、イラストやロゴを手軽に表示することができる
3. GUIからAPIの呼び出しを行う場合は、呼び出しに時間がかかるので、並列処理のスレッドを利用する
4. APIの呼び出しをスレッドで行うことで、複数の画像を一度に生成することも可能
5. platform.system関数を使うことでOSを判定して、OS固有の処理を記述できる

COLUMN

会話AIとプライバシーについて

本書では、ChatGPTや会話AI（大規模言語モデル=LLM）を、アプリ開発においてどのように活用できるのかも紹介してきました。読者の皆さんも、ChatGPTの便利さがよく分かったことでしょう。しかし利用に際して、プライバシーとデータ保護に関して注意が必要です。

ChatGPTに与える情報には注意が必要

ChatGPTの利用規約によれば、デフォルト状態では、ユーザーが入力したテキストは、AIのトレーニング（学習）に使用されることがあります。これによって、ChatGPTはユーザーのニーズに合わせて改善されます。

● **OpenAIの利用規約**
[URL] **https://openai.com/ja/policies/privacy-policy**

過去の会話を元にして、AIがチューニングされることは悪いことではないものの、それによる弊害もあります。ChatGPTが個人を特定できる情報や機密情報を学習して、それを別のユーザーに漏らしてしまう可能性があるのです。

そのため、ChatGPTやGoogle Geminiなど会話AIには、個人情報や機密情報を入力しないように気をつける必要があります。

なお、ChatGPTの設定で学習しないように設定もできますが、その設定を行うと、ChatGPTとの履歴がまったく保存されなくなり不便になります。

API経由でのChatGPT利用は学習に利用されない

ただし、API経由でChatGPTを利用する場合には、原則として入力データが学習に利用されることはありません。原稿執筆時点で、OpenAIは、APIを通じて提供されるデータをデフォルトではモデルのトレーニングに使用しない方針を明言しています。そのため、企業でChatGPTを利用する場合は、API経由で利用する方が安心と言えます。それでも、開発者は利用者のプライバシー保護に留意する必要があるでしょう。

● **Enterprise privacy at OpenAI**
[URL] **https://openai.com/enterprise-privacy**

chapter

6

Webスクレイピングとアプリの配布

本書の最後の章では、Webブラウザーを自動制御する方法やスクレイピングについて解説します。そして、開発したプログラムを実行ファイルに変換してアプリを配付する方法について紹介します。

chapter 6

01

Webブラウザーを自動制御しよう

Webブラウザーを自動制御できると便利です。Seleniumというフレームワークを使うと手軽にブラウザーを自動で操作できます。ブラウザーを操作して、任意のページを表示したり、自動巡回してスクリーンショットを保存したりするツールを作ってみましょう。

ここで学ぶこと

- Selenium
- スクリーンショット
- ヘッドレスモード

ブラウザーのスクリーンショットを保存するツールを作ろう

Webブラウザーを自動制御できると、任意のページを表示させることができます。そこで、ページを表示してスクリーンショットを保存するツールを作ってみましょう。その応用例として、Google画像検索の結果を保存するツールを作ってみましょう。

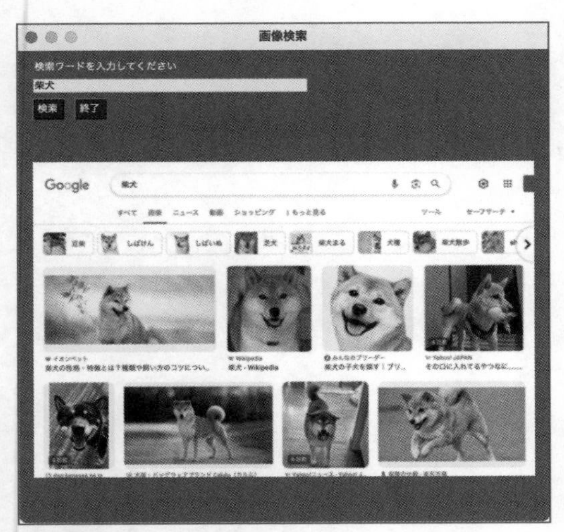

画面 6-01 画像検索の結果をキャプチャするツール

また、天気予報や渋滞情報、株や為替の情報ページを定期的に巡回して、一画面に合成して表示するツールも作ってみましょう。

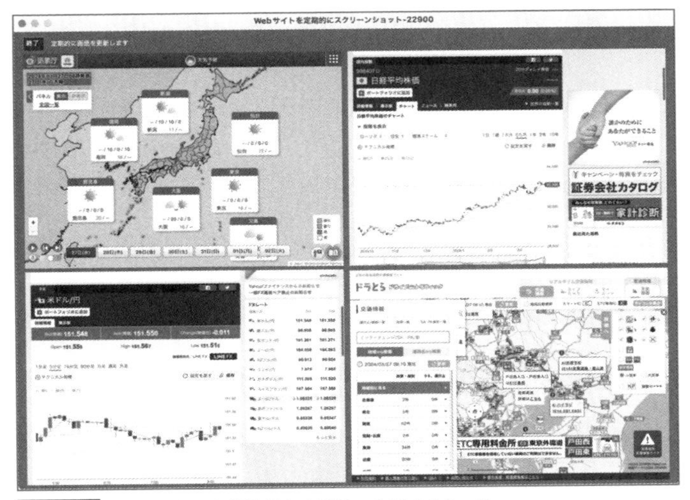

画面 6-02 天気や株、渋滞情報を定期的に表示するツール

Webブラウザーを自動制御しよう

多くのアプリやツールは、Webブラウザーを通して提供されるようになっています。そのため、ブラウザーを自動制御できれば、多くの仕事を自動化することができます。人間が操作すると面倒な反復操作も、自動制御することで作業の自動化ができます。

Seleniumについて

本書ではブラウザーを自動制御するために「Selenium」というライブラリーを利用します。Seleniumは、Webブラウザー自動化ツールです。任意のサイトにアクセスするだけでなく、ページを解析したり、リンクを取得したり、JavaScriptを実行したりと、効率的にブラウザーを制御できるのが特徴です。また、Pythonだけでなく、Java、C#など、さまざまなプログラミング言語にも対応しています。

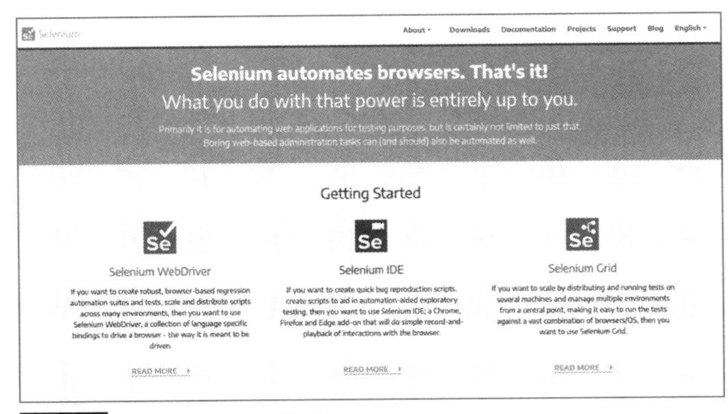

画面 6-03 Selenium の Web サイト

Chromeのインストール

本節では、Google Chromeをプログラミングで操作します。そこで、ブラウザーのGoogle Chromeをインストールしましょう。下記のURLよりダウンロードして、インストールしてください。

●Google Chrome
[URL] **https://www.google.co.jp/intl/ja/chrome/**

画面 6-04 本節ではChromeを自動制御するプログラムを作る

Seleniumをインストールしよう

次に、ブラウザーを自動操作するために、Seleniumをインストールしましょう。ターミナルを起動して、下記のコマンドを実行しましょう。

コマンド
```
$ python -m pip install selenium==4.18.1
```

memo

Web Driverのインストールが不要になった

Seleniumの以前のバージョンでは、Chromeを自動制御するために、Chromeのバージョンごとに用意されたWeb Driverをインストールする必要がありました。しかし、最新のSeleniumでは自動的にドライバーをインストールする仕組みになっています。WebなどでSeleniumについて調べると「別途Web Driverのインストールが必要」と言及しているものが多く見つかりますが、現在この作業は不要です。

ブラウザーを操作する一番簡単なプログラムを作ってみよう

ChromeとSleniumがインストールできたら、簡単なプログラムを作ってみましょう。次のプログラムは、Chromeを起動して、Google検索にて「Selenium」を検索するというものです。そして3秒後にはChromeを自動で終了します。

Python のソースリスト　src/ch6/selenium_hello.py

```
import time
from selenium import webdriver

# Chromeを起動 —— (※1)
driver = webdriver.Chrome()
# Google検索にアクセス —— (※2)
driver.get('https://www.google.com/search?q=selenium')
# 3秒間待機 —— (※3)
time.sleep(3)
# 終了 —— (※4)
driver.quit()
```

IDLEなどでプログラムを実行してみましょう。すると、Chromeが起動してGoogleの検索結果を表示します。なお、次の実行画面を見ると分かりますが、画面上部のアドレスバーの下に「Chrome は自動テスト ソフトウェアによって制御されています。」と表示されるため、Seleniumで自動操縦しているということが分かります。

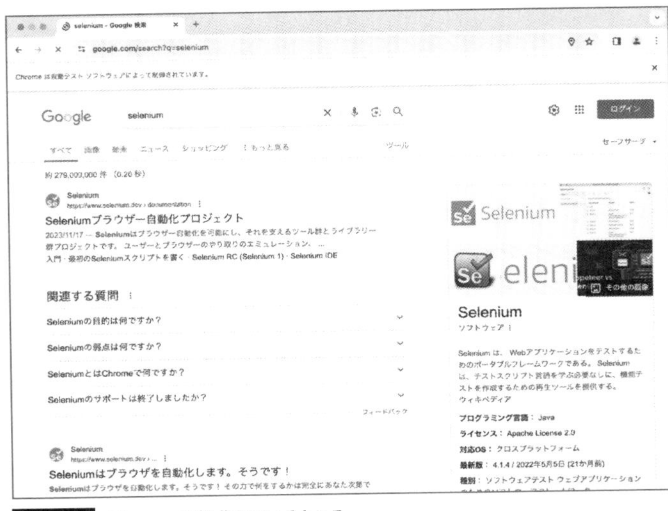

画面 6-05　Chrome を操作しているところ

プログラムを確認しましょう。(※1)ではChromeを起動します。ここでは、Chromeを起動するため、「webdriver.Chrome()」と指定しています。(※2)では、Google検索のページで、Seleniumを検索するURLを指定してアクセスします。

(※3)では、time.sleep(3)で3秒何もせず待機して、(※4)で自動制御しているChromeを終了します。なお、(※3)で3秒間待機していますが、この指定がないと一瞬でブラウザーが閉じてしまって、何が起きたのかよく分からないでしょう。そこで、人間の目に見えるように、何も処理をしない待ち時間を加えています。

スクリーンショットを保存しよう

簡単にブラウザー制御の仕組みが分かったので、次に、表示したページのスクリーンショットを保存するプログラムを作ってみましょう。

次のプログラムは、Google検索で「柴犬」を検索し、その画面のスクリーンショットを保存するというプログラムです。

Python のソースリスト | src/ch6/selenium_screenshot.py

```
import urllib.parse
import time
from selenium import webdriver

# 検索キーワードを指定 ―― (※1)
keyword = "柴犬"
# 検索キーワードをURLエンコード ―― (※2)
key_enc = urllib.parse.quote(keyword)
# Chromeを起動 ―― (※3)
driver = webdriver.Chrome()
# 柴犬を検索 ―― (※4)
driver.get(f"https://www.google.com/search?q={key_enc}")
# 読み込み完了まで最大10秒待つ ―― (※5)
driver.implicitly_wait(10)
# スクリーンショットを撮影 ―― (※6)
driver.save_screenshot('screenshot.png')
driver.quit() # 終了
```

IDLEなどでプログラムを実行してみましょう。すると、Chromeが起動して、Google検索で「柴犬」を検索して、スクリーンショットを撮影し、画像ファイル「screenshot.png」へ保存します。

画面 6-06 保存されたスクリーンショット

プログラムを確認しましょう。(※1) では検索キーワードを指定します。そして、(※2) ではURLエンコードします。文字列をURLに変換するには、このようにquote関数を利用して変換する必要があります。(※3) ではChromeを起動します。そして、(※4) ではGoogle検索の画面にアクセスします。getメソッドには、アクセスしたいURLを指定します。

Google検索のページで「/search?q=xxx」のようなページにアクセスすることで、任意のキーワードを検索できます。(※5) では検索完了を待機して (※6) では、save_screenshotメソッドを実行して、スクリーンショットを保存します。

画像検索した結果を画像で保存するツールを作ろう

ブラウザー自動制御の基本が分かったので、次に、キーワードを指定すると、Googleのページで画像検索を行って、画像一覧ページをキャプチャして、ウィンドウに表示するという簡単なツールを作ってみましょう。

画面 6-07 Google の画像検索の結果を画像保存するツール

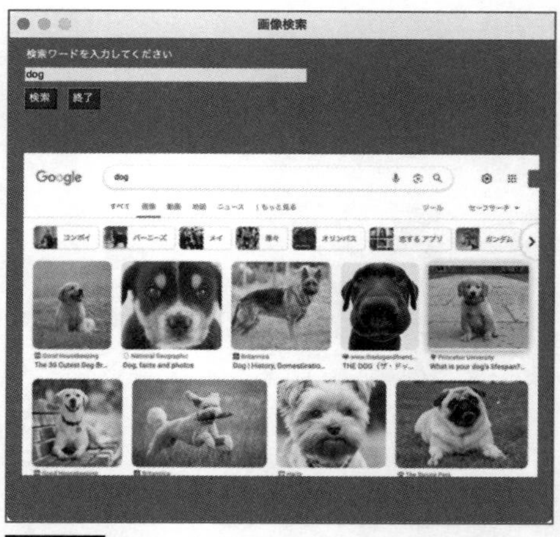

画面 6-08 任意のキーワードで検索した結果を保存できる

プログラムは次のようになります。

Python のソースリスト　src/ch6/selenium_image_search.py

```
import os, io
from threading import Thread
from queue import Queue
import urllib.parse
from PIL import Image
import PySimpleGUI as sg
# import TkEasyGUI as sg
from selenium import webdriver

# スクリプトのあるディレクトリを取得
SCRIPT_DIR = os.path.dirname(__file__)
# 並列処理の終了待ちキュー
ui_events = Queue()

# ウィンドウを作成する関数
def show_widnow():
    # ウィンドウの作成 —— (※1)
    layout = [
        [sg.Text('検索ワードを入力してください')],
        [sg.InputText(key='-keyword-')],
        [sg.Button('検索'), sg.Button('終了')],
        [sg.Image(key="-image-")]
    ]
```

```
    window = sg.Window('画像検索', layout)
    # イベントループ
    while True:
        event, values = window.read(timeout=100, timeout_key="-
timeout-")
        if event in [sg.WIN_CLOSED, '終了']:
            break
        # 検索ボタンが押された時の処理 ―― (※2)
        if event == '検索':
            keyword = values['-keyword-']
            Thread(target=search_image, args=(keyword,)).start()
            continue
        # タイムアウト時の処理 ―― (※3)
        if event == "-timeout-":
            if ui_events.empty():
                continue
            # 画像検索の結果を受け取る ―― (※4)
            event, values = ui_events.get()
            if event == 'update_image':
                window['-image-'].update(
                    data=load_image(values["path"]),
                    size=(500, 400))
    window.close()

# ブラウザーを起動して画像検索を行う関数 ―― (※5)
def search_image(keyword):
    # キーワードをURLエンコード ―― (※6)
    key_enc = urllib.parse.quote(keyword)
    # Chromeを起動 ―― (※7)
    driver = webdriver.Chrome()
    driver.set_window_size(1024, 800)
    # 画像検索のページにアクセス ―― (※8)
    url = f"https://google.com/search?q={key_enc}&sclient=img&tbm=isch"
    driver.get(url)
    driver.implicitly_wait(10) # 読み込み完了まで最大10秒待つ
    # スクリーンショットを撮影 ―― (※9)
    savefile = os.path.join(SCRIPT_DIR, f"shot-{key_enc}.png")
    driver.save_screenshot(savefile)
    driver.quit() # ブラウザーを終了 ―― (※10)
    ui_events.put(('update_image', {"path": savefile}))
```

```
def load_image(path):
    # 画像を読んでリサイズしてバイナリーデータを返す ―― (※11)
    im = Image.open(path)
    im.thumbnail((500, 400))
    bio = io.BytesIO()
    im.save(bio, format="PNG")
    return bio.getvalue()

if __name__ == "__main__":
    show_widnow()
```

プログラムを確認してみましょう。(※1)では、画面レイアウトを定義して、ウィンドウを作成します。(※2)では、イベントループで「検索」ボタンが押された時の処理を記述します。ここでは(※5)の関数search_imageを並列処理で実行します。

(※3)では、イベントループでタイムアウトが発生した時の処理を記述します。なお、変数ui_eventsが空っぽ（つまり、並列処理が何も完了していない時）には、イベントループを継続します。(※4)では画像検索の結果が出たときに、結果を受け取って画面を更新する処理を行います。

(※5)の関数search_imageではブラウザーを起動して画像検索を行います。(※6)で検索キーワードをURLエンコードします。(※7)ではChromeを起動します。(※8)では画像検索のページにアクセスし、(※9)ではスクリーンショットを撮影します。(※10)ではブラウザーを終了して、変数ui_eventsに保存したスクリーンショットのファイルパスを追加します。

(※11)ではファイルパスを指定して、画像を読み込む処理を記述します。ウィンドウ内に表示するために、PNG形式のバイナリデータに変換して関数の戻り値にします。

ほかのブラウザー - EdgeやFirefoxを利用する場合は？

SeleniumはChromeだけでなくいろいろなブラウザーに対応しています。もし、Windowsの標準ブラウザーであるEdgeを起動したい場合には「webdriver.Edge()」のように指定します。

次の表は、Seleniumでブラウザーを起動する方法をまとめたものです。Seleniumでは、ブラウザーの起動方法さえ変更すれば、主要な機能はブラウザーに依存することなく利用できるので便利です。

ブラウザーを起動する方法

ブラウザー	Seleniumで起動する方法
Chrome	webdriver.Chrome()
Edge	webdriver.Edge()
Firefox	webdriver.Firefox()

次のプログラムは、Firefoxを起動してスクリーンショットを画像ファイルに保存するというプログラムです。

Pythonのソースリスト　src/ch6/selenium_firefox.py

```
import time
from selenium import webdriver

# Firefoxを起動 ―― (※1)
driver = webdriver.Firefox()
# Google検索にアクセス
driver.get('https://www.google.com/search?q=selenium')
driver.implicitly_wait(10)
time.sleep(3)
# スクリーンショットを保存
driver.save_screenshot('screenshot_firefox.png')
driver.quit()
```

Firefoxをインストールした後、上記のプログラムを実行すると、次の画面のようにFirefoxが起動して、Google検索の画面を表示してスクリーンショットを保存します。

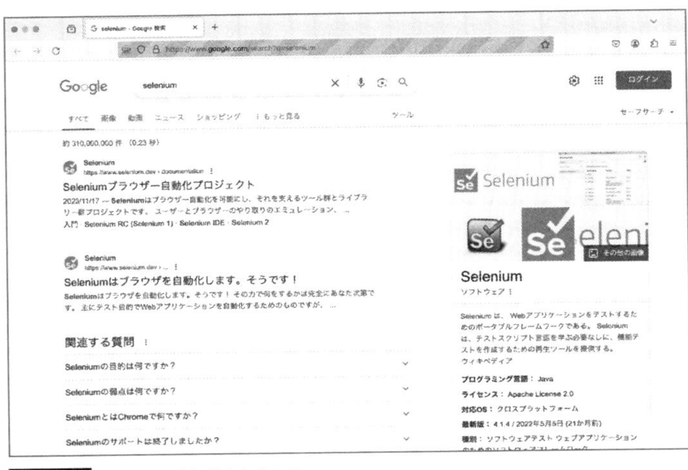

画面 6-09　Firefoxが起動したところ

プログラムの(※1)がポイントです。「webdriver.Firefox()」と書くことで、Firefoxが起動します。

定期的に複数Webサイトの画面キャプチャを行うツール

次に、定期的に、指定したWebサイトの画面キャプチャを撮って画面に表示するツールを作ってみましょう。

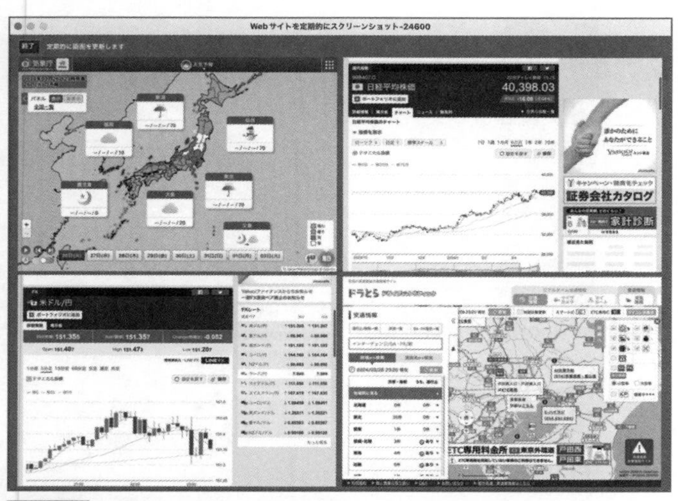

画面6-10 定期的に指定Webサイトのキャプチャを撮影するツール

これを実現するために、ヘッドレスモードでChromeを起動して、バックグラウンドでスクリーンショットを撮影します。

ヘッドレスモードというのは、実際に画面に表示することなく、ブラウザーを実行するモードです。ここまで見たように、通常ブラウザーを自動制御する場合、画面にブラウザーが表示されますが、ヘッドレスモードで起動すると、バックグラウンドで実行されるので、ユーザーの操作を邪魔することがありません。ChromeやFirefoxでは、このヘッドレスモードでの実行が可能となっています。

それでは、ヘッドレスモードでの起動方法を確かめつつ、実際にWeb巡回して画面のスクリーンショットを撮影するプログラムを作ってみましょう。

Python のソースリスト | src/ch6/selenium_shot4.py

```
import os, io, time
from threading import Thread
from queue import Queue
from PIL import Image
import PySimpleGUI as sg
# import TkEasyGUI as sg
from selenium import webdriver

# 巡回表示したいURLとスクロール量を指定 ―― (※1)
URL_VIEWS = [
    # 気象庁の天気予報
    ("https://www.jma.go.jp/bosai/map.html#5/34.5/137/&contents=forecast", 0),
    # 日経平均株価
    ("https://finance.yahoo.co.jp/quote/998407.O/chart", 400),
    # 円ドル為替
    ("https://finance.yahoo.co.jp/quote/USDJPY=FX", 500),
    # 交通情報
    ("https://www.drivetraffic.jp/", 0)
]
SCRIPT_DIR = os.path.dirname(__file__) # スクリプトパス
IMAGE_SIZE = (500,400) # 1画面のサイズ
APP_TITLE = "Webサイトを定期的にスクリーンショット"
ui_events = Queue() # 並列処理の終了待ちキュー

# ウィンドウを作成する関数
def show_widnow():
    # ウィンドウの作成 ―― (※2)
    layout = [
        [sg.Button('終了'), sg.Text("定期的に画面を更新します")],
        [sg.Image(key="-image0-", size=IMAGE_SIZE),
         sg.Image(key="-image1-", size=IMAGE_SIZE)],
        [sg.Image(key="-image2-", size=IMAGE_SIZE),
         sg.Image(key="-image3-", size=IMAGE_SIZE)]
    ]
    window = sg.Window(APP_TITLE, layout)
    # ブラウザー画面の更新処理 ―― (※3)
    update_screen(wait=5)
    # イベントループ ―― (※4)
    update_timer = 0
```

```
    while True:
        event, values = window.read(timeout=100, timeout_key="-timeout-")
        if event in [sg.WIN_CLOSED, '終了']: # 終了ボタンが押された時
            break
        # タイムアウト時の処理 ―― (※5)
        if event == "-timeout-":
            if not ui_events.empty():
                # スクリーンショット保存の結果を受け取る ―― (※5a)
                event, values = ui_events.get()
                if event == "image_update":
                    im, no = values["data"], values["no"]
                    window[f"-image{no}-"].update(data=im)
                    continue
            # 画面を自動更新するか確認 ―― (※5b)
            update_timer += 100
            window.set_title(f"{APP_TITLE}-{60000-update_timer:05}")
            if update_timer > 60000:
                update_screen(wait=10)
                update_timer = 0

    window.close()

# ブラウザー画面を連続で更新処理する ―― (※6)
def update_screen(wait=2):
    for no, url_scr in enumerate(URL_VIEWS):
        print(no, url_scr)
        Thread(target=screen_shot, args=(url_scr, no, wait)).start()

# ブラウザーを起動してスクリーンショットを保存 ―― (※7)
def screen_shot(url_scr, no, wait):
    # Chromeをヘッドレスで起動 ―― (※8)
    options = webdriver.ChromeOptions()
    options.add_argument("--headless=new")
    driver = webdriver.Chrome(options=options)
    driver.set_window_size(1024, 800)
    # ページにアクセス ―― (※9)
    driver.get(url_scr[0])
    driver.implicitly_wait(10)
    time.sleep(wait) # 待ち時間を指定
    # 画面をスクロール ―― (※10)
```

```
    driver.execute_script(f"window.scrollTo(0, {url_scr[1]});")
    # スクリーンショットを撮影 —— (※11)
    savefile = os.path.join(SCRIPT_DIR, f"shot-{no}.png")
    driver.save_screenshot(savefile)
    driver.quit() # ブラウザーを終了
    im = load_image(savefile) # 画像を読み込む
    # イベントキューに「image_update」を追加 —— (※12)
    ui_events.put(("image_update", {"data": im, "no": no}))

def load_image(path):
    # 画像を読んでリサイズしてバイナリーデータを返す —— (※13)
    im = Image.open(path)
    im.thumbnail(IMAGE_SIZE)
    bio = io.BytesIO()
    im.save(bio, format="PNG")
    return bio.getvalue()

if __name__ == "__main__":
    show_widnow()
```

上記のプログラムを実行するには、IDLEなどでプログラムを開いて実行しましょう。1分に1回、ヘッドレスモードでChromeが起動して、Webサイトのスクリーンショットをファイルに保存します。そして、ウィンドウ上の4分割された画面にその画像を読み込んで表示します。

プログラムを確認してみましょう。(※1)では巡回して表示したいURLと、URLを表示した後スクロールするピクセル数を指定します。と言うのも、株価や為替を表示するサイトで、画面をスクロールしないと、具体的な値が見られなかったからです。画面を表示した後、強制的に下方にスクロールするようにしています。

(※2)では、PySimpleGUIでウィンドウを作成します。ここでは、終了ボタンの下に、2×2のイメージ部品を生成します。

(※3)ではブラウザー画面の更新処理を実行します。この処理は(※6)で定義していますが、ウィンドウを起動してすぐに、4つのWebサイトをブラウザーで表示してスクリーンショットを保存して画面を更新します。

(※4)ではPySimpleGUIのイベントループを記述します。このイベントループでは、何もイベントが無いとき100ミリ秒ごとにタイムアウトが発生するように指定します。そして、(※5)でタイムアウトが発生した場合の処理を記述します。

(※5a)は、ブラウザーでWebのスクリーンショットを取得した時のイベント「image_update」を受け取ります。このイベントは(※12)でスクリーンショットが保存された通知を受信します。

(※5b) では、画面を自動更新するかどうかを確認します。そして、1分（＝60秒）に1回、関数update_screenを実行します。

イベント処理の流れが複雑なのでここまでの部分を整理してみましょう。次の図は、このプログラムでのイベント処理の流れを図にしたものです。

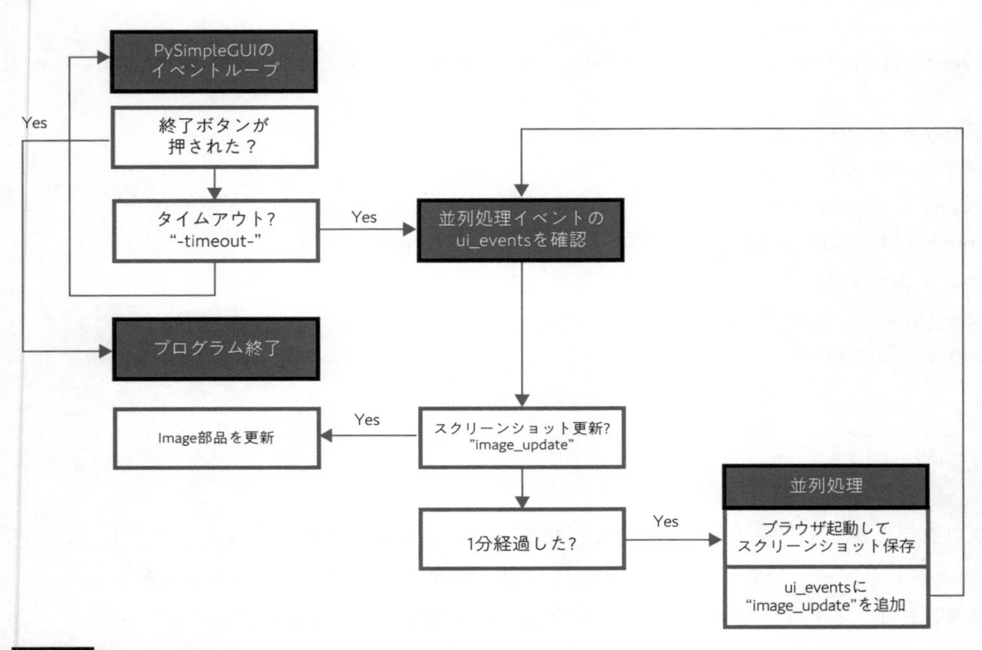

画面 6-11 イベント処理の流れ

プログラムの (※4) のイベントループでタイムアウトが生じた時、カスタムイベントを管理するイベントキューの変数ui_eventsをチェックします。何かイベントがあり、それが、「image_update」であれば、Image部品の画像を更新します。

(※6) で定義している関数update_screenでは並列処理のスレッドで (※7) の関数screen_shotを実行します。screen_shotの処理が完了した (※12) のところで、カスタムイベントを管理するイベントキューの変数ui_eventsに「update_image」というデータを追加します。その後、(※5a) でこのイベントを受け取り、ウィンドウ上のイメージ画像を更新します。

(※7) ではブラウザーを起動してスクリーンショットを保存する関数screen_shotを定義します。(※8) ではChromeをヘッドレスモードで起動します。ヘッドレスモードにするためには、ChromeOptionsのオブジェクトを作成し、add_argumentメソッドでヘッドレスモードの指定を行います。そして、webdriver.Chromeでブラウザーを起動する時、引数にオプションを指定して実行します。

オプション

```
# ヘッドレスモードでChromeを起動
options = webdriver.ChromeOptions()
options.add_argument("--headless=new")
driver = webdriver.Chrome(options=options)
```

(※9)では指定のURLをブラウザーに表示します。(※10)では画面をスクロールするために、JavaScriptを実行します。Seleniumでは任意のタイミングでJavaScriptを実行できます。

(※11)ではスクリーンショットを撮影して保存します。(※13)の関数load_imageで画像を読み込んで、指定のサイズにリサイズします。そして、"image_update"イベントと画像データを(※12)で変数ui_eventsに追加します。

大規模言語モデル(LLM)をどう活用する? ~Seleniumの使用法を聞く

大規模言語モデルは、Seleniumについても詳しく知っています。本書で紹介する使い方以外にどんな使い方ができるのか尋ねてみると良いでしょう。例えば、次のように質問できるでしょう。これは、SCAMPER法というアイデア発想法を指定して答えるように求めるものです。

生成AIのプロンプト　src/ch6/llm_ask_selenium.ptompt.txt

```
### 指示:
ブラウザーを自動化するSeleniumについて教えてください。
### 背景情報:
既にSeleniumでブラウザーを操作できることは知っています。
### 出力形式について:
Seleniumをどのような用途で使えるのか、アイデアを提示してください。
SCAMPER法を用いて考えてくさい。
```
```

ChatGPT(モデルGPT-4o)に質問すると次のような回答が得られました。
```

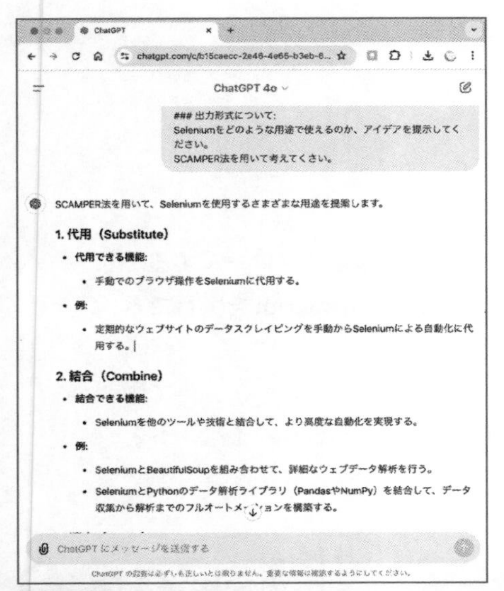

画面 6-12　ただ何に使えるか尋ねるのではなくアイデア発想法を指定して尋ねてみよう

SCAMPERとは、創造的な発想や問題解決のための手法の一つで、特定の問題やプロセスを多角的に見直すためのアイデア発想法です。単なるアイデアの列挙ではなく、アイデア発想法のSCAMPERに基づいて、ChatGPTが答えてくれました。単にアイデアを尋ねることもできますが、 このようにアイデア発想法を指定することで、より多様な回答を答えるようになります。

まとめ

1. Seleniumを使うと、いろいろなWebブラウザーを自動制御できる
2. Seleniumで任意のページを開いたり、JavaScriptを実行したりできる
3. Seleniumでスクリーンショットを保存できる
4. Chromeのヘッドレスモードを使うと、画面を表示せずに、いろいろな操作ができる

chapter 6

02 Webスクレイピングツールを作ろう

前節ではSeleniumを使ったブラウザー操作の基本を紹介しましたが、Seleniumではもっといろいろな操作が可能です。本節ではページ内の任意の要素の情報を抽出するスクレイピングについて紹介します。

ここで学ぶこと

- Selenium
- スクレイピング／Scraping
- CSSセレクター

ページ内の要素を抽出するツールを作ろう

ここでは、Webブラウザーを自動制御してスクレイピングを行うプログラムを作りましょう。例として、Webサイトに掲載されている情報を取得してテキストボックスに表示するツールを作ってみましょう。

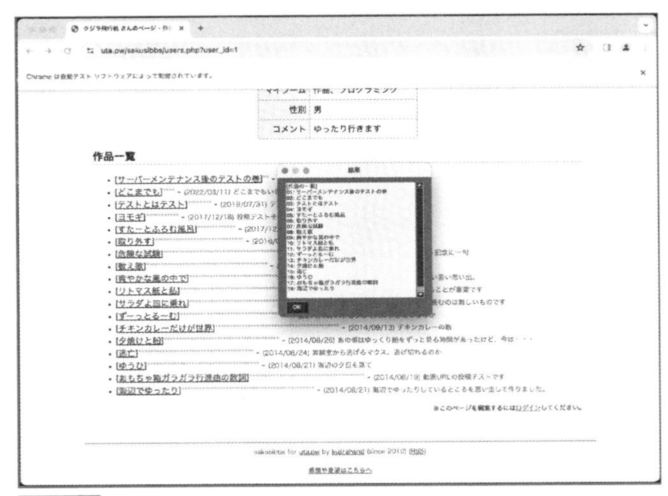

画面6-13 ブラウザーを自動制御して情報を取得したところ

Webスクレイピングとは

「Webスクレイピング(Web Scraping)」とは、プログラムを使用してウェブページから自動的に情報を抽出する技術です。Webページ(HTML)を解析して必要なデータを取り出すことができます。スクレイピングを利用した自動処理によって、インターネット上から効率的にデータ収集できます。

HTMLページ内の要素を抽出しよう

Webスクレイピングのテストが難しい点は、Webサイトは運営によってページ構成が頻繁に変わってしまうことです。

そこで、本書では、ページ構成が変わらないサイトの例として、筆者が運営している「作詞掲示板（https://uta.pw/sakusibbs）」を取り上げます。作詞掲示板は登録したユーザーが自分の作品を掲載できる登録制の掲示板です。

この掲示板では次の画面のようにユーザーが過去に投稿した作品一覧を確認できる機能があります。ここでは、Pythonのプログラムを使って、画面の下半分にある「作品の一覧」を取得するプログラムを作成してみましょう。

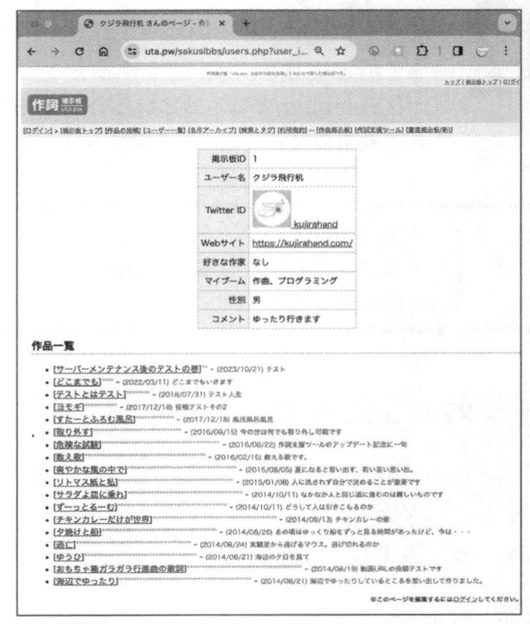

画面 6-14 作詞掲示板でユーザー毎の作品一覧ページ

以下のプログラムが、作品の一覧を取得するものです。

Python のソースリスト　src/ch6/scraping_test.py

```
import PySimpleGUI as sg
# import TkEasyGUI as sg
from selenium import webdriver
from selenium.webdriver.common.by import By
from selenium.common.exceptions import NoSuchElementException

# ページ内の要素を抽出して表示する関数 —— (※1)
def extract_element(url, query):
    # Chromeを起動してページにアクセスする —— (※2)
    driver = webdriver.Chrome()
    driver.get(url)
    driver.implicitly_wait(20) # タイムアウトの時間を設定
    result = ""
    # 要素を抽出 —— (※3)
    try:
        elements = driver.find_elements(By.CSS_SELECTOR, query)
        # 見つかった要素を列挙 —— （※3a)
```

```
        for no, ele in enumerate(elements):
            result += f"{no+1:02}: {ele.text}\n"
        return result
    except NoSuchElementException:
        return "見つかりませんでした。"
    finally:
        import time; time.sleep(30)
        driver.quit()

if __name__ == "__main__":
    # ページ内のリンクを抽出して表示 —— (※4)
    result = extract_element(
        "https://uta.pw/sakusibbs/users.php?user_id=1",
        query="#mmlist a")
    # 結果を表示
    result = "[作品の一覧]\n" + result
    sg.popup_scrolled(result, title="結果", size=(40, 20))
```


IDLEなどでこのプログラムを読み込んで実行してみましょう。すると、Chromeを起動して「作品一覧」ページを表示します。そして、作品の一覧部分を抽出して、次のようにポップアップダイアログに表示します。

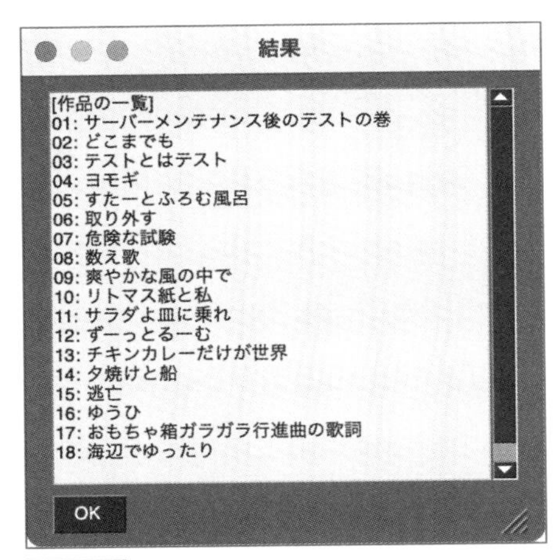

結果
[作品の一覧]
01: サーバーメンテナンス後のテストの巻
02: どこまでも
03: テストとはテスト
04: ヨモギ
05: すたーとふろむ風呂
06: 取り外す
07: 危険な試験
08: 数え歌
09: 爽やかな風の中で
10: リトマス紙と私
11: サラダよ皿に乗れ
12: ずーっとるーむ
13: チキンカレーだけが世界
14: 夕焼けと船
15: 逃亡
16: ゆうひ
17: おもちゃ箱ガラガラ行進曲の歌詞
18: 海辺でゆったり
OK

画面 6-15　作品一覧ページから情報を取り出したところ

プログラムを詳しく見てみましょう。プログラムの(※1)ではページ内の要素を抽出して表示する関数extract_elementを定義します。引数には、アクセスしたいページのURL（url）と、どの要素を取り出すのかCSSセレクター（query）を与えるものとします。

(※2)ではChromeブラウザーを起動して、指定したURLにアクセスします。getメソッドで指定のページを表示しますが、直後にimplicitly_wait(20)を実行することにより、ページが読み込まれるまで最大20秒待機するように指定します。

(※3)では、find_elementsメソッドを利用して、HTMLページ内から特定の要素を検索して抽出します。なお、引数に、By.CSS_SELECTORを指定することにより、CSSセレクターを指定して要素を検索できます。CSSセレクターについては、後述します。CSSセレクターに基づいて要素の一覧を抽出したら、(※3a)で要素のテキストを取り出して、結果の文字列に追記します。

(※4)では関数extract_elementを呼び出して、作詞掲示板のユーザーの作品一覧を抽出して、結果をテキストボックス付きのポップアップダイアログに表示します。

find_element/find_elementsメソッドについて

Seleniumでは、find_elementとfind_elementsメソッドを利用して、表示中のページの任意の要素を取得できます。

Seleniumのメソッド

```
query = "h1"
#  要素を1つだけ取得
element = driver.find_element(By.CSS_SELECTOR, query)

# 指定した条件に合う複数の要素を取得
elements = driver.find_elements(By.CSS_SELECTOR, query)
```

「find_element/find_elementsメソッド」の第1引数には、どのように要素を検索するかを指定できます。次の表のように、さまざまな方法で要素を検索できます。

引数を変えることで検索する要素を指定できる

第1引数の値	詳しい説明
By.ID	ID属性(id="xxx")の値を検索
By.CLASS_NAME	クラス属性(class="xxx")の値を検索
By.TAG_NAME	タグの名前(h1やinputなど)を指定して検索
By.LINK_TEXT	リンクテキスト(a要素のテキスト)を検索
By.PARTIAL_LINK_TEXT	リンクテキストの一部分が合致するものを検索
By.CSS_SELECTOR	CSSセレクターを指定して検索
ByBy.XPATH.PARTIAL_LINK_TEXT	XPathを指定して要素を検索

ブラウザーで表示したページ内の要素を特定する方法

Seleniumでブラウザーを自動制御しているとき、表示中のページ内にある任意の要素を抽出することができます。そもそも、HTMLはDOM（Document Object Model）と呼ばれる仕組みで管理されています。木構造といって、html要素の下にhead要素やbody要素があり、head要素の下にはtitle要素やmeta要素がある仕組みとなっています。

Chromeなどのブラウザーには、開発者ツールと呼ばれるツールが組み込まれており、ページの余白部分を右クリックして、ポップアップメニューから「検証」をクリックすると、HTMLの構造を確認できるようになっています。（または、[F12]キーを押すと表示されます。）

開発者ツールを開いたら、画面上部の「要素」のタブを選び、左上の矢印アイコンをクリックした後で、ブラウザー内の取得したい情報をクリックします。すると、HTMLの該当する箇所がハイライトします。

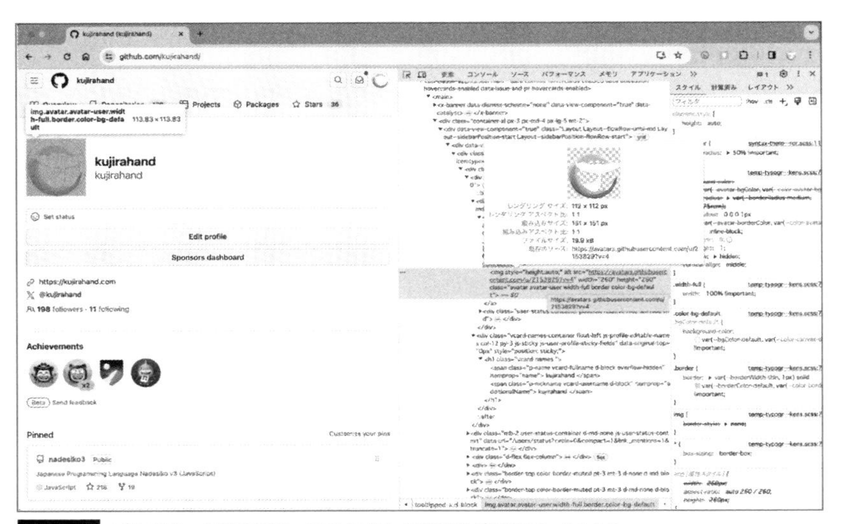

画面 6-16 ブラウザーの開発者ツールでHTMLの構造を確認しているところ

HTMLの該当部分が選ばれたら、右クリックして「コピー > Selectorをコピー」をクリックしてみましょう。すると「#tools > div.contents > p:nth-child(3)」のような情報がコピーできます。これが、CSSセレクターと呼ばれるもので、この情報を利用することで、ページ内の任意の情報を取得できます。

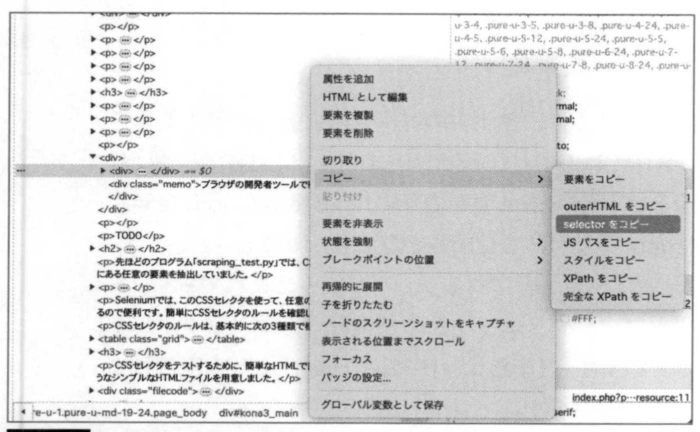

画面 6-17　HTML 内の要素を特定するセレクター情報を取得できる

CSSセレクターの基本を確認しよう

先ほどのプログラム「scraping_test.py」では、CSSセレクターを使って、HTMLページにある任意の要素を抽出していました。

「CSSセレクター（CSS Selector）」とは、HTMLのデザインやスタイルを指定するCSSで使用されるパターンの指定方法です。これは、HTML内の特定の要素を選択してスタイルを適用するために使用されます。CSSセレクターを使う事で、特定の条件を満たす要素のみにCSSのスタイルを適用できます。

Seleniumでは、このCSSセレクターを使って、任意の要素を指定して、情報を抽出できるので便利です。簡単にCSSセレクターのルールを確認してみましょう。

CSSセレクターのルールは、基本的に次の3種類で構成されます。

CSSセレクターのルール

種類	利用例	説明
要素セレクター	h1 / p / a	要素名（h1 / p / aなど）を指定して要素を特定する
クラスセレクター	.className	class属性を指定して要素を特定する
IDセレクター	#idName	id属性を指定して要素を特定する

CSSセレクターのテストをしてみよう

CSSセレクターをテストするために、簡単なHTMLで試してみましょう。ここでは下記のようなシンプルなHTMLファイルを用意しました。

Python のソースリスト src/ch6/selector_test.html

```
<html><body>
  <div id="fruits">
    <h3>私の好きな果物</h3>
    <ul>
      <li>リンゴ</li><li class="best">バナナ</li><li>イチゴ</li>
    </ul>
  </div>
  <div id="animal">
    <h3>私の好きな動物</h3>
    <ul>
      <li class="best">ライオン</li><li>ゾウ</li><li>ラクダ</li>
    </ul>
</div>
</body></html>
```

このHTMLファイルをChromeブラウザーで読み込んでみましょう。読み込んだら、ブラウザー内の余白部分を右クリックして、メニューから[検証]を選ぶか[F12]キーを押して開発者ツールを起動してHTMLの構造を確認してみましょう。

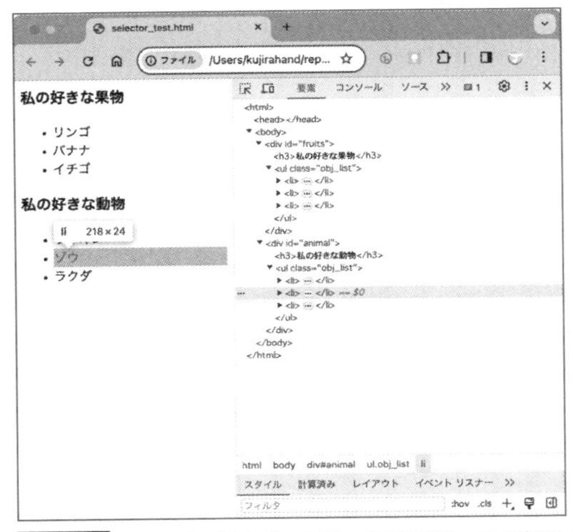

画面 6-18 HTML をブラウザーで開いて開発者ツールで確認しているところ

次に、CSSセレクターをテストしてみましょう。ブラウザーでは「file://」から始まるファイルパスを指定して開くと、ローカルファイルにもアクセスできます。

先ほどのプログラム「scraping_test.py」を利用して、CSSセレクターのテストを行うプログラムを作ってみましょう。以下のプログラムは、いろいろなCSSセレクターを記述して、抽出結果を確認するものです。

Python のソースリスト　src/ch6/selector_check.py

```
import os
from scraping_test import extract_element

# ローカルファイルを指定 ―― (※1)
SCRIPT_DIR = os.path.dirname(__file__)
sample_file = os.path.join(SCRIPT_DIR, "selector_test.html")
sample_url = f"file://{sample_file}"

# <h3>要素を抽出 ―― (※2)
print("=== h3 === ")
print(extract_element(sample_url, query="h3"))

# <li>の一覧を抽出 ―― (※3)
print("=== li === ")
print(extract_element(sample_url, query="li"))

# 好きな果物を抽出 ―― (※4)
print("=== #fruits li === ")
print(extract_element(sample_url, query="#fruits li"))

# class="best"のアイテムを抽出 ―― (※5)
print("=== .best === ")
print(extract_element(sample_url, query="li.best"))
```

このプログラムをターミナルから実行してみましょう。上記のプログラムを「scraping_test.py」「selector_test.html」と同じディレクトリにコピーした上で、ターミナルから「python selector_check.py」コマンドを実行すると、次のように実行結果が表示されます。

コマンド

```
$ python selector_check.py
=== h3 ===
01: 私の好きな果物
02: 私の好きな動物

=== li ===
01: リンゴ
02: バナナ
03: イチゴ
04: ライオン
```

```
05: ゾウ
06: ラクダ

=== #fruits li ===
01: リンゴ
02: バナナ
03: イチゴ

=== .best ===
01: バナナ
02: ライオン
```

HTMLファイルとプログラム、そして実行結果を見比べながら確認してみます。

(※1)では、ローカルにあるHTMLを指定して「file:// (ローカルファイルパス)」のURLを作成します。そして、(※2)以降で任意のCSSセレクターを指定して、結果を表示します。

(※2)では、要素セレクター「h3」を指定してHTMLから要素を抽出して結果を表示します。2つある見出し<h3>のテキストを取得して表示します。同様に、(※3)では要素セレクター「li」を指定して要素を抽出した結果を表示します。結果、6つある<li>…</li>のテキストを表示します。

(※4)では、IDセレクター「#fruits」と要素セレクター「li」を組み合わせて「#fruits li」を指定しています。このようにセレクターをスペースで区切って書くと「#fruits」の下にある「li」要素という意味になります。

(※5)では、要素セレクターとクラスセレクターを組み合わせた「li.best」を指定しています。このように書くと「li」要素で、class属性に「best」が指定されているものを検索するという意味になります。ck.py」コマンドを実行すると、次のように実行結果が表示されます。

COLUMN

Webスクレイピングについての注意

Webスクレイピングは強力な技術です。本書で紹介した簡単なプログラムで、Webサイト上に掲載されている情報を丸ごと取得できるからです。そのため、Webサイトによっては、スクレイピングを禁止している場合もあります。

もちろん、本書は、違法なスクレイピングを推奨していません。スクレイピングを実行する場合には、対象となるWebサイトの規約を確認したり、管理者にスクレイピングOKかどうかを問い合わせてみる必要があります。また、仮にスクレイピングがOKだったとしても、対象となるWebサーバーの負荷にも配慮する必要があります。

大規模言語モデル(LLM)をどう活用する？～スクレイピングの注意点

上記のコラムで簡単にWebスクレイピングの注意点をまとめましたが、他にも気をつけた方が良い点があります。実際にスクレイピングを実践する場合に、詳しく尋ねてみると良いでしょう。ここでは、次のようなプロンプトを作ってみました。

生成AIのプロンプト　src/ch6/llm_ask_web_scraping.prompt.txt

```
### 背景情報:
これからWebスクレイピングを行うプログラムを作ります。
しかし、相手方のWebサーバーに迷惑をかける行為はしたくありません。
### 質問:
Webスクレイピングを行う上で、気をつけるべきポイントを箇条書きで教えてください。
```

ChatGPT（モデルGPT-4o）に質問すると次のように答えました。ポイントをしっかり抑えた回答が得られると思いますので、実際にプロンプトを実行して、注意点を確認すると良いでしょう。

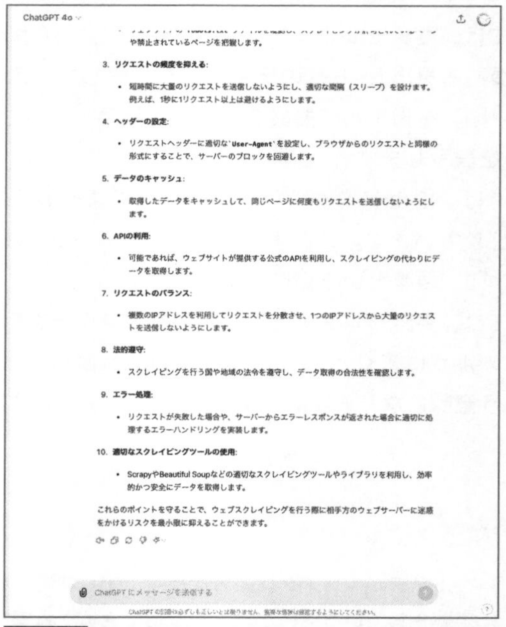

画面 6-19 ChatGPTにWebスクレイピングで気をつけるべきポイントを聞いてみた

まとめ

1. Seleniumを使ってブラウザーを自動制御し、ページ内に書かれている情報をスクレイピングできる
2. find_element/find_elementsメソッドを使うことで、ページ内の特定の要素を取得できる
3. ページ内の情報を取得するには、CSSセレクターを使うと便利
4. ブラウザーの開発者ツールを使うと、CSSセレクターをコピーできる

chapter 6

03 Webサイトへのログインとダウンロード

前節に引き続き、Seleniumを使ったブラウザー制御について解説します。ここでは、ログインが必要なページにアクセスしたり、ファイルをダウンロードしたりできるような発展的トピックを扱います。

ここで学ぶこと

- Selenium
- ログイン処理
- ダウンロード

ログインが必要なサイトをスクレイピングするツールを作ろう

　ここでは、Webブラウザーを自動制御してスクレイピングを行うプログラムを作りましょう。例として、ログインが必要な会員制サイトにログインして、会員だけが取得できるファイルをダウンロードするプログラムを作りましょう。

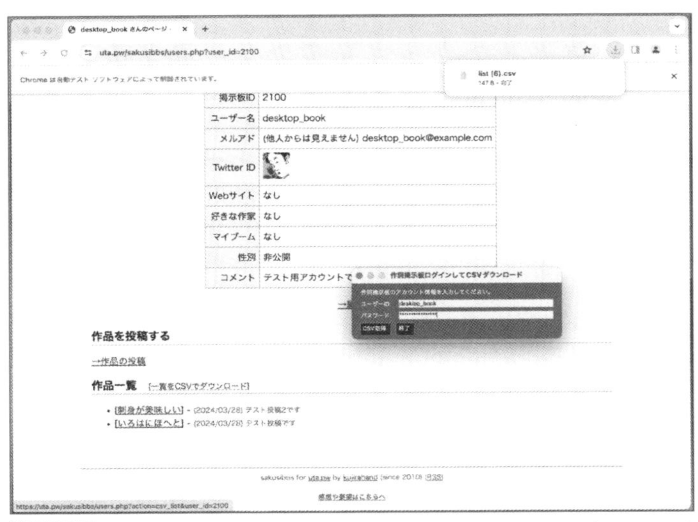

画面 6-20　ログイン情報を入力するとブラウザーを自動制御して CSV をダウンロードする

会員制のサイトにログインして情報を取得しよう

　銀行やクレジットカードのWebサイトでは、ログインしないと明細が見られないようになっています。それと同じように、多くのWebサービスではログインしてはじめて大切な情報が見られるようになっています。

前節で紹介したプログラムで登場した作詞掲示板には、大切な情報はほとんどありませんが、ログインした人だけが、作品一覧が記載されたCSVファイルをダウンロードできる仕組みになっています。

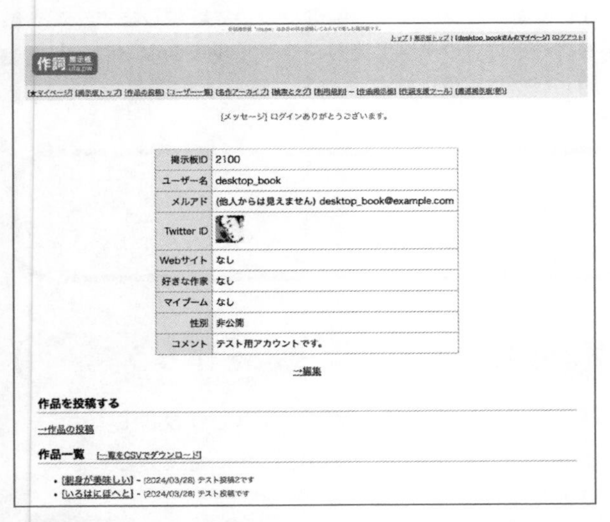

画面 6-21 ログインした人だけが、作品一覧の CSV をダウンロードできる仕組みになっている

クレジットカード会社のサイトなどにアクセスするのはいろいろと差し障りがありそうなので、ここでは、作詞掲示板にログインして、CSVファイルをダウンロードするプログラムを作ってみましょう。

Python のソースリスト src/ch6/scraping_login.py

```
import time
from selenium import webdriver
from selenium.webdriver.common.by import By
from selenium.common.exceptions import NoSuchElementException

# ユーザーIDとパスワードを指定 —— (※1)
USER_ID = "desktop_book"
PASSWORD = "w7zZh79vqnoLa9ID"

# プログラムのメイン処理
def main(user_id, password):
    # Chromeを起動 —— (※2)
    driver = webdriver.Chrome()
    # ログイン処理を行う —— (※3)
```

```
    result = login(driver, user_id, password)
    if not result:
        print("ログイン失敗")
        return False
    # マイページのリンクをクリック ―― (※4)
    result = click_link(driver, "★マイページ")
    if not result:
        print("マイページのリンクが見つかりません")
        return False
    # CSVダウンロードのリンクをクリック ―― (※5)
    result = click_link(driver, "一覧をCSVでダウンロード")
    if not result:
        print("CSVのダウンロードリンクが見つかりません")
        return False
    time.sleep(10)
    driver.quit()
    return True

# ログインを行う関数 ―― (※6)
def login(driver, user_id, password):
    # ログインページにアクセス ―― (※7)
    driver.get("https://uta.pw/sakusibbs/users.php?action=login")
    # ユーザーIDとパスワードを入力 ―― (※8)
    try:
        driver.find_element(By.ID, "user").send_keys(user_id)
        driver.find_element(By.ID, "pass").send_keys(password)
    except NoSuchElementException as e:
        # IDとパスワードの入力フィールドが見つからない場合は失敗
        print("入力フィールドが見つかりません", e)
        return False
    debug_sleep()
    # ログインボタンをクリック ―― (※9)
    try:
        btn = driver.find_element(By.CSS_SELECTOR,
            "#loginForm input[type=submit]")
        btn.click()
        driver.implicitly_wait(20)
    except NoSuchElementException as e:
        # ログインボタンが見つからない場合は失敗
        print("submitボタンが見つかりません", e)
```

chapter 6 Webスクレイピングとアプリの配布

```
        return False
    # ログインが成功したかどうかを判定 ―― (※10)
    try:
        # 「ログアウト」というリンクがあれば成功
        a = driver.find_element(By.LINK_TEXT, "ログアウト")
        print(f"ログインしました(リンク[{a.text}]があります)")
        debug_sleep()
        return True
    except NoSuchElementException as e:
        # 見つからなければ失敗
        print("ログアウトがありません", e)
        return False

# ラベルを指定してリンクをクリックする関数 ―― (※11)
def click_link(driver, text):
    try:
        # リンクを探してクリック ―― (※12)
        link = driver.find_element(By.LINK_TEXT, text)
        link.click()
        print(f"{text}をクリックしました")
        debug_sleep()
        return True
    except NoSuchElementException as e:
        print(f"{text}が見つかりません", e)
        return False

def debug_sleep(): # デバッグ用に3秒待つ
    time.sleep(3)

if __name__ == "__main__":
    main(USER_ID, PASSWORD)
```

プログラムの挙動を確認するために、ターミナルから実行してみましょう。ターミナルを起動して、下記のコマンドを実行しましょう。

コマンド

```
$ python  scraping_login.py
```

プログラムを実行すると、まず、ログイン画面が開きます。そして、自動的にユーザー名とパスワードが入力されて、ログインボタンが押されます。

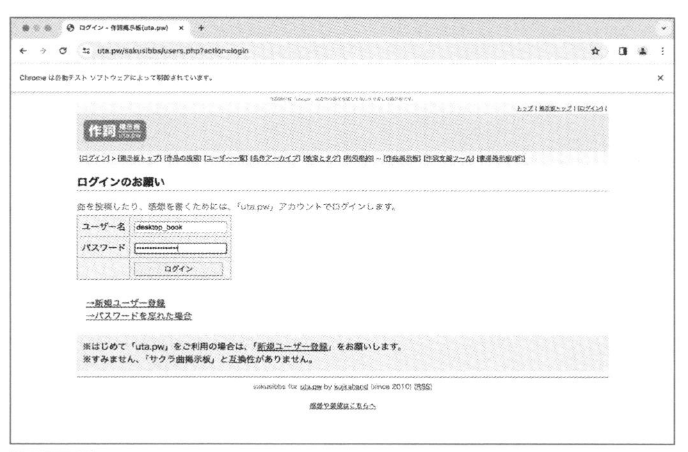

画面 6-22 自動ログインする

ログインすると、トップページに戻ってしまうので、画面上部にある「★マイページ」のリンクをクリックします。

画面 6-23 画面上部にある「★マイページ」のリンクをクリック

すると、マイページが表示されるので、マイページの下方にある「一覧をCSVでダウンロード」のリンクをクリックして、CSVファイルをダウンロードします。なお、ダウンロードしたCSVファイルは、Chromeで設定しているダウンロードディレクトリに保存されます。特に設定していなければ、OSの「ダウンロード」ディレクトリに保存されます。

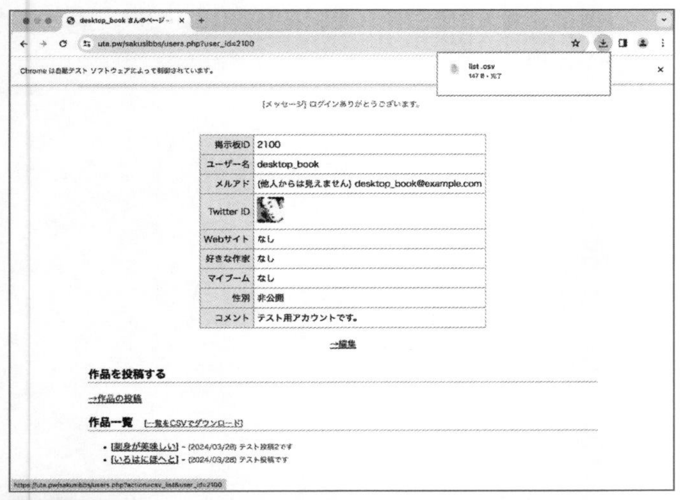

画面 6-24 下方にある「一覧を CSV でダウンロード」のリンクをクリック

プログラムを確認してみましょう。(※1) ではユーザーIDとパスワードを指定します。この情報は、本書のサンプルを実行するための仮のユーザー情報です。もし、このIDとパスワードでログインできなくなった場合には、下記のユーザー登録ページで登録してみてください。

●作詞掲示板 > ユーザー登録

[URL] **https://uta.pw/sakusibbs/users.php?action=useradd**

(※2) 以降の部分でプログラムのメイン処理を記述します。まず、Chromeを起動し、(※3) でログイン処理を行います。そして、(※4) でマイページのリンクをクリックして、(※5) でCSVファイルのダウンロードリンクをクリックします。ログイン処理の後は、リンクをクリックするだけなので、(※11) の関数click_linkを利用して、それぞれリンク（a要素）のラベル部分を指定します。ここでは、ダウンロード完了を待機するために、time.sleepを使って10秒間待ってからブラウザーを終了しています。正確にファイルがダウンロードされたタイミングが知りたい場合は、この後のコラムを確認してください。

(※6) ではログインを行う関数loginを定義します。(※7) ではログインページを開き、(※8) でユーザーIDとパスワードを入力します。find_elementメソッドで要素を検索して、send_keysメソッドで文字列を書き込むことができます。(※9) ではログインボタンをクリックします。

(※10) ではログインが成功したかどうかを確認します。ログインに成功すると、「ログアウト」というリンクが表示されるため、ログインしていることが分かります。

(※11) では、リンクテキストを指定してリンクをクリックする関数click_linkを定義します。(※12) では、find_elementメソッドで引数textに合致するリンクテキストを探して、クリックします。

このプログラム全体で指定していますが、find_elementで任意の要素が見つからない時、NoSuchElementExceptionという例外が発生します。そこで、try…except…で例外を捕捉するようにしています。

ユーザーIDとパスワードを指定するGUIツールを作ろう

それでは、先ほど作ったプログラム「scraping_login.py」をモジュールとして利用して、GUIから手軽に使えるようにしてみましょう。

ここでは、ユーザー名とパスワードを入力するウインドウを表示して、「CSV取得」ボタンを押すと、自動的にブラウザーを起動して、会員だけが取得できる作品一覧のCSVファイルをダウンロードするプログラムを作ってみましょう。

画面 6-25　会員制サイトにログインして CSV ファイルをダウンロードする

ユーザー名とパスワードは、暗号化してデータファイルに保存した方が良いでしょう。そこで、ここでは、暗号化パッケージのCryptographyを利用して、簡易暗号化してみます。ターミナルで以下のコマンドを実行して、Cryptographyをインストールしましょう。

コマンド

```
$ python -m pip install cryptography
```

このパッケージをインストールしたら、下記のGUIのプログラムを作成しましょう。

Python のソースリスト　src/ch6/scraping_login_gui.py

```
import os, json
from cryptography.fernet import Fernet
import PySimpleGUI as sg
# import TkEasyGUI as sg
import scraping_login as login

# ログイン情報の保存したファイルと暗号化用キーファイル ―― (※1)
LOGIN_DATA_FILE = "login_data.json.enc"
LOGIN_KEY_FILE = "login_data.key"

# ウィンドウを表示する関数 ―― (※2)
def show_window():
```

```
    user, pw = load_data()
    # ウィンドウを作成 ―― (※3)
    layout = [
        [sg.Text("作詞掲示板のアカウント情報を入力してください。")],
        [sg.Text("ユーザーID:"),
         sg.Input(user, key="user")],
        [sg.Text("パスワード:"),
         sg.Input(pw, key="pass", password_char="*")],
        [sg.Button("CSV取得"), sg.Button("終了")]
    ]
    window = sg.Window("作詞掲示板ログインしてCSVダウンロード", layout)
    # イベントループ
    while True:
        event, values = window.read()
        if event in ["終了", sg.WIN_CLOSED]:
            break
        # 「CSV取得」ボタンを押した時の処理 ―― (※4)
        if event == "CSV取得":
            user_id = values["user"]
            password = values["pass"]
            save_data(values)
            # ログイン処理を行う ―― (※5)
            if login.main(user_id, password):
                sg.popup("CSVを取得しました")
            else:
                sg.popup("CSVの取得に失敗しました")

# データファイルに保存する関数 ―― (※6)
def save_data(data):
    # データをJSON形式に変換 ―― (※6a)
    json_str = json.dumps(data)
    # 暗号化のためのキーを作成 ―― (※6b)
    key = Fernet.generate_key()
    with open(LOGIN_KEY_FILE, "wb") as fp:
        fp.write(key)
    # 暗号化する ―― (※6c)
    fer = Fernet(key)
    bin = fer.encrypt(json_str.encode("utf-8"))
    # ファイルにバイナリーモードで書き込む
    with open(LOGIN_DATA_FILE, "wb") as fp:
```

```
        fp.write(bin)

# データファイルを読み込む関数 —— (※7)
def load_data():
    if not os.path.exists(LOGIN_DATA_FILE):
        return "", ""
    # 暗号化を解除するためのキーファイルを読む
    with open(LOGIN_KEY_FILE, "rb") as fp:
        key = fp.read()
    # ファイルをバイナリーモードで読み込む
    with open(LOGIN_DATA_FILE, "rb") as fp:
        bin = fp.read()
    try:
        # 暗号を解除する —— (※7a)
        fer = Fernet(key)
        json_str = fer.decrypt(bin).decode("utf-8")
        # JSON形式を読み取る —— (※7b)
        data = json.loads(json_str)
    except Exception as e:
        print("ファイルの読み込みに失敗しました", e)
        return "", ""
    return data["user"], data["pass"]

if __name__ == "__main__":
    show_window()
```

プログラムを実行してみましょう。エラーが起きた時理由が分かりやすいように、ターミナルから実行してみましょう。以下のコマンドを実行します。なお、すでに作成した「scraping_login.py」をモジュールとして利用するので、同じディレクトリに配置しておきましょう。

コマンド

```
$ python scraping_login_gui.py
```

実行すると、ユーザーIDとパスワードを入力するウィンドウが表示されます。値を入力して「CSV取得」ボタンを押すと、ブラウザーを起動してログイン処理をします。

プログラムを確認してみましょう。プログラムの(※1)ではログイン情報を保存したファイルと暗号化用のキーファイルのパスを指定します。

(※2)ではウィンドウを表示する関数show_windowを定義します。(※3)ではウィンドウを作成します。ユーザーIDとパスワードの入力フォーム、CSV取得ボタンなどを表示します。sg.Inputオブジェクトを作成した時、引数password_charを指定することで、パスワード入力ボックスを作成します。

(※4) では「CSV取得」ボタンをクリックした時の処理を記述します。ウィンドウ内のデータを取得したらファイルに保存して、(※5) でログイン処理を実行します。モジュール「scraping_login.py」の関数mainを実行します。

(※6) ではデータファイルを保存する関数save_dataを記述します。この関数では、Pythonの辞書型データをJSON形式（文字列）にエンコードし、その後で、暗号化処理を行ってファイルに保存します。

(※6a) ではデータをJSON形式に変換します。(※6b) で暗号化に使うキーを作成して、ファイルに保存します。暗号化キーはバイナリーデータ（bytes型のデータ）です。そのため、ファイルを保存するとき、モードに「wb」を指定してバイナリーモードで保存します。(実際には、BASE64でエンコードされたテキストデータです)。

(※6c) では生成した暗号化用のキーを引数に指定して、Fernetオブジェクトを作成します。これは、Cryptographyパッケージで手軽に暗号化を行う機能を提供するものです。これは、128ビットAESのCBCモードを利用して暗号化を行います。

(※7) ではデータファイルを読み込む関数load_dataを定義します。(※6) でデータを暗号化して保存した時の手順と逆で、キーファイルと暗号化データをファイルから読み出したら、Fernetオブジェクトを利用して、(※7a) で暗号化を解除（復号化）した後で、(※7b) のようにJSONデータ（文字列）をPythonのオブジェクトに変換します。

COLUMN

ブラウザーでファイルのダウンロード完了を調べるには？

実際のところ、Seleniumを使ってChromeを自動操縦する場合、ファイルのダウンロードを細かく制御することはできません。それでも、本節で見たように、ブラウザーで表示したページ内にあるダウンロードリンクをクリックして、ファイルを保存することはできます。

その際、Chromeでは以下のプログラムのように起動オプションを指定することにより、保存ディレクトリを指定できます。ただし、これはメソッド名を見ると分かるように実験的（experimental）な機能なので将来的に使えなくなる可能性もあります。

なお、保存先のディレクトリさえ分かれば、ファイルがダウンロード完了したかどうかを確認できます。と言うのも、Chromeではファイルのダウンロード中は、「ファイル名.crdownload」というファイル名になっており、ダウンロードが完了してはじめて、正式なファイル名で保存されるからです。

以下のプログラムは、GitHubからZIPファイルをダウンロードするプログラムの例です。

src/ch6/chrome_download.py

```
import os, time
from selenium import webdriver

# ダウンロードディレクトリを指定 —— (※1)
download_path = os.path.join(os.path.dirname(__file__), "download")
os.makedirs(download_path, exist_ok=True)
# ダウンロードしたいファイルのURLと保存ファイル名(自動決定)を指定 —— (※2)
zip_url = "https://github.com/kujirahand/nadesiko3/archive/refs/tags/3.5.3.zip"
zip_file = os.path.join(download_path, "nadesiko3-3.5.3.zip")

# Chromeの「実験的オプション」を設定 —— (※3)
prefs = {
    "download.default_directory": download_path,
    "savefile.default_directory": download_path
}
options = webdriver.ChromeOptions()
options.add_experimental_option('prefs', prefs)

# Chromeを起動してZIPファイルのURLにアクセス —— (※4)
driver = webdriver.Chrome(options=options)
driver.get(zip_url)
# ダウンロード終了まで待機 —— (※5)
while True:
    if os.path.exists(zip_file):
        break
    print("ダウンロード完了を待機します")
    time.sleep(1)
driver.quit()
print("ダウンロード完了:", zip_file)
```

プログラムの(※1)ではダウンロードディレクトリを指定します。

(※2)ではダウンロードしたいURLとファイル名を指定します。ここでダウンロードした後のファイル名はWebサービス側で決定されます。そのため、注意が必要な点ですが、一度ファイルをダウンロードしてみて、保存されたファイル名を確認して指定する必要があります。

(※3)ではChromeの実験的なオプションを指定します。(※4)ではChromeを起動してZIPファイルのURLにアクセスします。そして、(※5)では、Chromeによってファイルが保存されるまで待機します。

COLUMN

ブラウザーを使わないファイルのダウンロード

認証やスクレイピング処理などが不要であれば、わざわざChromeを利用せず、requetsパッケージを使って、手軽にファイルをダウンロードできます。

コマンド

```
$ python3 -m pip install requests
```

以下のプログラムは、requestsパッケージを使ってファイルをダウンロードする例です。先ほど紹介したプログラムとまったく同じで、指定したURLにあるZIPファイルをダウンロードします。

Python のソースリスト　src/ch6/requests_download.py

```
import os, requests

# ダウンロードディレクトリを指定
download_path = os.path.join(os.path.dirname(__file__), "download")
os.makedirs(download_path, exist_ok=True)
# ダウンロードURLと保存ファイル名を指定
zip_url = "https://github.com/kujirahand/nadesiko3/archive/refs/tag
s/3.5.3.zip"
zip_file = os.path.join(download_path, "nadesiko3-3.5.3.zip")

# ファイルをダウンロードして保存
with open(zip_file, "wb") as f:
    res = requests.get(zip_url)
    f.write(res.content)
```

大規模言語モデル(LLM)をどう活用する？～スクレイピング

本書では、Webスクレイピングを行うために、SeleniumでWebブラウザを操作する方法を紹介しています。しかし、Webスクレイピングを実現する方法は他にもあります。大規模言語モデルに尋ねてみると良いでしょう。

生成 AI のプロンプト　src/ch6/llm_ask_how_scraping.prompt.txt

```
### 質問:
Webスクレイピングを行うプログラムを作りたいです。
どのようなツールやライブラリを使うと良いでしょうか？
```

```
### 出力例:
- 手法1（例：Seleniumを使う方法）- メリットとデメリット
- 手法2（例：Seleniumを使う方法）- メリットとデメリット
- 手法3（例：Seleniumを使う方法）- メリットとデメリット
- 手法4（例：Seleniumを使う方法）- メリットとデメリット
- 手法5（例：Seleniumを使う方法）- メリットとデメリット
- まとめ
```

ChatGPTに入力すると次のように答えがあります。Webスクレイピングにも、いろいろな手法があることが分かるでしょう。

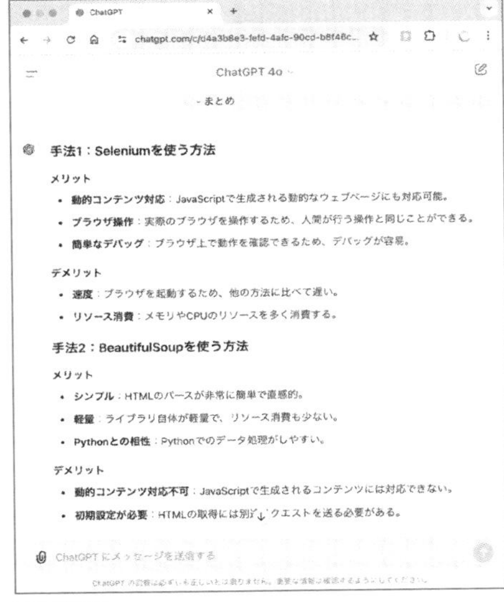

画面 6-26　Webスクレイピングの手法について尋ねてみよう

ここまで見てきたように、Seleniumでブラウザを直接操作する方法は、人間の操作をそのまま再現できるため、さまざまな用途で利用できることが分かったのではないでしょうか。ログインしたり、ファイルをダウンロードしたりと、ブラウザを利用した処理を自動化できます。

まとめ

1. Seleniumを使うと、ページ内のリンクをクリックしたり、テキストボックス（input要素）に対して文字列を送信したりできる
2. ブラウザーを自動制御すれば、会員制サイトにログインしたり、ファイルをダウンロードしたりすることもできる
3. Chromeでファイルをダウンロードした場合、デフォルトではOSのダウンロードフォルダーに保存される

chapter 6

04

Pythonで作ったアプリを配付しよう

本書ではたくさんのアプリを作ってきました。せっかくアプリを完成させたのなら、それを配付してみたいと思うことでしょう。本節では、Pythonのプログラムを配付するために、実行ファイルに変換する方法を紹介します。

ここで学ぶこと

- **Pythonで作ったアプリを配付する方法**
- **PyInstaller**
- **requirements.txt**
- **VirtualBox / Docker**

作成したアプリを配付する場合の選択肢

本書ではたくさんのアプリを作ってきました。せっかくアプリを完成させたら、配付してみたいと思うことでしょう。ここでは、最初に、アプリを配付する際に、どんな方法があるのかを考えてみましょう。

簡単な結論として、アプリを配付する場合、次のような選択肢があります。

(1) 実行ファイル形式で配付する方法
(2) プログラムをそのまま配付する方法
(3) 仮想環境を丸ごと配付する方法

それぞれの配付方法について、メリット・デメリットを確認してみましょう。

アプリ配付の方法(1) - 実行ファイルに変換して配付

まず、本書で作成したGUIアプリを配付するのに、最も適しているのが、Pythonのプログラムを OSごとの実行ファイルに変換して配付する方法です。Windowsであれば、EXE形式に、macOSであれば、APP形式に変換します。

この方法を使うと、Pythonがインストールされていない環境であっても、Pythonプログラムを動かすことができます。Pythonのプログラムを実行ファイルに変換するツールが、いくつもあります。有名なものを以下に列挙してみます。

PyInstaller … Window/macOS/Linuxに対応した変換ツールで、単一ファイルに固めることができる

cx_Freeze … Windows/macOS/Linuxに対応した変換ツールで、設定ファイルに細かい設定を指定できる
Py2exe … Windows用の実行ファイルに変換するツール
Py2app … macOS用の実行ファイルに変換するツール

今回は、上記の中から直感的に実行ファイルが作成できるPyInstallerを使ってみましょう。まずは、PyInstallerをインストールしましょう。

COLUMN

PyInstallerの仕組み - 実行ファイルに変換すると実行速度が速くなる？

本節では便宜的に「Pythonのプログラムを実行ファイルに変換する」と言いましたが、実際には、PyInstallerが行っているのは、そのプログラムを動かすのに必要となる最低限のパッケージだけを抽出して配付パッケージを作るという処理です。

実行ファイルに変換すれば、実行速度が速くなるのではと期待した人がいるかもしれませんが、PyInstallerは、Pythonのコードを機械語に変換するのではなく、ただパッケージングするだけなので、実行速度が速くなるわけではありません。

また、簡単な計算をするだけのプログラムであっても、作成した実行ファイルのサイズが、数十メガにも及ぶこともあります。これは、プログラムにPython本体と必要なパッケージを結合してファイルにまとめているためです。

しかし、Python本体をインストールしたり、必要なパッケージをインストールしたり…と面倒な手順から解法されるので、実行ファイルに変換する意味があると言えます。

PyInstallerで実行ファイルを作成しよう

それでは、実際にPyInstallerを使って、PythonのプログラムをOSごとの実行ファイルの形式に変換します。これから、この方法について紹介します。まずは、PyInstallerをインストールしましょう。

ターミナルを開いて、下記のコマンドを実行しましょう。PyInstallerがインストールされます。

コマンド
```
$ python -m pip install PyInstaller
```

それでは、本書の2章で作成した電卓をPyInstallerで実行ファイルに変換してみましょう。上記のコマンドを実行して、PyInstallerをインストールすると、ターミナルで「pyinstaller」というコマンドが使えるようになります。

ここでは、2章で作った電卓のサンプル「calc.py」を実行ファイルに変換してみましょう。カレントディレクトリに「calc.py」をコピーして、ターミナルで下記のコマンドを実行します。

コマンド
```
$ pyinstaller --onefile calc.py
```

次の画面のように「calc.exe」という実行ファイルが作成されます。ダブルクリックすると電卓が実行されます。これは、Windowsで実行したところですが、macOSでも同じように実行ファイルが作成されます。

画面 6-27　Windows で calc.py を実行ファイルに変換して実行してみたところ

画面 6-28　macOS で変換して実行したところ

ただし、実際にプログラムを実行してみると、ちょっと気になることがあります。電卓のウィンドウに加えて、ターミナルも一緒に起動してしまうのです。

これは、プログラムの動作を確認するデバッグをする時には便利なのですが、本番用としては邪魔になります。そこで下記のようにオプションに「--noconsole」を追加します。すると、ターミナルは起動せず、ウィンドウだけが表示されます。

コマンド

```
#PyInstallerでGUIプログラムを作成する場合
$ pyinstaller --onefile --noconsole calc.py
```

このように「pyinstaller --onefile --noconsole (Python ファイル)」の書式でコマンドを実行するだけで実行ファイルが作成されるので便利です。なお、PyInstallerには次のオプションがあります。

PyInstallerのオプション

オプション	意味
--onedir または -D	出力を1ディレクトリにまとめる
--onefile または -F	実行ファイル1つにまとめる
--noconsole または -w	ターミナルを表示しない
--clean	前回作成したキャッシュファイルを削除してから作成

実行ファイルのサイズとZIP圧縮について

実行ファイルのサイズを確認してみると分かるのですが、ただの電卓なのに13.8MBもあります（Python 3.11.0の場合）。逆に、もう少し手の込んだプログラムを変換しても、それほどサイズが増えるわけではありません。

もちろん、本書の4章で扱ったOCRライブラリーなどを実行ファイルに変換すると、必要なライブラリーも一緒に実行ファイルに梱包するため、ファイルサイズが211MBと大きくなります。

プログラムは基本的にテキストファイルであり、多少プログラムが長くなってもそれほど、実行ファイルが大きくなるわけではありません。それよりも、どんなライブラリーを利用するかで実行ファイルのサイズが増減します。

また、実行ファイルを、ZIP圧縮してみると分かるのですが、わずかなサイズしか小さくなりません。電卓の実行ファイルの場合、元のEXEファイルが13.8MBで、圧縮すると13.6MBでした。

これが何を意味しているのかと言うと、PyInstallerで実行ファイルを作成すると、同時に圧縮も行われているということです。ですから、ZIP圧縮するのが面倒であれば、そのまま実行ファイルを1つ送っても同じ事なのです。

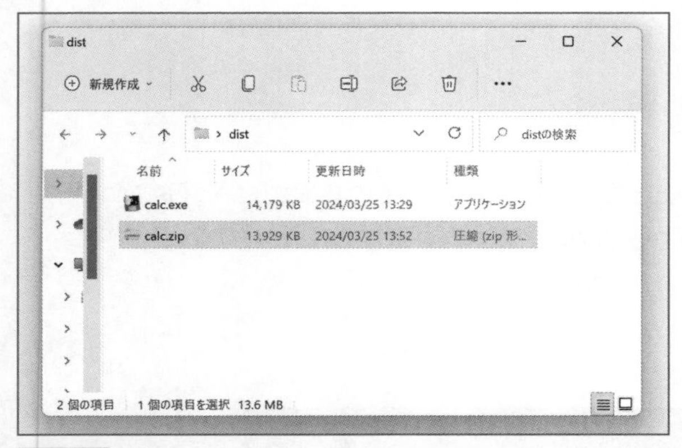

画面 6-29 ZIP 圧縮してもそれほどサイズに変化はない

memo

PyInstaller のエラーについて - Pyenv を使う場合のエラー

macOS を使っている場合に、下記のようなエラーが出ることがあります。

```
$ pyinstaller --onefile calc.py
～省略～
PyInstaller.exceptions.PythonLibraryNotFoundError: Python library not found:
～省略～
* If you are building Python by yourself, rebuild with `--enable-shared`
(or, `--enable-framework` on macOS)
```

詳しくエラーを見ると「Python library not found(訳 : Python ライブラリーが見つからない)」と表示されています。これは、Pyenv などの Python バージョン管理ツールを使っている場合に生じる現象です。

これを回避するには、Pyenv を使って Python をインストールするのではなく、python.org からダウンロードしたインストーラーを使うと良いでしょう。あるいは、Pyenv を使って Python 本体をインストールする際に、下記のようなコマンドを実行して、「--enable-shared」というオプションを有効にした状態でインストールを行います。

　Python の3.11.0をインストールする際、共有ライブラリーを有効にしてインストールを行います。これにより、PyInstaller のエラーを回避できます。

```
PYTHON_CONFIGURE_OPTS="--enable-shared" pyenv install 3.11.0
```

アプリ配付の方法(2) - プログラムをそのまま配付

次に、最も原始的な配付方法である「プログラムをそのまま配付」することについて考えてみましょう。その点で、参考になるのが、多くのオープンソースのプロジェクトです。

オープンソースのソースコードをホスティングしているGitHub（https://github.com）を見てみると分かりますが、多くのプロジェクトは、ソースコードをそのままダウンロードできるようにしているだけです。

つまり、配付相手がプログラマーであったり、ITに詳しい人であったりすれば、プログラムをそのまま配付しても問題ない場合も多いことでしょう。

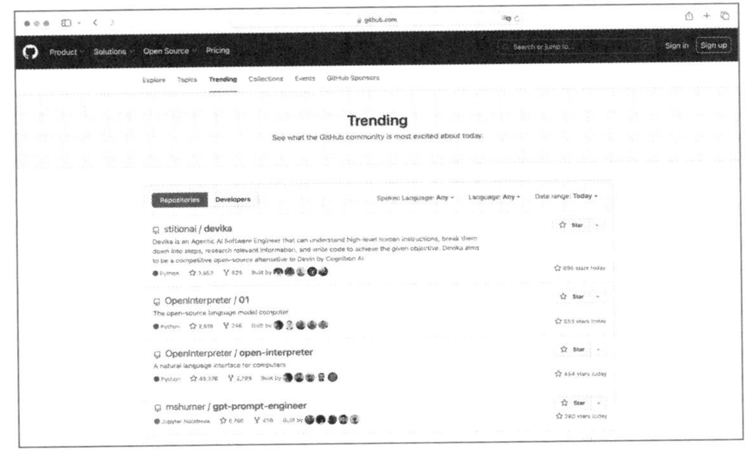

画面 6-30 GitHub のオープンソースのプロジェクトでは、ソースコードがそのまま配付されている

また、そもそも配布先が、自分の所有している別のPCや近しい人が使うのであれば、Pythonのプログラムをメールや LINE で送信して、実行までの環境を自分で整えることができる場合もあります。

非エンジニアにプログラムの実行を求めるのは間違っている件

本書のAppendixではダブルクリックでPythonプログラムを実行する方法を紹介しています。ダブルクリックでプログラムが実行できる状態になっているならば、プログラムを配付するだけで、プログラムを使ってもらうことができるでしょう。

ただし、相手がPCに詳しくない人の場合には、コラムでも紹介した通り、うっかり誤って悪意のあるプログラムを実行してしまう可能性があるため、オススメできません。

また、非エンジニアにPythonのプログラムだけを渡して「後は自分で実行してね」と伝えても、大抵の場合、意味が分からないと言われてしまうことでしょう。

筆者の数ある失敗談の1つですが、PCに詳しい事務職の知人に頼まれてある簡単な画像処理のプログラムを作りました。簡単なプログラムなので、無料で引き受けたのですが、作成したプログラムをメールで送信してほっとしていたところ、すぐに知人から電話がありました。

そうです、要件は、「使い方が分からない」というものでした。それで、プログラムを実行できる状態にするまで、長時間の電話サポートが必要となってしまいました。こうなることが分かっていれば、最初からプログラムを実行ファイルに変換してから配付すれば良かったと反省したのでした。

ある程度ITに詳しい人でも、こうなのですから、非エンジニアの人にPythonのインストールをお願いしたり、ターミナルを起動してコマンドを入力してもらったりというのは、かなりハードルが高い事であることが分かるでしょう。そして、誰か別の人のためにプログラムを作る時には、相手のことをよく考えて、「何をどこまでできるのか」をしっかり見極めて配布方法を考えなければなりません。

簡単にまとめてみましょう。プログラマー向けであれば、ソースコードをそのまま配付する形態でも問題ないのですが、一般ユーザーが相手の場合には、OSごとの実行ファイルを用意するのが良いでしょう。

プログラムを配付する場合には「requirements.txt」を添付しよう

配付相手がプログラマーの場合でも、いくつか気をつけるべきポイントがあります。

自分のPCにインストールしたパッケージを配付相手のPCにもインストールしなくてはなりません。これは当然のことではあるのですが、過去にどんなパッケージをインストールしたのか覚えていないことも多いものです。

そこで、誰かに配付する前に、一度、環境をまっさらにしてみて、プログラムが正しく動くかを確かめる必要があるでしょう。Pythonの実行環境をクリアな状態にするには、Pythonに付属している「venv」などの仮想環境の作成ツールを使うと便利です。

Pythonのプログラムを配付する際、よく使われる「requirements.txt」についても覚えておきましょう。これは、プログラムの実行に必要なパッケージを記録した設定ファイルです。次のような形式で記述されたファイルです。

生成AIのプロンプト src/ch6/requirements.txt

```
openpyxl==3.1.2
pillow==10.2.0
pillow_heif==0.15.0
selenium==4.18.1
cryptography>=42.0.1
```

拡張子が「.txt」となっていることから、ただのテキストファイルであることが分かるでしょう。しかし、1行ごとに「パッケージ名 == バージョン番号」の書式で、必要となるパッケージを列挙しています。

Pythonのプログラムを配付する際には、プログラムに加えて上記のような「requirements.txt」を一緒に配付します。

そうすれば、プログラムを受け取った側では、ターミナルを開いて次のコマンドを実行することで、プログラムの実行に必要となるパッケージを一気にインストールできます。

```
#「requirements.txt」に記述したパッケージを一気にインストール
$ python -m pip install -r requirements.txt
```

手元にある環境とまったく同じパッケージ構成を作りたい時には、下記のコマンドを実行すると、インストールされているパッケージおよびバージョンを列挙して、「requirements.txt」を作成できます。

```
# インストールされているパッケージとバージョンの一覧を列挙
$ python -m pip freeze > requirements.txt
```

例えば、筆者の環境で上記の「pip freeze」を実行すると次の画面のように表示されました。

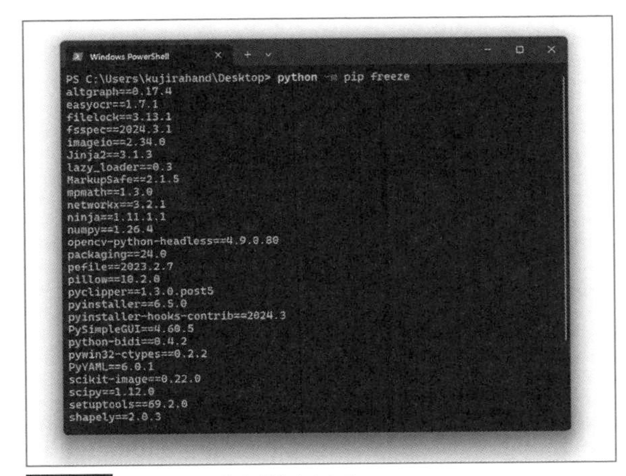

画面 6-31 pip freeze を実行したところ

このようにして作成した「requirements.txt」を使うと、手元の環境にインストールしている全てのパッケージを記録できます。当然、無駄なパッケージも記録されてしまうのですが、開発時のパッケージとバージョンを配布先で完全に一致させるのに役立ちます。

アプリ配付の方法(3) - 仮想環境のイメージファイルを配付

次に、仮想環境のイメージファイルやコンテナファイルを配付する方法を考察してみましょう。「仮想化」とは、あるOSの上で別のOSを仮想的に動かすことのできる技術です。例えば、macOS上でWindowsを動かしたり、Windows上でUbuntu（Linux）を動かしたりと、本来利用しているOSとは異なるOSを動かすことができます（もちろん、同じOSを仮想的に動かすこともできます）。そのために、VirtualBox、VMware Fusion、Parallels Desktopなどのツールを使うことができます。

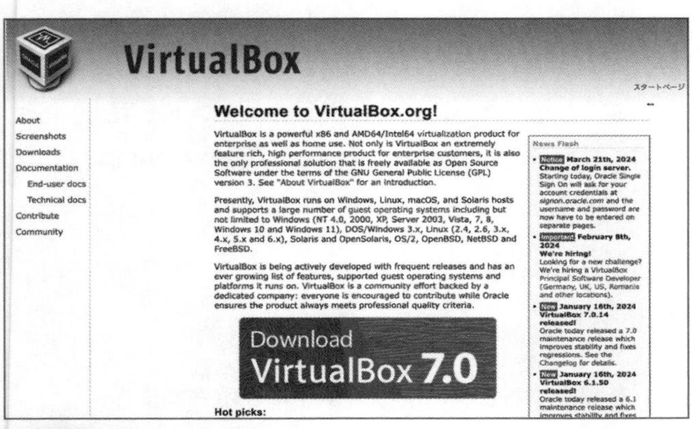

画面 6-32　仮想マシンのVirtualBox - VirtualBoxは無料で配付されている

仮想マシンが良い点は、仮想マシンの実行イメージを単一の配付ファイルにまとめて、別のマシンに手軽に持ち運べる点にあります。つまり、システム構成が複雑なアプリを作った時でも、イメージファイルさえ相手に渡すことができれば、まったく同じように相手のマシンで仮想環境を動かすことができるということです。開発環境と実行環境がまったく同じになるので、トラブルが少ないのがメリットです。また、仮想環境なので、仮想マシンを動かしているホストマシンの環境を汚すことなく（つまり、余分なツールをインストールして悪影響を与えることなく）使えるというメリットもあります。以前は、仮想マシン上でGUIアプリを動かすのは難しかったものの、昨今のPCであれば、GUIアプリも不自由なく動かすことが可能です。

ただし、この方法には大きなデメリットがあります。配付する仮想環境のイメージファイルは、ファイルサイズが数Gから数百GBになってしまうことです。

次の画面は、macOS上でDebian(Linux)を動かしているところです。デスクトップ環境を持つDebianにPythonとIDLE、PySimpleGUIをインストールすると、本書のサンプルを動かすことができます。ただし配付イメージサイズを確認すると8GBになりました。

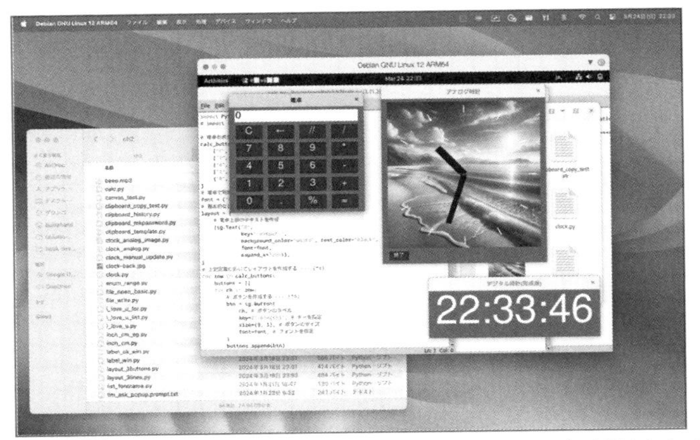

画面 6-33　macOS で Debian を動かしているところ - 本書のサンプルを動かしている

8GBであればインターネット経由で配布できないほどではないものの、気軽に配付できるものではありません。それでも、複数のアプリのインストールが必要だったり、設定が複雑でインストールが困難だったりする場合には、この形態での配布を検討しても良いかもしれません。

Dockerコンテナであればイメージサイズも小さい

同じ仮想環境でも、OSイメージを丸ごと配付するのではなく、アプリケーションの実行環境と依存環境をパッケージ化するDockerコンテナを使うという選択肢もあります。

Dockerとは、アプリケーションをコンテナと呼ばれる独立した環境にパッケージ化するためのプラットフォームです。Dockerコンテナは、仮想環境よりも軽量であり、ホストOSのカーネルを共有します。そのため、ゲストOSを起動する必要がありません。コンテナは素早く起動しリソースの消費が少ないのがメリットです。

コンテナには、Pythonだけでなく、その実行に必要なすべてのツールやライブラリーを含めることができます。Dockerはコマンドラインベースのアプリや、Webアプリの実行環境として使われています。それでも、まったく不可能というわけではありません。Docker環境を構築するのに、少し手間がかかるものの、仮想マシンのイメージを丸ごと配付することに比べれば、気楽です。

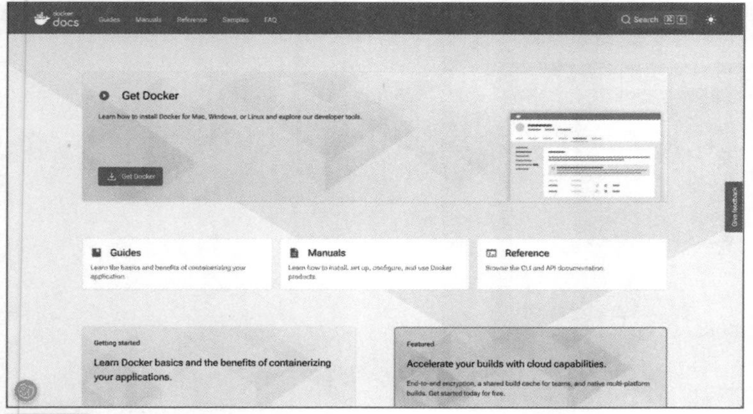

画面6-34 Dockerコンテナについて

大規模言語モデル(LLM)をどう活用する? ～アプリの配付

ここまでの部分で、自作アプリを配付する方法について紹介してきました。大規模言語モデルに、その他の方法について尋ねてみることもできます。次のようなプロンプトで質問できるでしょう。

生成AIのプロンプト　src/ch6/llm_ask_publish.prompt.txt

```
### 質問:
自作のWindowsアプリを配付したいです。どんな方法が考えられますか?
次の出力例に合わせて、箇条書きで簡潔にオススメの方法を出力してください。
### 出力例:
- 方法1 - メリットとデメリット
- 方法2 - メリットとデメリット
- 方法3 - メリットとデメリット
- まとめ
```

このように、大規模言語モデルに「出力例」を示すことで、回答のフォーマットを強制することができます。オススメの配付方法として、ChatGPTは次のように回答しました。

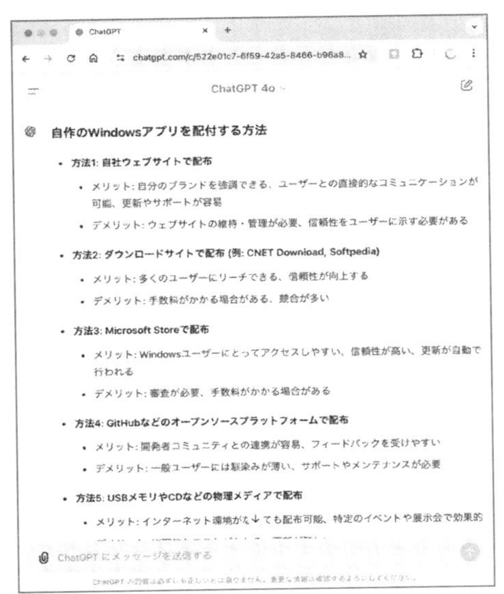

画面 6-35 Windows アプリの配付について尋ねてみたところ

まとめ

1. PyInstallerを使うとPythonのプログラムを単一の実行ファイルに変換できる
2. PyInstallerで作成する実行ファイルのサイズは、どのパッケージを使うかによって大きく異なる
3. 作成した実行ファイルは、ZIP圧縮してもそれほどサイズが変わらない
4. ソースコードをそのまま配付することも一般的に行われているが、プログラマー向けの方法である
5. ソースコードを配付する際には「requirements.txt」を作成しよう
6. 配付サイズが巨大になるものの、仮想環境を使って実行環境をそのまま配付するというアイデアもある

chapter 6

05 デスクトップアプリをブラッシュアップしよう

本書の最後に、ホットキーを扱う方法や、メニューを付けたり、最前面表示にする方法など、デスクトップアプリを作る上で知っていると役立つトピックスを扱います。自作デスクトップアプリを便利にブラッシュアップしましょう。

ここで学ぶこと

- ホットキーで処理を実行する方法
- シェルコマンド/DOSコマンドを実行する方法
- タイトルバーのないウィンドウ
- 最前面表示
- メニューを使う方法

ホットキーで処理を実行するツールを作ろう

デスクトップアプリを作る上で、ホットキーが使えると利便性がぐっと向上します。「ホットキー(Hot key)」とは、キーボードの組合せの[Ctrl]+[q]や[Ctrl]+[Alt]+[e]などを指定しておくと、そのキーが押されたことを検出して、特定の処理を実行できる機能のことです。

Windows/Linuxでは、keyboardパッケージを使う事で、ホットキーを検出して、プログラム内で任意の処理を行うことができます。ターミナルを起動して、以下のコマンドを実行すると、keyboardをインストールできます。

コマンド

```
$ python -m pip install keyboard
```

それでは、次の画面のようなホットキーを使ったプログラムを作ってみましょう。残念ながら、macOSでは使えませんので、Windowsで実行してみてください。

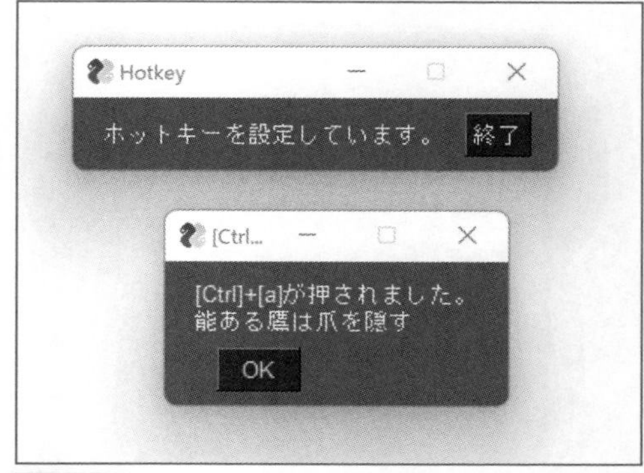

画面 6-36 ホットキーを押したところ

次のプログラムをIDLEなどで実行すると、ウィンドウが最小化されます。その状態で[Ctrl]+[a]キーを押すと、ことわざをポップアップ表示します。[Ctrl]+[q]キーを押すか、ウィンドウの最小化を解除して「終了」ボタンを押すと、プログラムが終了します。

Python のソースリスト src/ch6/hotkey.py

```
# ホットキーを設定するサンプルプログラム
import platform
import PySimpleGUI as sg
# import TkEasyGUI as sg
from queue import Queue
# macOSで実行したら未対応の旨を表示して終了
if platform.system() == "Darwin":
    sg.popup("macOSに対応していません")
    quit()
# イベント管理用の変数 ―― (※1)
key_events = Queue()
# ホットキーを指定 ―― (※2)
import keyboard
keyboard.add_hotkey("ctrl+q", lambda : key_events.put("exit"))
keyboard.add_hotkey("ctrl+a", lambda : key_events.put("show"))
# ウィンドウを作成 ―― (※3)
def show_window():
    # 使い方を表示
    sg.popup("\n".join(["以下のホットキーを設定しました。",
        "Ctrl+q ... プログラムを終了します。",
        "Ctrl+a ... ことわざを表示します。"]))
    # ウィンドウを最小化で起動 ―― (※4)
    window = sg.Window("Hotkey", layout=[[
        sg.Text("ホットキーを設定しています。"), sg.Button("終了")]],
        finalize=True)
    window.minimize()
    # イベントループ
    while True:
        event, _ = window.read(timeout=10, timeout_key="-timeout-")
        if event in ["終了", sg.WIN_CLOSED]: # ループを抜ける
            break
        if event == "-timeout-":
            # ホットキーのイベントを処理 ―― (※5)
            if key_events.empty():
```

chapter 6 Webスクレイピングとアプリの配布

```
                continue
            key = key_events.get()
            if key == "exit": # ループを抜ける —— (※6)
                break
            elif key == "show": # ことわざを表示 —— (※7)
                sg.popup("[Ctrl]+[a]が押されました。\n能ある鷹は爪を隠す")
    window.close()

if __name__ == "__main__":
    show_window()
```

早速プログラムを確認してみましょう。(※1) では、PySimpleGUIのイベントループ内で、keyboardモジュールによるイベントを実行するために、変数key_eventsを用意しました。

(※2) では、ホットキーを指定します。ホットキーイベントが発生したら、変数key_eventsに押されたキーで実行したいイベント名を指定します。

(※3) ではウィンドウを表示する関数show_windowを定義します。(※4) ではウィンドウを作成したら、minimizeメソッドを実行して最小化します。最小化するとウィンドウは、タスクバーにのみ表示されます。

(※5) では、PySimpleGUIのイベントループで、タイムアウトが発生した時に、変数key_eventsに値が入っているか確認します。

(※6) では、キーイベントが「exit」かどうかを確認します。そうであれば、イベントループを抜けてプログラムを終了します。

(※7) では、キーイベントが「show」かどうかを確認します。そうであれば、ことわざをポップアップ表示します。

なお、ホットキーは、他のアプリを使っているときでも有効です。テキストエディターに向かって、文章を書いているとき、ホットキーを押して、時候の挨拶をクリップボードにコピーするといった使い方もできます。本書2章5節でクリップボードにテキストを設定する方法を紹介していますので、ホットキーと組み合わせてみると良いでしょう。

COLUMN

macOSでホットキーを実現するには？

macOSでは、Pythonのプログラム内からホットキーを実現する方法が用意されていません。それでもmacOS自身にホットキーを実現するための仕組みが用意されています。

まず、Finderの「アプリケーション」から「ショートカット.app」を起動します。そして、メニューから「ファイル > 新規ショートカット」をクリックします。

そして、画面左上のタイトルに「Python電卓」など適当な名前を付けます。続いて、画面右上のアクション一覧から「シェルスクリプトを実行」を選択して、画面左側に貼り付けます。

下記のようなシェルスクリプトを記述します。以下の「3.11」はインストールしているPythonのバージョンなので、ご自身のバージョンを確認して設定してください。2行目は実行したいPythonファイルのパスを指定します。

```
PYTHON=/Library/Frameworks/Python.framework/Versions/3.11/bin/python3
SCRIPT=/Users/kujirahand/Desktop/calc.py
$ pYTHON $SCRIPT
```

画面右上の実行ボタンを押して、ショートカットからPythonのプログラムが実行できることを確認しましょう。

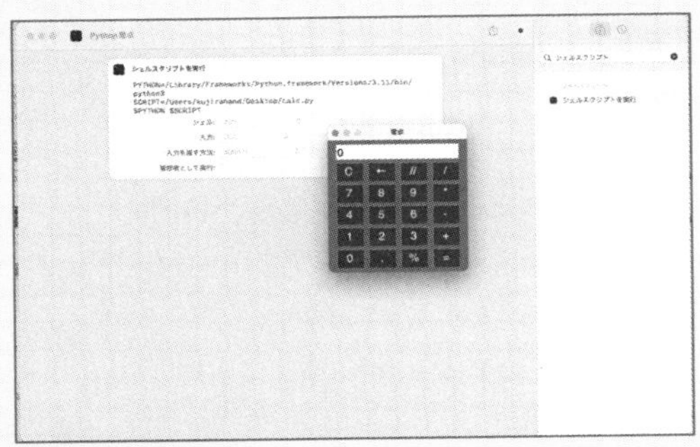

画面 6-37　macOS でショートカットアプリから Python のプログラムを実行したところ

続いて、画面右上の情報アイコン(i)をクリックします。そして、「キーボードショートカットを追加」ボタンをクリックし、続いて設定したいショートカットキーを押します。

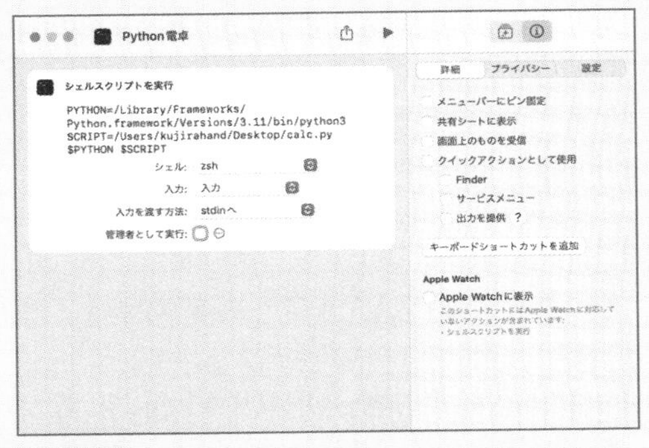

画面 6-38　macOS でも手軽にショートカットが指定できる

この方法で、Pythonのプログラムごとに、ショートカットキーを設定することができます。

シェルコマンド/DOSコマンドを実行しよう

Pythonから他のアプリを実行したい場面は、よくあるものです。すでに、4章では、FFmpegを実行する方法を紹介していますが、コマンドを実行してその結果を取得するプログラムを確認してみましょう。

よくある例として、コマンドを実行して自身のIPアドレスを調べるプログラムを作ってみます。コマンドを実行して、IPアドレスを取得してクリップボードにコピーしてみましょう。「pip install pyperclip」を実行して、pyperclipパッケージをインストールした上で実行してみてください。

Python のソースリスト　src/ch6/show_ip_addr.py

```
import platform, subprocess, re
import pyperclip # クリップボード操作
import PySimpleGUI as sg
# import TkEasyGUI as sg

def get_ip_address():
    # IPアドレスを取得するコマンドを実行 —— (※1)
    cmd = "ipconfig" if platform.system() == "Windows" else "ifconfig"
    result = subprocess.run([cmd], text=True, stdout=subprocess.PIPE)
    # 結果を確認する —— (※2)
    if result.returncode != 0:
        sg.popup("IPアドレスの取得に失敗しました")
        return []
    # 正規表現でIPアドレス(IPv4)を取り出す —— (※3)
    text = result.stdout
    addr = re.findall(r"([0-9]+\.[0-9]+\.[0-9]+\.[0-9]+)", text)
    # 255で終わる(または始まる)アドレスを除外 —— (※4)
    return filter(lambda n:
            n.split(".")[3] != "255" and n.split(".")[0] != "255", addr)

def show_window(ip_list):
    # IPアドレスの結果を表示 —— (※5)
    window = sg.Window("IPアドレス", layout=[
        [sg.Text("IPアドレス")],
        [sg.Button(ip) for ip in ip_list],
        [sg.Button("閉じる")]])
    while True:
        event, _ = window.read()
```

```
        if event in ["閉じる", sg.WIN_CLOSED]:
            break
        # ボタンクリックでクリップボードにコピー ―― (※6)
        pyperclip.copy(event)
        sg.popup(f"{event}をコピーしました")

if __name__ == "__main__":
    show_window(get_ip_address())
```

プログラムを実行すると次のようにIPアドレスの一覧が表示されます。筆者のPCでは4つのIPアドレスが表示されました。

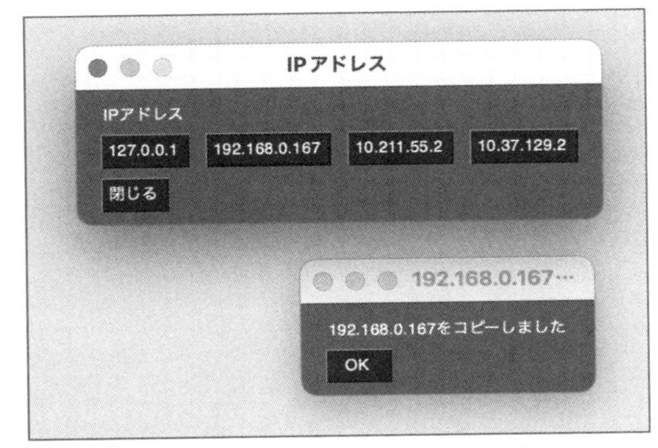

画面 6-39 コマンドを実行してIPアドレスを調べたところ

プログラムを確認してみましょう。(※1)ではIPアドレスを調べるコマンドを実行します。その際、コマンドラインの実行結果をテキストで取得したいので、subprocess.runの引数に、text=Trueとstdout=subprocess.PIPEを指定します。

IPアドレスを調べるには、WindowsではDOSコマンドの「ipconfig」を使い、macOSではシェルコマンドの「ifconfig」を使います。OSごとに異なるコマンドが実行されるようにしています。

(※2)ではコマンドの実行結果を確認します。returncodeが0以外であればコマンドの実行が失敗したことを表します。失敗した場合、その旨をポップアップして終了します。

(※3)では、変数textにコマンドの実行結果、つまり、標準出力(stdout)の値を代入します。そして、正規表現でIPv4のアドレスを検索します。(※4)では抽出したアドレスの中で、先頭か末尾が255で終わる物を除外します。リストからデータを除外するには、filter関数を使うのが便利です。

(※5)ではIPアドレスのリストをボタンに指定して、ウィンドウを作成します。リスト内包表記を利用する事で、手軽にリストをボタンとして指定できます。

(※6)ではボタンを押した時のイベントを記述しています。IPアドレスの書かれたボタンを押すと、変数eventにIPアドレスが代入されているので、これをクリップボードにコピーして、その後、ポップアップにその旨を表示します。

最前面表示とタイトルバーのないウィンドウ

作業をしながら、ずっと画面上に情報を出しておきたいという場面があります。そんな時に便利なのが最前面表示と、タイトルバーのないウィンドウです。

ここでは、次のように、いろいろなウィンドウがあっても、常に最前面で現在時刻をずっと表示するアナログ時計のプログラムを作ってみましょう。

画面 6-40　最前面表示するデジタル時計

最前面に時計を表示するプログラムは以下のとおりです。

Python のソースリスト　src/ch6/clock_keep_on_top.py

```
from datetime import datetime
import PySimpleGUI as sg
# import TkEasyGUI as sg

# デジタル時計を最前面に表示 —— (※1)
window = sg.Window("時計",
    layout=[[sg.Text("x", enable_events=True, font=("", 8)),
             sg.Text("--:--:--", key="-clock-")]],
    no_titlebar=True, # タイトルバーのないウィンドウ
    keep_on_top=True, # 最前面表示 (Windowsのみ)
    grab_anywhere=True, # 掴んで動かせるように
    font=("Arial", 40),
    finalize=True)
```

```
# イベントループ ―― (※2)
while True:
    event, values = window.read(timeout=100, timeout_key="-timeout-")
    if event in [sg.WIN_CLOSED, "x"]: # 閉じる
        break
    if event == "-timeout-": # タイムアウトで更新
        now_s = datetime.now().strftime("%H:%M:%S")
        window["-clock-"].update(now_s)
window.close()
```

プログラムを実行すると、タイトルバーがないアナログ時計が表示され、画面の最前面に表示されます。そして、マウスでウィンドウをドラッグして動かすことができます。ただし、残念ながらmacOSは最前面表示に対応していません。それでも、タイトルバーがなく、マウスのドラッグでウィンドウを動かすことはできます。プログラムを終了するには、画面左側にある小さな[x]をクリックします。

プログラムを確認してみましょう。(※1)では、デジタル時計のウィンドウを表示します。ポイントは次の3点で、引数に以下を指定します。

タイトルバーを表示しないようにするために「no_titlebar=True」を指定
最前面表示をするために「keep_on_top=True」を指定(Windowsのみ)
マウスドラッグでウィンドウを移動できるように「grab_anywhere=True」を指定

(※2)以降では、アナログ時計を更新するために、イベントループを記述します。100ミリ秒ごとにタイムアウトが発生するように、window.readメソッドでtimeout=100と指定します。

ここでは指定していませんが、ウィンドウを生成するとき、Windowの引数にalpha_channel=0.8などを指定すると、ウィンドウを半透明にすることができます。半透明であれば、それほど邪魔せず、必要な情報を表示させておくこともできるでしょう。

ウィンドウメニューを活用しよう

次に、ウィンドウメニューの扱い方を確認してみましょう。ウィンドウメニューとは、画面の上部にあるさまざまな機能を実行できるメニューのことです。Windowsでは、ウィンドウ毎の上部に、macOSではスクリーンの上部のメニューバーに表示されます。

ここでは、次のように、ファイル操作と、日付や時刻が挿入できる、テキストエディターを作ってみましょう。

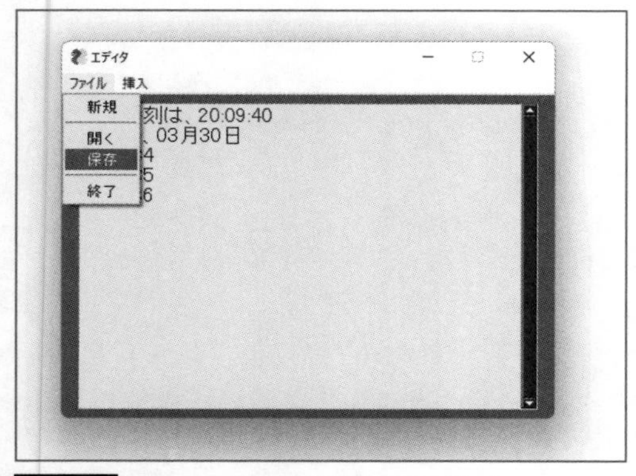

画面 6-41 メニューで操作できるテキストエディター

テキストエディターのプログラムは次の通りです。

Python のソースリスト　src/ch6/editor_menu.py

```
from datetime import datetime
import PySimpleGUI as sg
# import TkEasyGUI as sg

def show_window():
    # メニューを定義 —— (※1)
    menu_def = [
        ["ファイル", ["新規", "---", "開く", "保存", "---", "終了"]],
        ["挿入", ["時刻", "日付"]],
    ]
    # エディター画面を作成 —— (※2)
    window = sg.Window("エディター",
        layout=[[
            sg.Menu(menu_def),
            sg.Multiline(size=(40, 15), key="-editor-", font=("", 14))]])
    # イベントループ —— (※3)
    while True:
        event, values = window.read()
        if event in [sg.WIN_CLOSED, "終了"]: # 閉じる
            break
        # メニューの処理 —— (※4)
        if event == "新規":
            if sg.popup_yes_no("現在の内容を破棄しますか?") == "Yes":
                window["-editor-"].update("")
        elif event == "開く":
```

```
            filename = sg.popup_get_file("ファイルを選択")
            if filename:
                with open(filename, "r", encoding="utf-8") as f:
                    window["-editor-"].update(f.read())
        elif event == "保存":
            filename = sg.popup_get_file("保存するファイルを選択", save_as=True)
            if filename:
                with open(filename, "w", encoding="utf-8") as f:
                    f.write(values["-editor-"])
        elif event == "時刻": # 末尾に時刻を挿入 ―― (※5)
            now_s = datetime.now().strftime("%H:%M:%S")
            window["-editor-"].print(now_s)
        elif event == "日付": # 末尾に日付を挿入
            today_s = datetime.now().strftime("%Y年%m月%d日")
            window["-editor-"].print(today_s)
    window.close()

if __name__ == "__main__":
    show_window()
```

プログラムを実行すると、メニューを持ったエディターが表示されます。「新規」「開く」「保存」「終了」などのメニューをクリックして操作できます。

それでは、プログラムを確認してみましょう。(※1)ではメニューを定義します。PySimpleGUIでは、表示したい項目をリストに並べるだけでメニューを作成できます。

例えば、分かりやすいように、(※1)の部分を下記のように書き換えて実行してみましょう。

Python のソースリスト(抜粋)

```
menu_def = [
    ["item1", ["item1-1", "item1-2", "item1-3"]],
    ["item2", ["item2-1", "item2-2", "item2-3"]],
    ["item3", ["item3-1", "item3-2", "item3-3"]],
]
```

次の画面のように表示されます。親メニューの下にサブメニューを作成したい際には、親メニューを書いた直後に、サブメニューのリストを指定します。また、区切り線は"---"のように指定します。

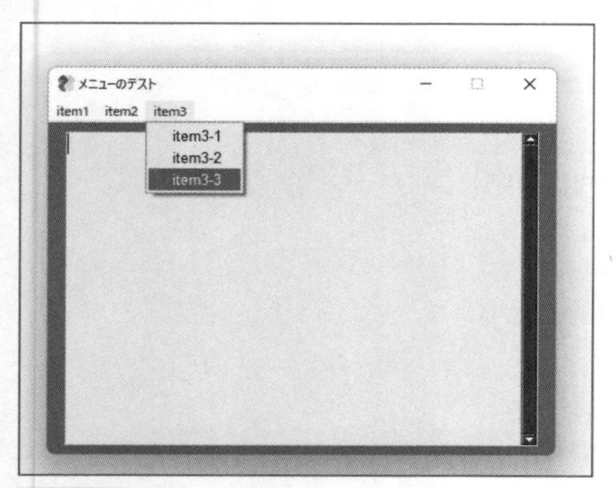

画面 6-42 メニュー定義のテスト

メニューをクリックした時には、メニューのラベルに指定した文字列がイベント名として取得できます。例えば、メニューの「新規」をクリックすると、プログラム(※3)のwindow.readメソッドで、変数eventに「新規」が代入されます。ボタンを押した時と似た挙動なので分かりやすいでしょう。

(※2)では、メニューを持ったエディター画面を作成します。Windowの引数layoutにsg.Menuを指定することでメニューを持ったウィンドウになります。

(※3)ではイベントループを記述します。(※4)以降でメニューをクリックした時の処理を記述します。ファイル処理に関しては、2章2節で詳しく解説しました。

(※5)では、エディター要素のsg.Multilineに時刻を挿入します。sg.Multilineにはprintメソッドが備わっていて、末尾に任意の文字列を追加できます。

大規模言語モデル(LLM)をどう活用する? ~アプリの改善方法

アプリは、Windows/macOSの機能を利用することにより、使い勝手を改善できます。

大規模言語モデルを使って、もっとアプリをブラッシュアップする方法を尋ねることもできます。

例として、本書5章3節で作成したToDOアプリを改善することを目的にしてみます。次のようなプロンプトを作成します。

生成 AI のプロンプト src/ch6/llm_app_kaizen.prompt.txt

```
### 背景情報:
```

自作のWindowsアプリを作成しました。AI対応のToDOアプリです。
このアプリではユーザーがToDOを入力すると、
ChatGPT APIを使ってタグやコメントを自動付与します。
指示:
シックスハット法を利用して、ユーザー体験が向上する改善案を示してください。

このプロンプトでは、問題解決やアイデア発想に役立つ「シックスハット法」を指定して、改善案を提示するように求めました。この手法は、もともとチームや個人がバランスの取れた視点で問題を考えるのを助けるものですが、大規模言語モデルに適用することで、ユニークな回答を引き出すことができます。ChatGPTに上記のプロンプトを与えると、次の画面のように改善案を提示してくれます。

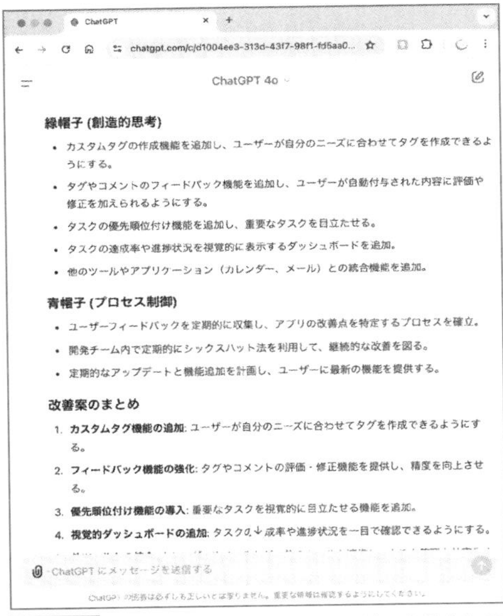

画面 6-43 プロンプトに「シックスハット法」を指定してアプリの改善案を出してもらったところ

まとめ

1. ホットキーを登録するとアプリの利便性が高まる
2. macOSでも「ショートカット.app」を使えばホットキーに似た処理が実現できる
3. OSコマンドやシェルコマンドの実行結果を自作アプリに組み込むことができる
4. 最前面表示やタイトルバーのないウィンドウ、半透明なウィンドウを作成できる
5. ウィンドウメニューを使うと各種機能を集約できて便利

COLUMN

AIの登場でプログラマーは要らなくなる？

ChatGPTやGoogle Gemni、Claudeなど大規模言語モデルが登場して、多くの仕事がAIに取って代わられると言われています。確かに、大規模言語モデルは上手にプログラムを作るようになってきました。

ChatGPTの登場当初は、プログラムを作れると言っても、バグだらけでした。しかし、いまではプログラムの生成能力は大幅に向上しました。ルールがしっかりしているプログラムは、自然言語の文章を作成するよりも容易なようです。
本書でも紹介しているように、簡単な指示を与えるだけで、それなりのプログラムが完成してしまいます。それをもって「プログラマー不要論」が台頭してきたわけですが、実際はどうなのでしょう？

人間のプログラマーには創造性や問題解決力、新しいアイデアを生み出す能力があります。大規模言語モデルはプログラミングの補助的な役割を果たすものの、プログラマーの仕事を完全に置き換えることはできません。むしろ、プログラマーとAIが協力して、より高度なシステムを開発していくことになるでしょう。

どれだけ大規模言語モデルの性能が向上しても、「何を作るのか？」「どうやって作るのか？」「どうなって欲しいのか？」という根本的な問いに対して、人間が創造力を最大限活かして答える必要があります。

大規模言語モデルがもたらす自動化は、プログラマーを完全に置き換えるものではなく、補助的な役割を果たすものです。それでも、大規模言語モデルをうまく活用することで、プログラム開発を容易に行うことができます。そして、人間だけが持つ創造力やアイデアは、知識と経験によって培われるものです。本書を通して、プログラミングの創造力を鍛えていきましょう。

Appendix

Appendix 01

PySimpleGUI/TkEasyGUIで使えるポップアップの一覧

本書の2章1節では、基本的なポップアップ・ダイアログの使い方を紹介しました。そこで紹介したポップアップダイアログ以外にも、便利なダイアログが用意されていますので、ここでは、PySimpleGUI/TkEasyGUIで使えるポップアップの一覧を紹介します。

基本的なポップアップ

ここでは、便利なポップアップダイアログを一つずつ紹介します。まずは、基本的なポップアップから確認してみましょう。メッセージの下に[OK]や[Cancel]などのボタンが配置されたウィンドウです。

Python のソースリスト　src/apx/popup_all_basic.py

```
import PySimpleGUI as sg
# import TkEasyGUI as sg

# メッセージをダイアログに表示する
sg.popup("[1] popup")
# OKボタンを持ったダイアログ
sg.popup_ok("[2] popup_ok")
# OK/Cancelボタンを持つダイアログ
print(sg.popup_ok_cancel("[3] popup_ok_cancel"))
# YES/Noボタンを持つダイアログ
print(sg.popup_yes_no("[4] popup_yes_no"))
# Cancelledボタンを持つダイアログ
sg.popup_cancel("[5] popup_cancel")
# Errorボタンを持つダイアログ
sg.popup_error("[6] popup_error")
```

IDLEで実行してみると、次々とダイアログを表示します。次に示す実行結果は、Windowsで実行した時の画面です。

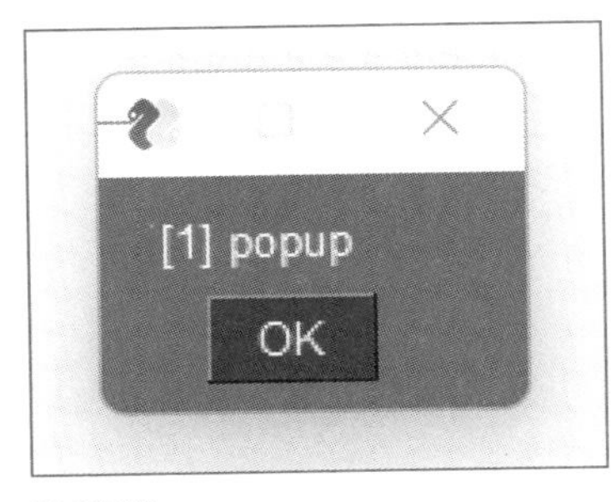

sg.popup

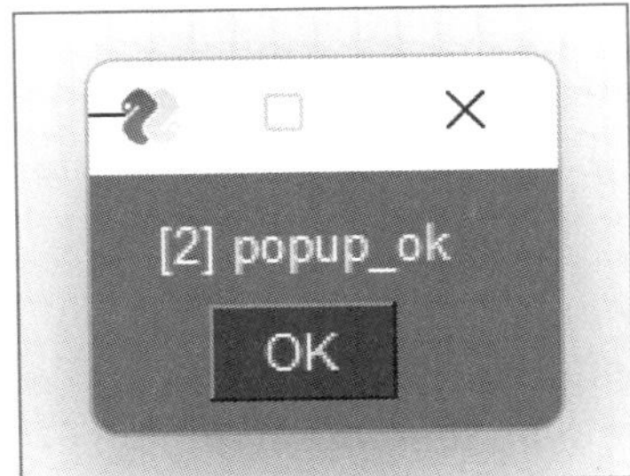

sg.popup_ok

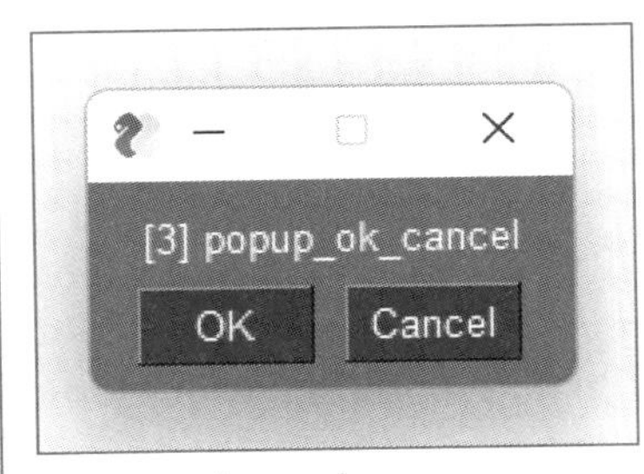

.sg.popup_ok_cancel

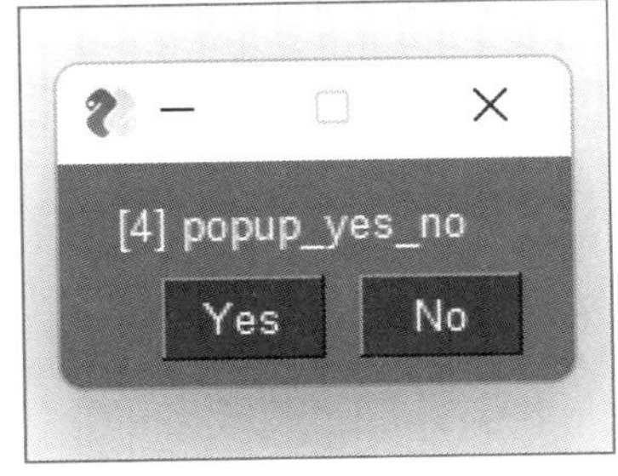

sg.popup_yes_no

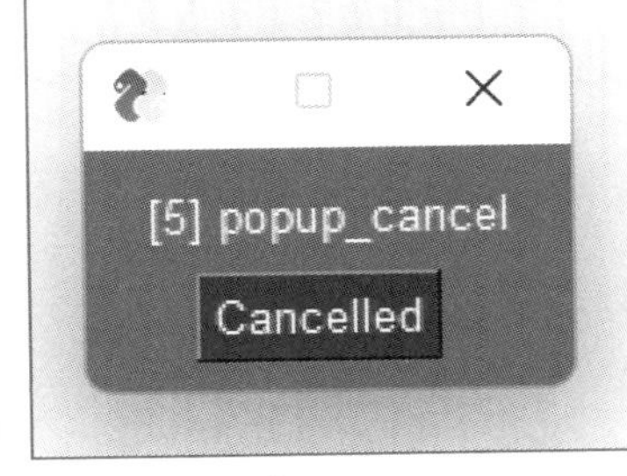

sg.popup_cancel

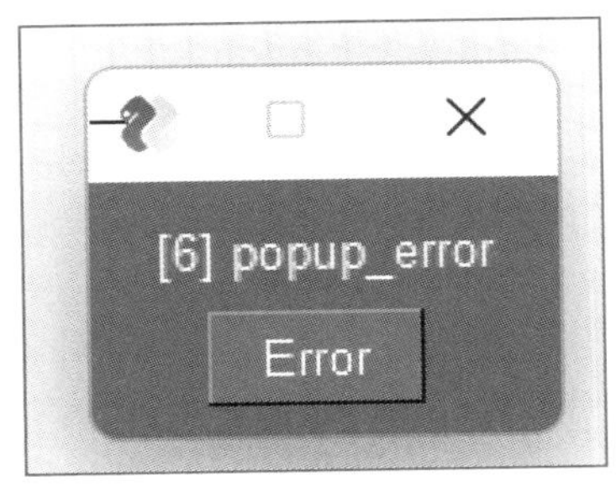

sg.popup_error

複数のボタンを持つポップアップでは、押したボタンのラベルが戻り値として返ります。例えば、sg.popup_yes_noを実行すると、メッセージの下に[Yes]と[No]のボタンが表示されます。それで、[No]のボタンを押すと戻り値として「No」という文字列が返ります。

なお、上記のプログラムをmacOSで実行しても同じように表示されます。

macOSでsg.popup

macOSでsg.popup_ok

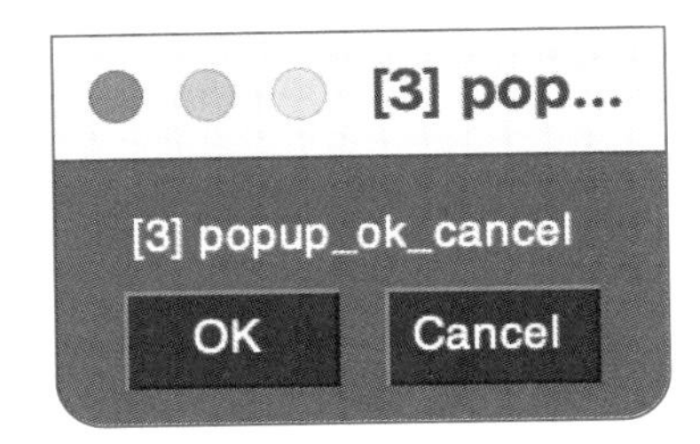

macOSでsg.popup_yes_no

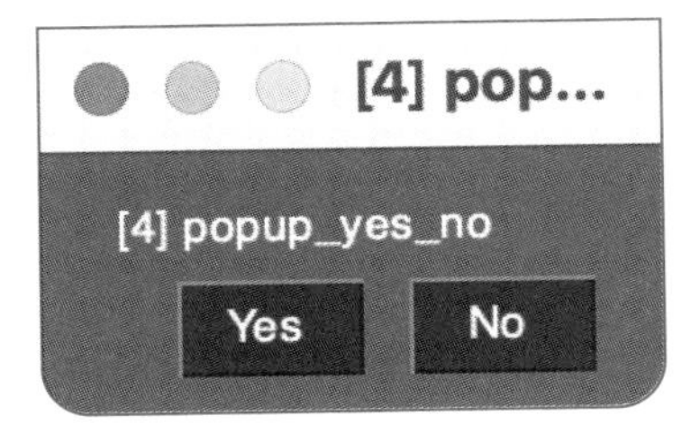

sg.popup_yes_no

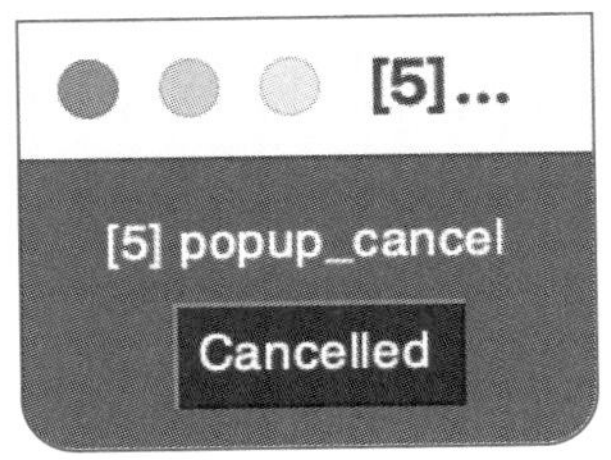

sg.popup_cancel

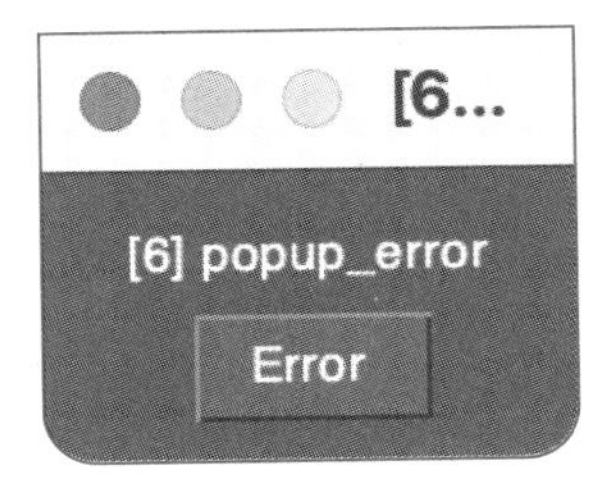

sg.popup_error

特別用途のポップアップ

次に特別な用途で使えるポップアップを確認しましょう。まずは、プログラムを確認してみてください。

Python のソースリスト　src/apx/popup_all_special.py

```
import PySimpleGUI as sg
# import TkEasyGUI as sg

# 待ち時間のないダイアログ —— (※7)
sg.popup_no_wait("[7] popup_no_wait")
# 3秒で自動的に閉じる —— (※8)
print(sg.popup_auto_close("[8] popup_auto_close", auto_close_duration=3))
# ボタンのないダイアログ —— (※9)
sg.popup_no_buttons("[9] popup_no_buttons")
# テキスト入力ダイアログ —— (※10)
sg.popup_get_text("[10] popup_get_text")
# 通知領域に情報を表示する —— (※11)
sg.popup_notify("[11] popup_notify")
# ファイル選択ダイアログ —— (※12)
sg.popup_get_file("[12] popup_get_file")
# フォルダー選択ダイアログ —— (※13)
sg.popup_get_folder("[13] popup_get_folder")
# 複数行入力ボックス —— (※14)
print(sg.popup_scrolled("[14] popup_scrolled\n複数行\n入力"))
# 日付入力ボックス —— (※15)
print(sg.popup_get_date(title="[15] popup_get_date"))
```

IDLEでプログラムを実行してみましょう。実行結果を確認しながら動作を確認してみましょう。

次の画面は、プログラム(※7)のsg. popup_no_waitを実行したところです。このポップアップは待ち時間なしのポップアップです。ここまで見てきたポップアップは、ユーザーが[OK]ボタンを押すまで、プログラムの実行を待機しますが、このポップアップは、待機することなく、ポップアップのダイアログを表示して、すぐに続くプログラムを実行します。

sg.popup_no_wait

次の画面のポップアップは、(※8)のsg. popup_auto_closeを実行したところです。紙面では分かりませんが、このポップアップは3秒経つと自動的に閉じてしまいます。ユーザーの操作がない一定時間だけ、メッセージを表示したい時などに利用できます。

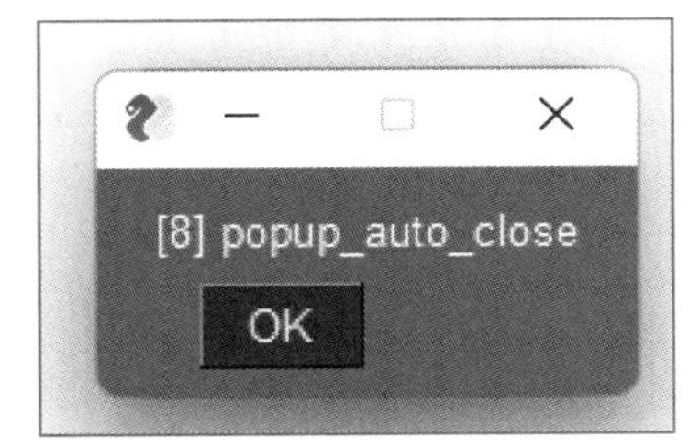

sg.popup_auto_close

次の画面のポップアップは、(※9)のsg. popup_no_buttonsを実行したところです。このポップアップは、何もボタンを持たないので、OSごとの閉じるボタン[x]をクリックするまで表示されます。

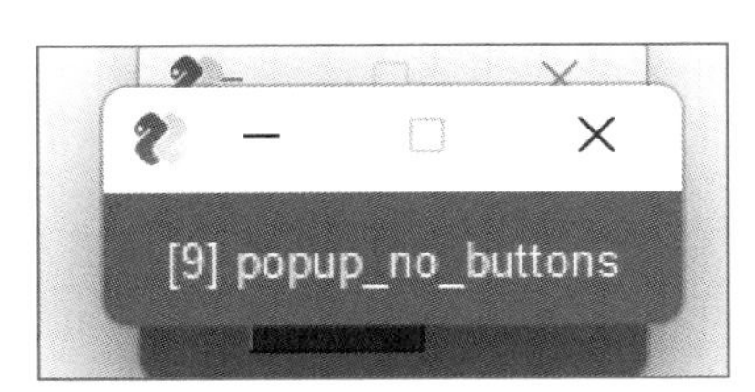

sg.popup_no_buttons

次の画面のポップアップは、(※10)のsg. popup_get_textを実行したところです。テキストの入力ボックスがついており、ユーザーにテキストを入力してもらうことができます。

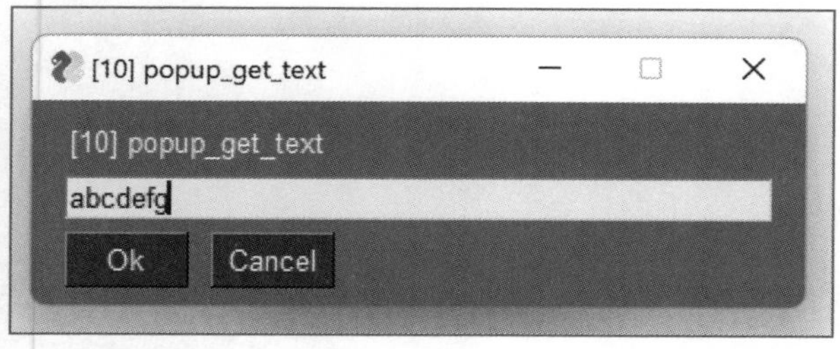

sg. popup_get_text

次の画面は、(※11)のsg. popup_notifyを実行したところです。OSの通知領域に通知を表示します。

sg.popup_notify

次の画面は、(※12)のsg. popup_get_fileを実行したところです。OSのファイルダイアログを開いて、ファイルを選択することができます。引数にsave_as=Trueを指定すると保存先のファイルを指定するダイアログが開きます。また、引数にmultiple_files=Trueを指定すると、複数のファイルを選択できます。

sg.popup_get_file

次の画面は、(※13)のsg.popup_get_folderを実行したところです。OSのフォルダー選択ダイアログを開いて、フォルダーを選択することができます。

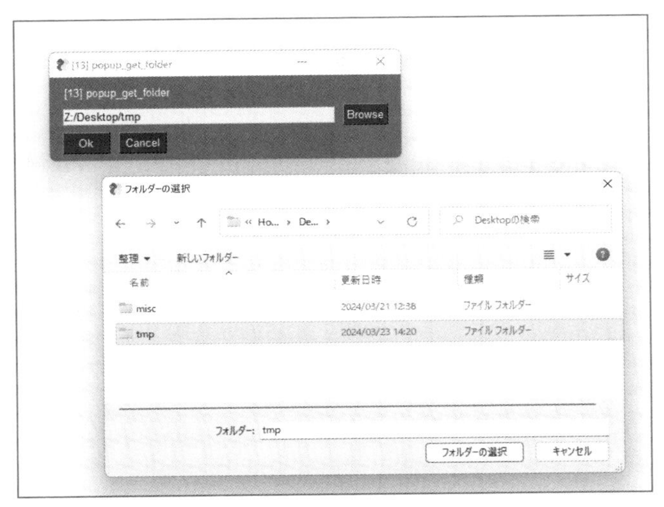

sg. popup_get_folder

次の画面は、(※14)のsg. popup_scrolledを実行したところです。複数行のテキストを表示することができます。

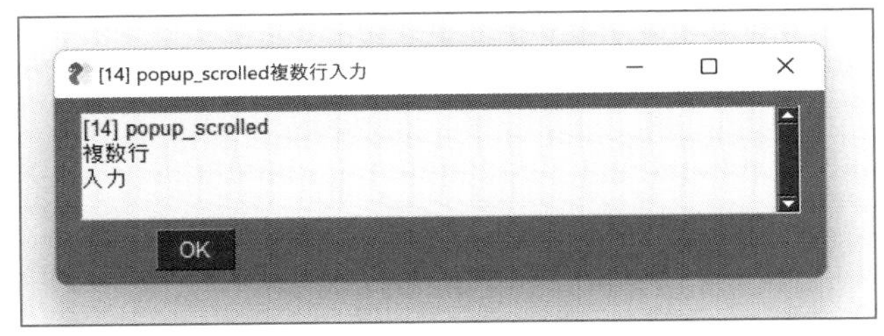

sg. popup_scrolled

次の画面は、(※15)のsg. popup_get_dateを実行したもので、日付を入力するために、カレンダーをポップアップします。

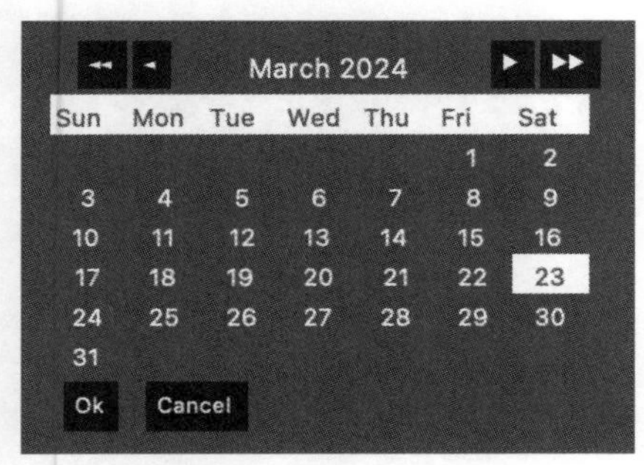

sg. popup_get_date

TkEasyGUIのポップアップ

互換ライブラリーのTkEasyGUIでも、上記のポップアップはそのまま利用できます。TkEasyGUIでは上記ポップアップに加えて、次のポップアップが用意されています。

Pythonのソースリスト　src/apx/popup_all_tkeasygui.py

```
import TkEasyGUI as eg

# 色選択ダイアログをポップアップ —— (※20)
print(eg.popup_color("[20] popup_color"))
# 任意のボタンをポップアップ —— (※21)
print(eg.popup_buttons("[21] popup_buttons",
    buttons=["リンゴ", "バナナ", "ミカン"]))
# リストボックスをポップアップ —— (※22)
print(eg.popup_listbox(title="[22] popup_list",
    message="好きな果物を選んでください",
    items=["リンゴ", "バナナ", "ミカン"]))
```

同じように、IDLEなどで実行して動作を確認してみましょう。(※20)のeg. popup_colorでは、色の選択ダイアログを表示します。

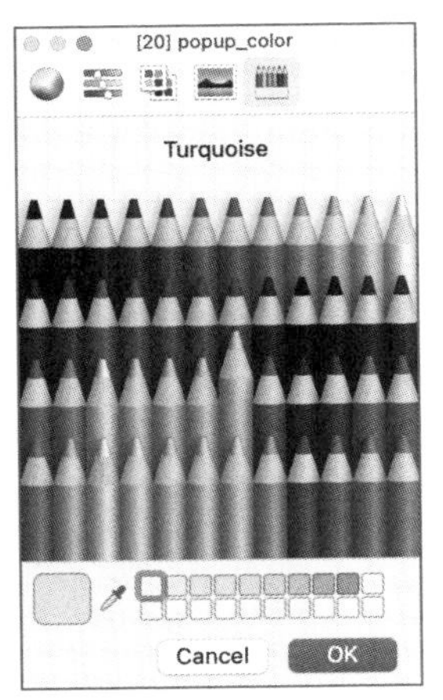

eg. popup_color

(※21) の eg. popup_buttons では、ダイアログに表示するボタンを任意のものに指定できます。関数の戻り値はボタンの名前となります。

eg. popup_buttons

(※22) の eg. popup_listbox を使うと、リストボックスが配置されたダイアログを表示します。ユーザーが項目を選択すると、その値が戻り値として返ります。

eg.popup_listbox

ここまで見てきたように、PySimpleGUI / TkEasyGUI には、一行で記述可能なポップアップ・ダイアログが用意されています。ポップアップをうまく活かすことで手軽にアプリを開発できます。

Appendix 02 ダブルクリック一発でプログラムを実行するには？

ここまで、いろいろなプログラムを作ってきました。せっかく作ったプログラムを実行するために、IDLEを起動して実行するのは、ちょっと面倒だと感じるかもしれません。ちょっと工夫することで、Pythonのプログラムをダブルクリックで実行することができます。

Windowsの場合 - Pythonと拡張子「.py」を関連づける

Windowsでは Python をインストールした上で、拡張子「.py」と Python の実行ファイルを関連づけると、ダブルクリックで実行できるようになります。

設定方法ですが、まず、拡張子が「.py」のファイルを右クリックして表示されたメニューから「プロパティ」を選択します。そして、「プログラムの種類」のところにある「変更」ボタンをクリックします。

拡張子「.py」のプロパティを表示して「変更」を押す

すると、「今後の .py ファイルを開く方法を選んでください」と表示されるので、「Python」を選択します。もし、Pythonが表示されなければ「その他のアプリ↓」をクリックします。

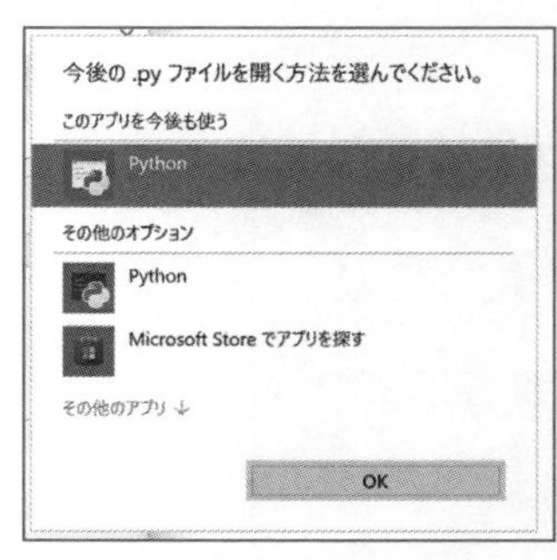

「その他のアプリ↓」をクリック

さらに、続けて下にスクロールして「このPCで別のアプリを探す」をクリックします。

「この PC で別のアプリを探す」をクリック

ファイルの選択ダイアログが出るので、Pythonのインストールパスにある「pythonw.exe」を選択します。

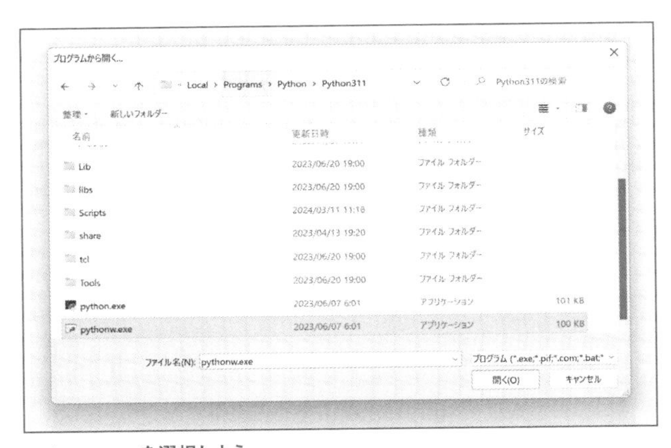

pythonw.exe を選択しよう

なお、Pythonをインストールする際、標準のパスにインストールした場合は、次のようなパスとなっています（設定によっては、ユーザーフォルダーのAppDataは表示されませんので、その場合は画面上部のファイルパスを直接入力します）。

Windows で Python 3.11の場合には、以下のように操作します。

```
C:\Users\<ユーザー名>\AppData\Local\Programs\Python\Python311\
```

Windows で Python 3.12の場合には以下のようになります

```
C:\Users\<ユーザー名>\AppData\Local\Programs\Python\Python312\
```

正しく設定できたら、拡張子「.py」ファイルをダブルクリックでPythonを実行できます。

ダブルクリックで Python を実行したところ

Pythonのフォルダーには「pythonw.exe」と「python.exe」の二つがあります。「pythonw.exe」はGUIアプリ用のPythonでコンソールウィンドウを表示しませんが、「python.exe」に関連づけると、実行する度にコンソールウィンドウが表示されます。

macOSの場合 - Pythonランチャーで開くようにする

次に、macOSで、ダブルクリックで実行する方法について紹介します。macOSの場合も、Finder上でPythonのプログラムを右クリックします。そしてポップアップしたメニューから「情報を見る」をクリックします。

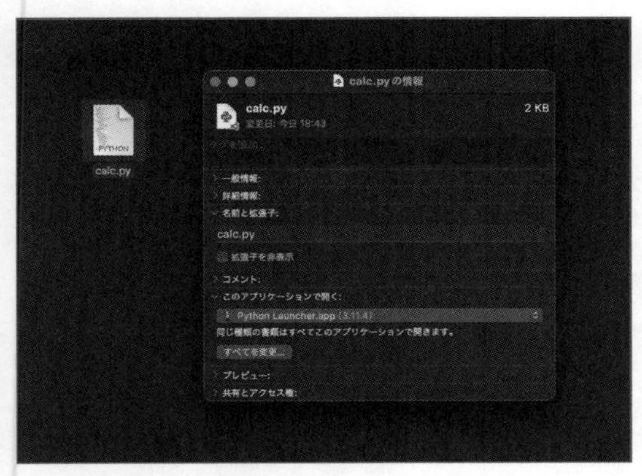

Finder で右クリックして「情報を見る」をクリック

そして、「このアプリケーションで開く」の項目で、「Python Launcher.app」を選択します。

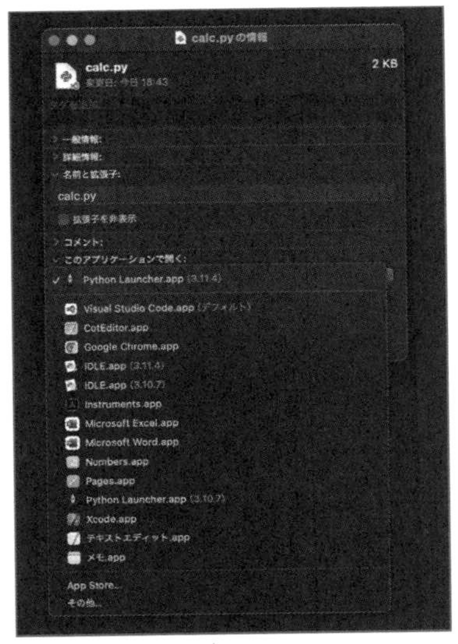

このアプリケーションで開く「Python Launcher.app」を選ぶ

ただし、デフォルト状態では「このアプリケーションで開く」のアプリ一覧に「Python Launcher.app」は存在しません。最下部にある「その他…」を選び、Pythonのインストールフォルダーから選びましょう。

macOS で Python 3.11の場合には以下のように操作します。

```
/Applications/Python 3.11/Python Launcher.app
macOS で Python 3.12の場合:
/Applications/Python 3.12/Python Launcher.app
```

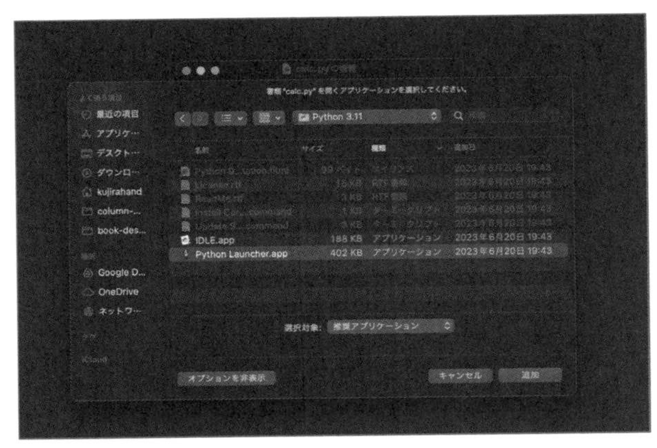

一覧になければ「その他」を選ぶ

そして、Pythonファイルをダブルクリックすると、Python Launcherの設定画面が表示されます。そこで、「Setting for file type（訳：ファイルタイプの設定）」を「Python GUI Script」に変更します。また、もし、「Run in a Terminal window」のチェックが入っていればオフにします。

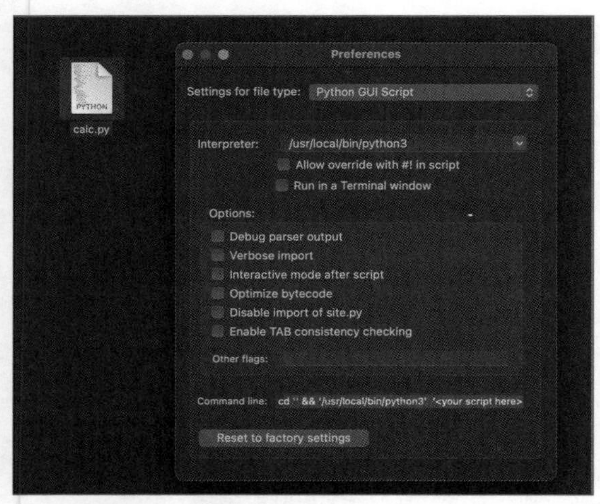

「Python GUI Script」を選ぶ

設定が終わると、次回からPythonファイルをダブルクリックして、プログラムを実行できます。

macOSでもダブルクリックでPythonを実行できる

「このアプリケーションで開く」の下にある「すべてを変更...」をクリックすると、拡張子「.py」のファイルをPython Launcherで開くようになります。

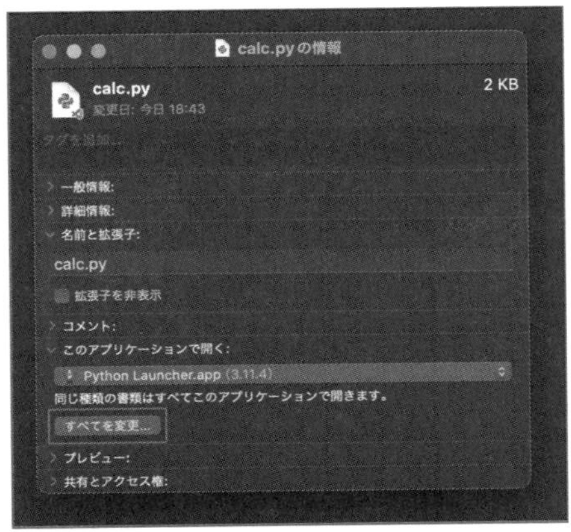

「すべてを変更」をクリックすると全ての拡張子「.py」を開くようになる

関連づけする場合はPythonファイルの扱いに注意しよう

ダブルクリックで実行できるなら、「Pythonをインストールした時に最初から設定してくれれば良いのに」と思いますよね。しかし、ダブルクリックで実行できるということは便利である反面、セキュリティに十分注意する必要があるということです。

なぜなら、悪意のある開発者によって作成されたPythonファイルを何も考えずにダブルクリックすると、ファイルが削除されたり、大切な情報が第三者に送信されたりする可能性があるからです。便利と危険は表裏一体です。運用には十分注意しましょう。

IDLEとPythonファイルを関連づけるというアイデア

そこで、あまりスマートではないものの、比較的安全に実行する方法があります。それは、PythonファイルとPythonの実行か環境のIDLEを関連づけするというものです。

その場合、Pythonファイルをダブルクリックすると、IDLEのPythonエディターが開きます。内容を確認して、問題ないことが分かったら、F5キーを押すか、メニューの[Run > Run Module]をクリックして、プログラムを実行するのです。

これなら、知らないPythonファイルをダブルクリックしてしまうという、うっかりミスを防ぐことができます。

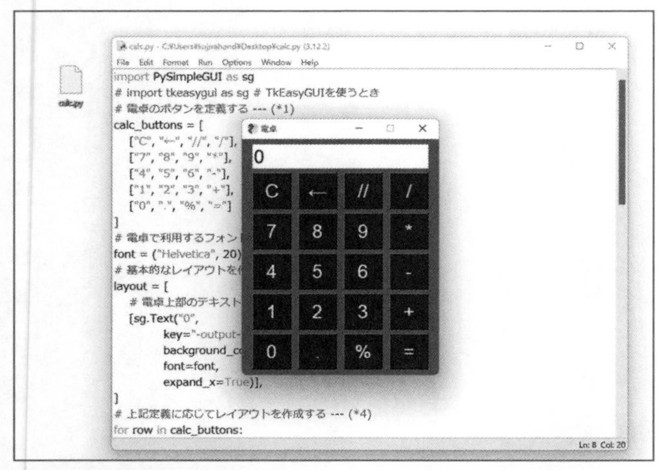

セキュリティを考慮すると直接実行よりも、ワンクッションあった方が良い

IDLEの実行ファイル（バッチファイル）は次の場所にあります。

Windowsの場合には以下のように操作します。

```
<Pythonインストール先>\lib\idlelib\idle.bat
```

macOSの場合には以下のように操作します。

```
/Application/Python <バージョン>/IDLE.app
```

また、IDLEと同じですが、Visual Studio Codeなどのプログラミング用のエディターと関連づけするのも安心です。拡張機能やマクロを用意することにより、内容を確認してから、手軽にプログラムを実行できます。